国家林业和草原局普通高等教育"十三五"规划教材

分子生物学及组学技术理论与操作教程

赵超 主编

中国林业出版社
China Forestry Publishing House

图书在版编目（CIP）数据

分子生物学及组学技术理论与操作教程 / 赵超主编.
—北京：中国林业出版社，2023.12
ISBN 978-7-5219-2615-6

Ⅰ.①分…　Ⅱ.①赵…　Ⅲ.①分子生物学-高等学校-教材　Ⅳ.①Q7

中国国家版本馆 CIP 数据核字（2024）第 027656 号

责任编辑：肖基浒
责任校对：苏　梅
封面设计：睿思视界视觉设计

出版发行　中国林业出版社（100009，北京市西城区刘海胡同7号，电话83143562）
电子邮箱　jiaocaipublic@163.com
网　　址　https：//www.cfph.net
印　　刷　北京印刷集团有限责任公司
版　　次　2023年12月第1版
印　　次　2023年12月第1次印刷
开　　本　787mm×1092mm　1/16
印　　张　14.25
字　　数　362千字
定　　价　50.00元

前 言

分子生物学是从分子水平研究生物大分子的结构与功能，从而阐明生命现象本质的科学；生物组学则从整体的角度研究组织细胞结构、基因、蛋白及其分子间相互的作用，通过整体分析反映组织器官功能和代谢的状态，主要包括基因组学、蛋白组学、代谢组学等。二者的理论体系与实践操作彼此促进、相互协作，共同推动生命科学的创新发展。党的二十大报告强调，必须坚持科技是第一生产力、人才是第一资源、创新是第一动力，深入实施科教兴国战略、人才强国战略、创新驱动发展战略。当前，生命科学基础前沿研究持续活跃，生物技术革命浪潮席卷全球并加速融入经济社会发展，为人类应对生命健康等重大挑战提供了崭新的解决方案。《中华人民共和国国民经济和社会发展第十四个五年规划纲要》明确提出，推动生物技术和信息技术融合创新，加快发展生物医药、生物育种、生物材料、生物能源等产业，做大做强生物经济。

现有分子生物学课程实验教材较为重视操作，理论原理层面论述不足。此外，应用现代基因组学、蛋白质组学、代谢组学等多组学进一步阐明分子生物学的教材不足。本书本着"经典、前沿、实用、理论与技术并重"的原则，将理论研究与实践操作相结合，增加现代新兴生物组学技术内容，具有先进性和可操作性。第一章绪论介绍现代分子生物技术与组学技术的研究内容，第二至第五章主要介绍了DNA重组技术，第六、第七章从生物大分子层面分别阐述了蛋白质的分离与纯化和核酸分子杂交技术，第八章介绍了动物实验技术与方法，第九、第十章介绍细胞生物学和病毒学的基础实验技术，第十一至第十三章分别从基因组学、蛋白质组学、代谢组学层面介绍组学的技术理论与操作教程。

本书将为深入了解相关实验技术和仪器设备、合理设计实验方案、有效开展实验过程提供理论依据和技术支持，可供生命科学工作者、农林院校研究生以及高年级本科生参考阅读。

本书的出版获得了福建农林大学教材出版基金项目资助，在此致谢。

由于编者水平有限，撰写过程中存在诸多不足之处，诚盼广大读者批评指正，以便今后不断改进与完善。

编 者
2023年8月于福州

目 录

前 言

第一章 绪 论 ·········· 1
第一节 引 言 ·········· 1
第二节 现代分子生物技术 ·········· 1
第三节 组学研究技术 ·········· 4

第二章 核酸提取技术 ·········· 6
第一节 基因组 DNA 提取 ·········· 6
第二节 质粒 DNA 提取 ·········· 12
第三节 RNA 提取 ·········· 15
第四节 琼脂糖凝胶电泳 ·········· 18
第五节 脉冲场凝胶电泳 ·········· 22

第三章 目的基因的扩增及鉴定技术 ·········· 29
第一节 普通 PCR ·········· 29
第二节 实时荧光定量 PCR ·········· 33
第三节 易错 PCR(致突变 PCR) ·········· 41
第四节 PCR-DGGE 技术 ·········· 42
第五节 DNA 样品的酶切、片段胶回收及连接 ·········· 44

第四章 载体的构建和鉴定 ·········· 49
第一节 常用克隆载体 ·········· 49
第二节 表达载体 ·········· 54
第三节 载体构建中的关键工具和步骤 ·········· 56
第四节 载体构建的应用举例 ·········· 61

第五章 细菌转化与细胞转染技术 ·········· 63
第一节 大肠杆菌感受态细胞的制备 ·········· 63

第二节　重组质粒的连接、转化与筛选 …………………………………………… 64
　　第三节　细胞转染 …………………………………………………………………… 66

第六章　蛋白质的分离与纯化

　　第一节　生物材料的前处理 ………………………………………………………… 69
　　第二节　蛋白质分离与纯化的方法 ………………………………………………… 71
　　第三节　SDS-聚丙烯酰胺凝胶电泳法测定蛋白质的相对分子质量 ……………… 74
　　第四节　非变性PAGE ……………………………………………………………… 78
　　第五节　Western印迹法检测表达蛋白 …………………………………………… 82
　　第六节　免疫共沉淀技术 …………………………………………………………… 88

第七章　核酸分子杂交

　　第一节　核酸分子杂交基本原理 …………………………………………………… 92
　　第二节　探针的种类及标记 ………………………………………………………… 92
　　第三节　Southern印迹杂交 ………………………………………………………… 99
　　第四节　Northern印迹杂交 ………………………………………………………… 104

第八章　动物实验技术与方法

　　第一节　动物实验的常用方法 ……………………………………………………… 106
　　第二节　小鼠糖尿病模型 …………………………………………………………… 115
　　第三节　大鼠高血脂模型 …………………………………………………………… 116
　　第四节　金黄地鼠肝损伤模型 ……………………………………………………… 117
　　第五节　小鼠衰老模型 ……………………………………………………………… 119
　　第六节　小鼠H22肝癌瘤模型 ……………………………………………………… 120
　　第七节　小鼠免疫抑制模型 ………………………………………………………… 123

第九章　细胞生物学基础实验技术

　　第一节　显微镜技术 ………………………………………………………………… 125
　　第二节　组织学基本技术 …………………………………………………………… 128
　　第三节　细胞的原代培养 …………………………………………………………… 131
　　第四节　细胞传代培养 ……………………………………………………………… 133
　　第五节　培养细胞的形态观察、计数和活力检测 ………………………………… 136

第十章　病毒学基础实验技术

　　第一节　病毒的分离与纯化技术 …………………………………………………… 142
　　第二节　病毒的保存技术 …………………………………………………………… 152
　　第三节　病毒的形态学观察技术 …………………………………………………… 152

第十一章　基因组学方法 ·············· 154
　　第一节　测序技术 ·············· 154
　　第二节　测序技术的应用 ·············· 160
　　第三节　序列的组装和解读：生物信息学 ·············· 164

第十二章　蛋白质组学方法 ·············· 168
　　第一节　基本原理 ·············· 168
　　第二节　样品的前期处理及蛋白质的定量测定 ·············· 168
　　第三节　双向凝胶电泳和质谱分析 ·············· 169
　　第四节　用于质谱分析的蛋白质复合物的纯化 ·············· 173
　　第五节　蛋白质组学分析方法 ·············· 175

第十三章　代谢组学方法 ·············· 196
　　第一节　概　述 ·············· 196
　　第二节　代谢组学研究中样品的提取方法 ·············· 198
　　第三节　气相色谱—质谱联用技术 ·············· 199
　　第四节　液相色谱—质谱联用技术 ·············· 201
　　第五节　核磁共振技术 ·············· 207
　　第六节　代谢组学数据的多变量分析 ·············· 209

参考文献 ·············· 212

第一章 绪 论

第一节 引 言

1953年,英国物理学家克里克和美国生化学家沃森在英国剑桥大学卡文迪什实验室提出了脱氧核糖核酸(DNA)的双螺旋结构模型,即著名的"沃森—克里克模型"。这一发现被誉为"生物学史上的里程碑"和"分子生物学的开端",揭示了生命的分子基础。在此后的70年里,以分子生物学为核心的各个学科迅速发展,从分子层面解析了生命的奥秘,并促进了DNA重组技术的出现,拓展了生物工程的研究和应用领域。

分子生物学是研究生物大分子的结构和功能,以阐明生命现象的本质和机制的学科。自20世纪50年代以来,分子生物学成为生物学的前沿和热点,其主要研究对象包括蛋白质、核酸、脂质等生物大分子及其相互作用,其中分子遗传学是其核心内容。随着技术的进步,分子生物学的研究范围扩展到了对生物体生命活动规律的系统性研究,即"组学"研究,如基因组学、转录组学、蛋白质组学、代谢组学等。通过对不同层次的"组"数据进行整合分析,可以全面了解生物体内基因、RNA、蛋白质和代谢产物的状态和变化,从而对生物系统进行深入解读。

生命活动的根本规律在不同的生物体中都是相同的。例如,无论在哪种生物体中,其蛋白质和核酸都是由相同的氨基酸和核苷酸组成。分子生物学及组学技术的发展在整个生物学领域起到了主导作用,相关技术的应用已经成为推动相关学科发展的必要手段。《中共中央关于制定国民经济和社会发展第十四个五年规划和二〇三五年远景目标的建议》中要求,关键核心技术实现重大突破,实现高水平科技自立自强,进入创新型国家前列。于此,基础研究的重要性不可言喻。生物基础研究是探索生命的本质和规律的科学,它为人类的健康、农业、环境等领域提供了理论指导和技术支持。分子生物学及组学技术将有助于探索生命健康的本质,为人民健康提供科学技术保障,为解决生物科学各学科中的重大科学问题提供更全面、更深入的支撑。

第二节 现代分子生物技术

现代分子生物学主要是从分子水平阐述生命现象和本质的科学,是现代生命科学的"共同语言"。现代分子生物技术是一项高新技术,是现代生物科学和工程技术相结合的产物。它是以生命科学为基础,在分子水平上利用生物的物质基础(核酸、蛋白、酶等生物大分子)的特性和功能,设计并构建具有预期性能的新物质或新品系。本书系统介绍现代分子生物学研究技术和现代分子生物学实验技术，分别对核酸提取、目的基因的扩增及鉴定、载体的构建和鉴定、细菌转化与细胞转染技术、蛋白质的分离与纯化、核酸分子杂交、动物实验技术与方法、细胞生物学基础实验技术、病毒学基础实验技术等现代分子生物学基本技术。

核酸的提取是分子生物学实验技术中最重要、最基本的操作，它被用于许多分子生物化学的试验和诊断，是克隆、转化、酶切、体外转录、扩增、测序等试验的首个步骤。核酸提取分为 DNA 和 RNA 的提取，DNA 提取包括从各种样品（微生物、植物组织、动物组织）内的基因组 DNA 和质粒 DNA 中提取。基因组 DNA 提取的方法主要有 CTAB 法、PVP 法、SDS 法等，质粒 DNA 提取方法有煮沸法、SDS 法、碱裂解法等。RNA 提取最常用的方法为 Trizol 法（异硫氰酸胍/苯酚法），适用于大部分动植物材料。核酸提取后的分离鉴定一般采用琼脂糖（DNA 或 RNA）凝胶电泳和脉冲场凝胶电泳技术，前者是分离、鉴定和提纯 DNA 或 RNA 片段的有效方法，后者为分离大分子 DNA 或者染色体的方法。载体构建是分子生物学研究常用的手段之一，关键步骤为：设计引物——聚合酶链式反应（PCR）扩增——酶切——连接——转化——鉴定——测序。其中，PCR 是一种用于放大扩增特定 DNA 片段的分子生物学技术，它可看作生物体外的特殊 DNA 复制，其最大特点是能使微量的 DNA 大幅增加。根据扩增目的和检测标准可分为普通 PCR、实时荧光定量 PCR、易错 PCR（致突变 PCR）和 PCR-DGGE 技术等。利用 PCR 技术与分子杂交标记相结合，可以快速准确地检测出各类病原性物质（病毒、细菌、真菌、寄生虫等）。在进行 PCR 技术前还应对 DNA 样品进行酶切、片段胶回收及重组的基本预处理。克隆的基因只有通过表达载体才能进一步探索基因的功能及表达调控的机理，表达载体可分为原核细胞表达载体和真核细胞表达载体，常用的有 pBR322 载体、pUC 系列载体、pGEM-3Z 等载体。载体构建操作中，主要依赖限制性内切酶和 DNA 连接酶两类酶的作用。限制性内切酶是一类识别双链 DNA 内部特定核苷酸序列的 DNA 水解酶，以内切方式水解 DNA，切割不同来源的 DNA 分子，DNA 连接酶则在重组时完成这些杂合分子的连接和封合。

细胞转化与转染是研究和控制真核细胞基因功能的常规工具。细胞转化是指将质粒或其他外源 DNA 导入处于感受态的宿主细胞，并使其获得新的表型的过程。感受态是指受体细胞处于最易接受外源 DNA 片段而不将其降解，并实现转化的一种生理状态。基因工程研究中常将大肠杆菌作为受体细胞，实验室制备大肠杆菌感受态细胞的常用方法为化学法（如 $CaCl_2$ 法），其原理为细菌处于 0 ℃、低浓度且低渗的 $CaCl_2$ 溶液中能诱发感受态。质粒是存在于细菌染色体外的双链环状 DNA。在质粒载体上进行克隆的原理是先用限制性内切酶切割质粒 DNA 和目的 DNA 片段，然后体外使两者相连接，将得到的重组质粒转化成感受态细胞，再对其采用 Amp 初步抗性筛选和 α-互补现象筛选相结合的方法进行重组子筛选。细胞转染是指将外源分子如 DNA、RNA 等导入真核细胞的技术，广泛应用于调控真核细胞基因表达、研究基因功能、蛋白质生产等生物学试验中。

蛋白质是组成生命的物质基础，是机体的重要组成部分，是生命活动的主要承担者。生命体的一切代谢活动包括生长、发育和繁殖等都与蛋白质的活性和代谢息息相关。蛋白质的分离与纯化是分子生物学技术的重要内容，在科研中有重要作用。蛋白质分离与纯化的流程大致包括选材及其预处理、细胞破碎及抽提、初步分离提取和精制纯化等部分，根据具体的纯化目的和要求可以有所不同。获得所需蛋白质需要根据具体生物体或者蛋白质在该生物体中的位置选择适当的方法进行前处理。细胞破碎的常用方法有：匀浆法、超声波处理法、反复冻融法、酶解法、化学破碎、磨珠法、化学渗透法、渗透冲击法以及干燥法等。破碎离心后的蛋白质提取液需进行分离和纯化。常见的初分离方法包括沉淀分离法、萃取法、吸附法以及膜分离法等。进一步的分离纯化通常采用色谱层析分离技术，经初步分级分离的蛋白质样品一般需要2~4步色谱层析分离，达到所需蛋白质的纯度。本教程详细介绍了通过离子交换层析和凝胶层析两个具体操作，进行蛋白质的高效分离纯化。分离纯化后的蛋白质相对分子质量、种类和数量的测定分析通常采用SDS-聚丙烯酰胺凝胶电泳（SDS-PAGE）法，而蛋白质的鉴定分析多采用非变性聚丙烯酰胺凝胶电泳（非变性PAGE）法，它可以使得蛋白质在电泳分离后仍保持生物活性，对于生物大分子的鉴定有重要意义。与SDS-PAGE电泳相比，非变性凝胶大大降低了蛋白质变性发生的概率。Western印迹（Western blot）法是将蛋白质转移到膜上，然后利用抗体进行检测的方法，是一种将高分辨率凝胶电泳和免疫化学分析技术相结合的杂交技术，该技术主要应用于检测蛋白水平的表达。免疫共沉淀是一种在体外探测两个蛋白质分子间是否存在特异性相互作用的一种方法，它可以通过与其他技术的结合，如SDS-PAGE及Western blot分析，进一步对靶蛋白的相对分子质量等特性进行鉴定。

核酸分子杂交技术是基因工程中必不可少的研究手段，是核酸研究中一项最基本的实验技术。互补的核苷酸序列通过Watson-Crick碱基配对形成稳定的杂合双链DNA或RNA分子的过程称为杂交。杂交过程是高度特异性的，可以根据所使用的探针已知序列进行特异性的靶序列检测。探针是指带有某些标记物（如放射性同位素^{32}P、荧光物质异硫氰酸荧光素等）的特异性核酸序列片段。根据探针标记物不同可粗分为放射性探针和非放射性探针两大类，核酸探针的标记方法可分为放射性标记和非放射性标记，而放射性标记中的非同位素标记因其保存期长、对人体无危害，对环境无放射性污染而具有更广泛的应用前景。Southern印迹杂交是进行基因组DNA特定序列定位的通用方法。利用Southern印迹杂交可进行克隆基因的酶切、图谱分析、基因组中某一基因的定性及定量分析、基因突变分析及限制性片段长度多态性分析（RFLP）等。Northern印迹杂交是一种将RNA从琼脂糖凝胶中转印到硝酸纤维素膜上的方法，它的RNA吸印与Southern印迹杂交的DNA吸印方法类似，只是在上样前用甲基氢氧化银、乙二醛或甲醛使RNA变性，而不用NaOH，因为NaOH会水解RNA的2′-羟基基团。

动物实验的技术与方法是科研工作中必不可少的重要手段，通过对动物实验的观察、分析来研究需要解决的问题。本教程以实验鼠为例，详细介绍了动物实验的常用方法和评估药物的各种功能活性造模方法，包括降糖、降脂、保肝、抗衰老、H22肝癌瘤以及免疫力模型。

显微镜是重要的科学仪器，常被用来观察培养细胞的形态观察、计数和活力检测。随着显微镜技术的不断发展，也推进了组织学和细胞学的发现和发展，使人类对生命现象结构基础的认识深入更微小的境界。组织学研究方法有组织化技术、显微镜技术、组织培养和细胞培养、免疫细胞化学和同位素示踪等。细胞培养是细胞生物学研究中重要和常用技术之一，通过细胞培养能获得大量细胞，也可以借此研究细胞的信号转导、合成代谢与生长增殖等。细胞培养可分为原代培养和传代培养两种。最常用的原代培养有组织块培养和分散细胞培养，原代细胞培养具备二倍体的遗传性，来源方便，广泛应用于病毒学、细胞分化、药物测试等试验中。传代培养实验是几乎所有细胞生物学实验的基础，可获得大量细胞供实验所需。在细胞传代培养过程中，细胞传代、细胞冻存和复苏等操作技术十分重要。病毒是一种非细胞型生物，具有控制生物性状的遗传物质，可以复制并增殖，有遗传变异等生物所应有的基本特性。目前，关于病毒的研究更多集中在体外研究，在分子水平上对病毒进行结构与功能研究将是待突破研究的热点问题。本教程中主要介绍了病毒标本的采集与处理、病毒的分离技术、病毒的纯化技术、病毒的保存技术及病毒的形态学观察技术。

第三节　组学研究技术

系统生物学涵盖了基因组学、转录组学、蛋白质组学、代谢组学，这些组学分别以基因、mRNA、蛋白、小分子代谢物为研究对象进行测序、分离和定性，从而在生命科学领域作出新的探索。随着科学技术的进步，新的测序技术、检测技术也会不断得到突破，从而更加精准、高效、便捷地为科研领域提供有力的技术支撑，并从分子水平上认识生命活动的规律。

基因组是指生物所具有的携带遗传信息的遗传物质的总和，基因组学包括结构基因组学、功能基因组学、比较基因组学三大分支。结构基因组学是以全基因组测序为目标，确定基因组的组织结构、基因组成及基因定位。功能基因组学基于基因组序列信息，利用各种组学技术，在系统水平上将基因组序列与基因功能以及表型有机联系起来，最终揭示自然界中生物系统不同水平的功能。比较基因组学是在基因组图谱和测序基础上，对已知的基因和基因组结构进行比较，来了解基因的功能、表达机理和物种进化，揭示基因功能和疾病分子机制，阐明物种进化关系及基因组的内在结构。在第一代 Sanger 测序的基础上，不断地涌现出焦磷酸测序、连接酶法测序、纳米单分子测序等新技术。目前的测序技术尤以 Illumina 公司的 Hiseq2000 测序，Roche 公司的 Roche 454 测序，以及 ABI 公司的 SOLiD 测序为代表，这些技术分别运用不同的测序原理实现了基因组的最大化测定。但值得注意的是：测序长度、测序精确性、测序成本等问题仍是目前测序技术需要克服和改善的。基因组测序技术不断发展，其应用领域不断被开发，分别被应用在 16S rRNA、全基因组、转录组、宏基因组和宏转录组的测序上。对生物体的 16S rRNA 进行测序可以研究微生物的多样性并揭示物种间的差异，本书将详细介绍该技术在试验鼠肠道菌群的研究中的应用及具体操作方法。重测序则是对已知基因组序列的物种进行不同个体的基因组测序，并在此基础上对个体或群体进行差异性分析，进而对遗传性状进行分析。转录组测序能够分析生物体细胞基因表达差异，实现基因功能的预测。宏基因组学以环境样品中的微生物群体基因组为研究对象，以功能基因筛选和测序分析为研究手段，研究微生物多样性、种群结构、进化关系、功能活性、相互协作关系，以及与环境之间的关系。宏转录组学测序是在样品中的微生物的全部 RNA 水平上，分析微生物群落中活跃菌种的组成以及活性基因的表达。通过高新技术获取生物体的基因组序列，还需要生物信息学技术进行基因组测序的分析、序列的组装、序列的解读、序列数据库的建立从而实现基因组序列的全面解读。

蛋白质组是在一个细胞的整个生命过程中由基因组表达的以及表达后修饰的全部蛋白质。蛋白质组学是从整体角度分析细胞内动态变化的蛋白质组成、表达水平与修饰状态，了解蛋白质之间的相互作用和联系，提示蛋白质的功能与细胞活动规律。第十二章将对蛋白质样品（动物组织样品、动物细胞样品、植物组织样品）的前处理以及蛋白样品分离方法作详细介绍。样品经裂解提取后，采用双向凝胶电泳技术和质谱技术实现目标蛋白的分离纯化和肽链的解析。由于蛋白复合物结构的复杂多样,通常采用层析的方法将多蛋白复合物分离纯化。目前常用的层析计数有凝胶过滤层析、亲和层析、离子交换层析和疏水层析。同样地,在获取蛋白质后,需对肽段进行 TMT 标记、HPLC 分级、液相色谱—质谱联用分析,而后采用生物信息学对蛋白质组进行数据分析。对蛋白质组学的分析主要包括通过软件解析质谱数据、GO 注释、Domain 注释、KEGG 注释、亚细胞定位、富集分析、聚类热图、蛋白互作分析。首先利用 Maxquant 软件对二级质谱数据进行检索,而后运行 R. studio 软件输入模式物种或非模式物种的基因和注释包依次进行富集分析函数(Enrich GO/KEGG)、GSEA 函数、可视化函数等进行 GO 分析和 KEGG 富集分析,并去除无 GO 注释的基因,可获得上调或下调蛋白的可视化图,在 KEGG 分析完成后,运用 Cytoscape 以及 ClueGO 软件可得到蛋白相互作用网络图,得到在通路中发挥重要作用的蛋白。在进行蛋白质组学分析的过程中,试验条件、样品数量、测序深度、离群值等因素的存在,会造成试验结果的精确度和准确性的偏差。因此,需要选择合适的基因集大小,根据证据代号过滤 GO 通路,选择合适的基因标识符、使用最新的通路数据集可有效提高测试结果的可信度和准确度。

代谢是生命活动中所有生物化学反应的总称,代谢活动是生命活动的本质特征和物质基础。因此,对代谢物的分析一直是研究生命活动分子基础的一个重要突破口。代谢组学多以血样、尿样、胆汁、乳汁、精液、唾液、完整的组织样品、组织提取液和细胞培养液为研究对象,对生物体内所有代谢物进行定量分析,并寻找代谢物与生理病理变化的相对关系的研究方式。气相色谱—质谱(GC-MS)联用技术、液相色谱—质谱(LC-MS)联用技术、核磁共振(NMR)技术是对代谢物进行定性定量分析最常用的技术。GC-MS 联用技术的气相色谱主要使用毛细管柱,气体作为流动相,当样品流经柱子时,根据样品化合物的化学性质差异而得到分离,而后根据不同的保留时间对化合物进行鉴定。气相色谱—质谱联用技术通常有气相色谱—四极杆质谱或磁质谱(GC-MS)、气相色谱—离子阱质谱(GC-ITMS)、气相色谱—飞行时间质谱(GC-TOFMS)。LC-MS 以液相为分离系统,以质谱为检测系统,样品经液相色谱得到分离后,随流动相进入质谱仪,在离子源处被电离,产生带有一定电荷、相对分子质量不同的离子,最终根据每个离子的质荷比对色谱图进行分析。NMR 技术则利用原子核在核外磁场作用下,吸收射频辐射而产生能级跃迁,实现化合物的定性定量分析。NMR 技术对代谢组数据的处理主要包含峰的识别、对齐、样本标准化、零值填充和筛除杂峰等。XCMSOnline 和 MAVEN 软件是用来提高峰质量常用的手段,处理完成后,通过数据特征挑选、数据模型识别和验证、统计全相关谱,提供同一分子中不同基团间的相关信息。此外,与其他技术相比,NMR 技术因样品预处理操作简便,对样品的性质和结构损伤程度极低等优势,广泛地应用于疾病生理、药物研发、营养与植物药学、中医中药研究等诸多方面。上述技术存在各自的优点和长处,可以利用核磁共振和 GC-MS、LC-MS 的互补作用,实现水溶性代谢产物和脂溶性代谢物质的同时分析,以获得更全面的代谢信息。

第二章 核酸提取技术

第一节 基因组 DNA 提取

一、基本原理

基因组 DNA 是指组成生物基因组的所有 DNA。DNA 提取方法主要包括 CTAB 法、PVP 法、SDS 法等，其他方法还包括物理方式如玻璃珠法、超声波法、研磨法、冻融法；化学方式如异硫氰酸胍法、碱裂解法等；生物方式如酶法等。根据核酸分离纯化方式的不同有硅质材料、阴离子交换树脂等方式。

二、植物组织提取基因组 DNA

根据研究目的、研究对象和研究成本的不同，植物基因组 DNA 的提取方法也不同。由于植物组织中含有不同程度的次生代谢产物，如酚类、醌类及丹宁等物质，能够影响 DNA 的纯化和质量，使 DNA 降解，抑制 PCR 反应和酶切效果。因此，依据不同的植物和其次生代产物的不同，将采取不同的基因组 DNA 提取方法。

（一）CTAB 提取法

此方法由 Doyle 在 1987 年最先应用，多用于禾本科植物基因组 DNA 的提取（彭学贤，2006）。

(1) 取植物组织至研钵中，加液氮后快速研磨至粉末状，然后转移至装有提取液的离心管中，振荡混匀，静置 5 min，65 ℃ 水浴 30 min。

(2) 在室温下冷却至 40 ℃，随后去沉淀取上清液，在上清液中加入 CTAB 液，再用氯仿-异戊醇提取 1 次，去除核酸溶液中的痕量酚。

(3) 抽提液中加入异丙醇，室温下放置 1 h，离心，弃上清液。

(4) 取沉淀物，用 76% 乙醇浸泡 30 min，然后离心 10 min。

(5) 风干 DNA 后溶于 TE 中，在 -20 ℃ 条件下保存并备用。

> 注：改进的 CTAB 法，即用特定吸附作用的螯合树脂在特定条件下，吸附、纯化 DNA。首先粗提 DNA，以除去大多不可溶的杂质，然后调节 DNA 上清液酸度达 7.0，使 DNA 与阴离子交换树脂特异性地结合，然后处理和洗脱含有 DNA 的交换树脂柱，收集纯化的 DNA，改进的 CTAB 法适用范围广，效果较好（刘春英等，2013）。

（二）PVP 提取法

1997 年，Kim 最先应用此方法提取果树和针叶类林木中高质量的 DNA。现在此方法主要应用于林木类植物 DNA 的提取。

（1）取植物组织至研钵中，加液氮后快速研磨至粉末状，然后转移至装有提取液的离心管中，加入巯基乙醇。

（2）室温下放置 1 h 后，加入 PVP 和醋酸铵溶液混匀后冰浴 30 min（PVP 可以有效去除多酚和多糖，冰浴下促进核酸分离纯化）。

（3）在 4 ℃条件下离心 15 min，将上清液取出，加入异丙醇。

（4）在-20 ℃条件下沉淀 DNA 30 min，然后 4 ℃条件下离心，弃上清液。

（5）用 80%乙醇沉淀 DNA。

（6）最后将收集的 DNA 溶于 TE 中，在-20 ℃条件下保存并备用。

（三）SDS 提取法

此方法适用于多种植物 DNA 的提取。

（1）取植物组织至研钵中，加液氮后快速研磨至粉末状，然后转移至装有 SDS 裂解液的离心管中。

（2）加入醋酸钾，冰浴 30 min，再离心 20 min，弃去沉淀并过滤上清液。

（3）将含有 DNA 的上清液加入阴离子柱上，提取 DNA 后，再用 70%乙醇漂洗。

（4）风干 DNA 后，将纯化的 DNA 溶于 TE 中，在-20 ℃条件下保存并备用。

（四）尿素提取法

Dudler 在 1990 年最先应用此方法，现在此方法适用于一般植物和真核微生物 DNA 的提取。

（1）取植物组织至研钵中，加液氮后快速研磨至粉末状，然后转移至装有提取液的离心管中，加入苯酚，充分混匀。

（2）加入氯仿，在 4 ℃条件下离心 15 min，然后在上清液中加入核酸酶，在 37 ℃条件下放置 1 h。

（3）用苯酚-氯仿提取 2 次后，将含 DNA 的上清液加入异丙醇，离心 10 min。

（4）取沉淀用乙醇洗涤，然后离心，弃上清液。

（5）沉淀风干后溶于 TE 中，在-20 ℃条件下保存待用。

三、动物组织提取基因组 DNA（果蝇）

（一）材料和试剂

（1）新鲜存活的果蝇或-20 ℃冻存的果蝇 5~10 只。

（2）酚、氯仿、异戊醇、十二烷基硫酸钠（SDS）、Tris 碱、乙二胺四乙酸（EDTA）、异丙醇。

（3）消化缓冲液：含 100 mmol/L 的 NaCl，10 mmol/L 的 Tris-HCl（pH 8.0），25 mmol/L 的 EDTA（pH 8.0），0.5%的 SDS。

（4）TE 缓冲液（pH 8.0）：含 10 mmol/L 的 Tris-HCl（pH 8.0），1 mmol/L 的 EDTA（pH 8.0）。

（5）电泳缓冲液 TAE（50×TAE）：取 Tris 24.2 g，冰醋酸 5.7 mL，0.25 mol/L EDTA（pH 8.0）20 mL，加蒸馏水至 100 mL。

（6）配制 0.8%琼脂糖凝胶：称取 0.32 g 琼脂糖，加入 40 mL TAE(1×TAE)，于电炉上加热至沸腾，待凝胶冷却至 50 ℃左右，加入 3 μL Gold View TW 荧光染料，混匀后将胶倒入插好梳子的制胶板上，冷却后备用。

（7）玻璃棒、烧杯、离心管、量筒、分析天平、水浴锅、台式高速离心机、4 ℃冰箱、长玻璃吸管、微量加样器、枪头、紫外分析仪、琼脂糖电泳装置。

(二) 操作步骤

（1）取 6 只麻醉的果蝇（乙醚挥发干净）放入 1.5 mL 离心管中，加入消化缓冲液 30 μL，用 200 μL 的 Tip 枪头迅速捣碎。

（2）补加消化缓冲液 400 μL，混匀，置于 65 ℃温浴 30 min，每 10 min 摇荡一次，以使样品充分消化。

（3）取出离心管加入 400 μL 酚：氯仿：异戊醇(25∶2∶1)的混合物，盖紧管盖，上下颠倒，充分混匀，抽提样品，在 12 000 r/min 离心 5 min。

（4）小心吸取上清液转移至新的离心管中。加入 400 μL 异丙醇，轻轻混匀 3 min，此时可见白色线团状物质出现。

（5）在 14 000 r/min 离心 10 min，让线团状物质沉淀至管底或者管壁，小心倒出液体。

（6）用 400 μL 70%的乙醇洗涤沉淀，在 12 000 r/min 离心 5 min，倒掉乙醇，倒置晾干至乙醇味道消失，沉淀用 50 μL 的 TE 缓冲液溶解。

（7）取 5~8 μL DNA 溶液，与 2 μL 上样 buffer 混合，然后上样于 0.7%的琼脂凝胶上，在 120V 电压下电泳 30 min。

（8）将琼脂糖凝胶置于紫外分析仪中，观察 DNA 条带的绿色荧光。

四、制备细菌基因组 DNA

(一) 材料和试剂

（1）CTAB/NaCl 溶液：取 4.1 g NaCl 溶解于 80 mL H_2O 中，缓慢加入 10 g CTAB，加水至 100 mL。

（2）氯仿：异戊醇(24∶1)。

（3）苯酚：氯仿：异戊醇(25∶24∶1)。

（4）70%乙醇。

（5）TE。

（6）10%SDS。

（7）蛋白酶 K(20 mg/mL)。

（8）5 mol/L NaCl。

（9）RNase A：10 mg/mL。

(二) 操作步骤

（1）取 5 mL 细菌培养过夜，在 12 000 r/min 离心 3 min，弃上清液。

（2）加 567 μL TE 溶液悬浮沉淀，并加 30 μL 10% SDS，3 μL 蛋白酶 K(20 mg/mL)，混匀，在 37 ℃条件下水浴保温 1 h。

（3）加 100 μL 的 5 mol/L NaCl，混匀。

(4)加入 80 μL CTAB/NaCl 溶液,混匀,在 65 ℃条件下水浴保温 10 min。

(5)用等体积的苯酚:氯仿:异戊醇抽提,在 12 000 r/min 离心 3 min。

(6)仔细移取上清液至另一离心管中,加入一倍体积异丙醇,混匀,室温下放置 10 min,即出现絮状 DNA 沉淀。

(7)用钩状玻璃棒捞出 DNA 絮团,在 70%乙醇中漂洗后用干净吸水纸上吸干,室温下干燥后转入 100 μL 的 TE 溶液中,DNA 很快溶解于 TE,在-20 ℃条件下保存。

(8)取 2 μL DNA 样品在 0.7%Agarose 胶上电泳,检测 DNA 分子大小。同时取 15 μL 稀释 20 倍,测定 A_{260}/A_{280},检测 DNA 含量及质量。

五、用 DNA 提取试剂盒从全血和组织中提取基因组 DNA

(一)材料和试剂

(1)蛋白酶 K。

(2)buffer XL。

(3)异丙醇。

(4)70%乙醇。

(5)全血样品。

(6)全血基因组 DNA 提取试剂盒。

(7)离心管。

(二)操作步骤

(1)取 200 μL 新鲜抗凝全血置于 1.5 mL 离心管中,加 500 μL buffer NL,混匀,在 14 000 r/min 离心 1 min,弃上清液,倒置在干净滤纸上晾干,注意不要将沉淀倒出来。

(2)配置蛋白酶 K 和 buffer XL 的混合物,即在每微升蛋白酶 K 中加入 100 μL buffer XL,且该步骤需在 10 min 内准备完成。

(3)将上述混合物加入离心管中,混匀,用掌上离心机将溶液从管壁甩下来,放置于模块加热器中,在 65 ℃条件下加热 30 min(此时样品由红色变成绿色)。

(4)加入 100 μL 异丙醇,混匀,可见 DNA 的白色丝状沉淀析出,在室温下 14 000 r/min 离心 5 min。

(5)弃上清液,将离心管倒置在干净滤纸上,加入 100 μL 70%乙醇,混匀 30 s,室温下 14 000 r/min 离心 2 min,弃上清液,将离心管倒置在干净滤纸上,晾干。

(6)加入 100 μL buffer EB,混匀,在 65 ℃条件下加热 1 h 或者室温条件下放置过夜以溶解 DNA。

六、核酸定量测定

核酸的定量测量技术对于食品安全(如转基因作物的核酸定量)、临床诊断(如病毒负荷量和用药指导)、法证科学(如死亡时间推断)、分子生物学基础科学研究(如细胞因子 mRNA 表达水平)等具有重要意义。

(一)紫外吸收法

1. 材料和试剂

(1)钼酸铵—过氯酸沉淀剂:取 3.6 mL 70%过氯酸和 0.25 g 钼酸铵溶于 96.4 mL 蒸馏水

中,即成0.25%钼酸铵—2.5%过氯酸溶液。

(2)5%~6%氨水溶液:取25%~30%氨水稀释5倍。

(3)酵母RNA。

2. 操作步骤

(1)取待测核酸样品0.5 g,加少量0.01 mol/L NaOH调成糊状,然后加入适量水,用5%~6%氨水调至pH 7.0,定容至50 mL。

(2)取两支离心管,甲管加入2 mL样品溶液和2 mL蒸馏水,乙管加入2 mL样品溶液和2 mL沉淀剂。混匀,冰浴30 min。

(3)在3 000 r/min离心10 min,从甲管、乙管中分别吸取0.5 mL上清液,用蒸馏水定容至50 mL。

(4)选择厚度1 cm的石英比色皿,测定260 nm及280 nm波长处的A值。

(5)求出A_{260}/A_{280},判断RNA的纯度。

$$RNA = A_{260}/A_{280} = 2.0$$

3. 计算公式

$$RNA\ 浓度 = \frac{\Delta A_{260}}{0.024 \times L} \times n$$

式中　ΔA_{260}——甲管稀释液在260 nm波长处A值减去乙管稀释液在260 nm波长处A值;

L——比色皿厚度,1cm;

n——稀释倍数;

0.024——每毫升溶液含1 μg RNA的A值。

(二)定磷法

1. 材料和试剂

(1)标准磷溶液10 μg/mL。

(2)纯水。

(3)定磷试剂。

(4)消化的RNA溶液(0.06 mg/mL):取0.6 mg酵母RNA,加入1.5 mol/L H_2SO_4溶液10 mL,在沸水浴中加热10~20 min,待核酸充分水解,用于组分鉴定。

(5)未消化的RNA溶液(0.06 mg/mL):取0.6 mg酵母RNA,加入蒸馏水10 mL,在55~65 ℃条件下消化0.5 h。

2. 操作步骤

(1)取同样规格的试管8只,按照表2-1顺序和用量分别加入试剂。

(2)立即将试管内溶液摇匀,于45 ℃恒温水浴内保温30~45 min。取出冷却至室温,于660 nm处测定A值(光密度值)。

(3)以1~6号管标准磷含量(μg)为横坐标,A值为纵坐标绘出标准曲线。

(三)二苯胺法

1. 材料和试剂

(1)DW标准液(200 μg/mL)。

表 2-1　定磷法实验操作参照表

名称	编号							
	1	2	3	4	5	6	7	8
标准磷溶液 10 μg/mL(mL)	0.00	0.20	0.40	0.60	0.80	1.00	0.00	0.00
水(mL)	3.00	2.80	2.60	2.40	2.20	2.00	2.00	2.00
定磷试剂(mL)	3.00	3.00	3.00	3.00	3.00	3.00	3.00	3.00
消化的 RNA 溶液 0.06 mg/mL(mL)	0.00	0.00	0.00	0.00	0.00	0.00	1.00	0.00
未消化的 RNA 溶液 0.06 mg/mL(mL)	0.00	0.00	0.00	0.00	0.00	0.00	0.00	1.00
相当于无机磷量(μg)	0.00	2.00	4.00	6.00	8.00	10.00	A	B

(2) 超纯水。
(3) 二苯胺试剂。
(4) DNA 待测液。

2. 操作步骤

(1) 取同样规格的试管 7 支，按表 2-2 的顺序和用量分别加入试剂。

表 2-2　二苯胺法实验操作参照表

名称	编号						
	1	2	3	4	5	6	7
DNA 标准液(200 μg/mL)	0.00	0.40	0.80	1.20	1.60	2.00	0.00
超纯水(mL)	2.00	1.60	1.20	0.80	0.40	0.00	0.00
二苯胺试剂(mL)	4.00	4.00	4.00	4.00	4.00	4.00	4.00
DNA 待测液(mL)	0.00	0.00	0.00	0.00	0.00	0.00	2.00
DNA 含量(μg)	0	80	160	240	320	400	X
A_{595}							Y

(2) 将试管内溶液立即摇匀，于 70 ℃恒温水浴内保温 50~60 min。取出冷却至室温，于 595 nm 处测定 A 值。

(3) 以 1~6 号管 DNA 含量(μg)为横坐标，A 值为纵坐标，绘出标准曲线。

(4) 根据 7 号管测得的 A 值，从标准曲线求出 DNA 待测液中的 DNA 含量。

七、实验说明及注意事项

(1) 实验前将部分药品(酚、氯仿、异戊醇、异丙醇)4 ℃条件下预冷，以减少 DNA 降解，促进 DNA 与蛋白等分相及 DNA 沉淀。

(2) 预热裂解液，以抑制 DNase，加速蛋白变性，促进 DNA 溶解。

(3) 酚一定要碱平衡。苯酚具有高度腐蚀性，飞溅(接触)到皮肤、黏膜和眼睛会造成损伤，操作时应注意防护。氯仿易燃、易爆、易挥发，具有神经毒作用，操作时应注意防护。

(4) 避免在操作过程中机械振动过于剧烈,以免造成 DNA 断裂。
(5) 取上清液时,不应贪多,以防非核酸类成分干扰。
(6) 提取 DNA 过程中,试剂和器材要通过高压烤干等措施进行无核酸酶化处理。
(7) 所有试剂均用高压灭菌超纯水配制。
(8) 离心机使用前必须将离心管平衡,对称放置。调速必须从低到高,待转子完全停下再打开盖子,然后将转速调至最低。
(9) 乙醇洗涤 DNA 后,一定要晾干,否则电泳时样品容易上漂。
(10) 使用紫外分光光度计前要预热。
(11) 比色皿应成套使用,注意保护,不能拿在光面上。
(12) 血样样品必须使用 EDTA、肝素胡总和柠檬酸的抗凝管收集,以防血凝。

第二节 质粒 DNA 提取

一、基本原理

质粒 DNA 是基因工程的主要载体,其提取效率及纯度直接关系影响实验后续步骤,常见的质粒 DNA 提取方法主要包括煮沸法、SDS 法、碱裂解法等。然而上述方法各有利弊,例如,煮沸法的过程剧烈,较易破坏质粒 DNA 的结构,且不适于未经氯霉素处理的培养物;而 SDS 裂解法虽然过程较温和,但产率低,操作步骤繁琐。最常用是碱裂解法,该法操作简便,所提取的质粒 DNA 产量和纯度均较令人满意,可广泛用于转化细菌、细胞转染、酶切分析和 DNA 重组等实验。

二、碱裂解法小量质粒提取

(一) 材料和试剂

(1) Solution I:Glucose(50 mmol/L)、EDTA(10 mmol/L)、Tris-HCl(25 mmol/L)(pH 8.0)。
(2) Solution II:NaOH(0.2 mol/L)、SDS(1%)。
(3) Solution III:KAc(14.72 g/50 mL)、HAc(5.72 mL/50 mL)。
(4) TE:Tris-HCl(10 mmol/L)、EDTA(1 mmol/L)。
(5) 电泳缓冲液:50×TAE Tris-HCl(10 mmol/L)、冰 HAc(57.1 v/1000 v)。
(6) EDTA pH 8.0(0.05 mol/L)。
(7) 溴酚蓝载样液:甘油(10%)、蔗糖(7%)、溴酚蓝(0.025%)。
(8) EB:1×TAE+0.05%EB。
(9) LB 培养基(1 L):Bacto-tryptone 10 g、Bacto-yeast extract 5 g、NaCl 10 g。

注:配制 1 L 培养基需 950 mL 蒸馏水加上述 3 种药品,摇动容器至溶质完全溶解。用 5 mol/L NaOH 调 pH 值至 7.0,加入蒸馏水定容 1 L,在 121.3 ℃ 条件下高压蒸汽灭菌 20 min。

(二) 操作步骤

(1) 挑取单菌落接种到 20 mL 含有相应抗生素的液体 LB 培养基中,在 37 ℃ 条件下摇培过夜。

(2)取 1.5 mL 菌液至 EP 管中,在 12 000 r/min 离心 0.5 min,弃净上清。

(3)打匀沉淀,加 100 μL 预冷的 Solution Ⅰ,混匀后室温条件下放置 5 min。

(4)加入 200 μL Solution Ⅱ,轻柔混匀,冰浴 5 min。

(5)加入 150 μL Solution Ⅲ,轻柔混匀,冰浴 5 min,在 12 000 r/min 离心 10 min。

(6)将上清转至另一新 EP 管中,加入等体积的酚—氯仿—异戊醇(25∶24∶1),用力振荡抽提,在 12 000 r/min 离心 10 min。

(7)吸取上层清液,加入 2 倍体积预冷的无水乙醇,振荡混匀,静置 10 min 沉淀 DNA,在 12 000 r/min 离心 10 min,弃上清液,用 75%的乙醇清洗沉淀。

(8)干燥后溶于 20 μL TE 中,取 5 μL 样品琼脂糖凝胶电泳检测。

(9)在 -20 ℃条件下保存备用。

三、Promega 质粒 DNA 小量提取

(一)材料和试剂

(1)无菌的、无 RNase 的 1.5 mL 塑料离心管。

(2)无菌的、无 RNase 的加样枪和枪头。

(二)操作步骤

1. 探针退火

(1)在无菌的、无 RNase 的离心管中,加入未稀释的总 RNA 溶液,最终体积达到 1.5 mL。可使用更多量的总 RNA,其浓度可至过饱和,即有絮状 RNA 沉淀析出,但后续的退火反应操作会受到一定程度影响;也可使用更少量的总 RNA(50 μL),但 mRNA 产量可能无法保证。

(2)将离心管置于 65 ℃条件下水浴中 10 min 或略长时间。

(3)加入 15 μL 的 Biotinylated-Oligo(dT)探针和 39 μL 的 20×SSC 到 RNA 中。颠倒数次混匀,静置于室温条件下至充分冷却,一般需要 10 min 或略少,此期间制备 0.5×SSC 和 0.1×SSC 贮存液。

2. 贮存液制备

(1)通过在 3 个无菌的、无 RNase 的离心管中各自混合 30 μL 的 20×SSC 和 1.170 mL 的无 RNase 的水来制备 3 份 1.2 mL 的无菌的 0.5×SSC。

(2)通过在 3 个无菌的、无 RNase 的离心管中各自混合 7 μL 的 20×SSC 和 1.393 mL 的无 RNase 的水来制备 3 份 1.4 mL 的无菌的 0.1×SSC。

3. 链霉抗生物素蛋白—磁珠的漂洗

(1)取 3 管链霉抗生物素蛋白—磁珠(Streptavidin-Paramagnetic Particles),轻弹离心管的底部使 SA-PMPs 重悬直至充分分散,吸取悬液合并于 1 管。

(2)使汇总的 SA-PMPs 重悬直至充分分散,然后将离心管置于磁柱中直至 SA-PMPs 已经聚集在离心管管壁上(大约 30 s)。小心地移出上清液。不要离心沉淀颗粒。

(3)用 0.5×SSC 漂洗 SA-PMPs 3 次(每次 0.9 mL),使用磁柱捕获它们,然后小心地移去上清液。

(4)重悬漂洗过的 SA-PMPs 于 0.3 mL 的 0.5×SSC 中。

4. Oligo(dT)-mRNA 退火杂合体的捕获和漂洗

(1)将退火反应的全部成分加入到含有漂洗过的 SA-PMPs 的离心管中。

(2)室温条件下静置 10 min。每 1~2 min 轻柔地颠倒 1 次混匀。

(3)用磁柱捕获 SA-PMPs，小心移去上清液，注意不要搅动 SA-PMPs 颗粒。当总 RNA 为过饱和高浓度时，退火反应易形成黑色絮状物，磁柱吸附也难以压缩其体积，这时应小心吸取上清液；保留上清液直至确信 mRNA 的结合与洗脱效果优良。

(4)用 0.1×SSC(每次 0.9 mL)漂洗颗粒 4 次，其间轻弹离心管底部直至颗粒已被重悬。

最后一次漂洗后，在不搅动 SA-PMPs 的前提下，在 8000 r/min 离心 1 min，尽可能多地移出液相。

5. mRNA 的洗脱

(1)洗脱 mRNA 时，首先将最终的 SA-PMPs 重悬于 0.1 mL 的无 RNase 的水中，温柔地轻弹离心管以重悬颗粒。

(2)在 65 ℃条件下水浴 2 min。

(3)用磁场捕获 SA-PMPs，在 8000 r/min 离心 30 s。

(4)将含有洗脱的 mRNA 的液相移至 1 个无菌的、无 RNase 的离心管中。勿将颗粒丢弃；

(5)重悬 SA-PMP 颗粒于 0.15 mL 无 RNase 的水中，在 65 ℃条件下水浴 2 min，用磁场捕获 SA-PMPs，在 8000 r/min 离心 2 min。将洗脱液与(4)步骤中洗脱的 mRNA 合并。

(6)如果这时有任何颗粒携带到最终溶液中，可在 4 ℃条件下 10 000×g 离心 5~10 min 去除。小心地将 RNA 转至 1 个新鲜的无 RNase 的离心管中。

6. mRNA 的浓缩

(1)加入等体积异丙醇，混匀。通常立刻有肉眼可见之沉淀生成，立即在 12 000 r/min 离心 10 min，沉淀 mRNA。或根据沉淀生成的难易，在-20 ℃条件下放置数小时或过夜再沉淀。

(2)小心倒去异丙醇，加 75%乙醇洗涤。

(3)小心倒去 75%乙醇，室温条件下干燥。

(4)将 mRNA 溶于 20 μL 无 RNase 的水中。注意管壁上通常会黏附大量 mRNA 沉淀，用枪头吸取水滴在管壁上滚动数次以尽可能回收 mRNA。

附录涉及：

• 消化缓冲液：含 100 mmol/L 的 NaCl，10 mmol/L Tris-HCl(pH 8.0)，25 mmol/L 的 EDTA(pH 8.0)，0.5%的 SDS。

• TE 缓冲(pH 8.0)：含 10 mmol/L Tris-HCl(pH 8.0)，1 mmol/L 的 EDTA(pH 8.0)。

• 电泳缓冲液 TAE(50×TAE)：取 Tris24.2 g，冰醋酸 5.7 mL，0.25 mol/L EDTA(pH 8.0)20 mL，加蒸馏水至 100 mL。

• 0.8%琼脂糖凝胶的配制：取 0.32 g 琼脂糖，加入 40 mL 1×TAE，于电炉上加热至沸腾，待凝胶冷却至 50 ℃左右(手试微烫)，加入 3 μL GoldViewTW 荧光染料，混匀后将凝胶倒入插好梳子的制胶板上，冷却后备用。

• CTAB/NaCl 溶液：取 4.1 g NaCl 溶解于 80 mL H_2O 中，缓慢加入 10 g CTAB，加水至 100 mL。

- 钼酸铵-过氯酸沉淀剂：取 3.6 mL 70%过氯酸和 0.25 g 钼酸铵溶于 96.4 mL 蒸馏水中，即成 0.25%钼酸铵-2.5%过氯酸溶液。
- 溴酚蓝载样液：甘油(10%)、蔗糖(7%)、溴酚蓝(0.025%)。
- EB：1×TAE+0.05%EB。
- LB 培养基(1L)：Bacto-tryptone 10 g、Bacto-yeast extract 5 g、NaCl 10 g。

第三节　RNA 提取

Trizol 法(异硫氰酸胍/苯酚法)是提取 RNA 最常用的方法，适用于大部分动植物材料。同时，Trizol 法应用非常广泛，适用于包括动物组织、微生物材料、培养细胞等在内的各类动物性材料，同时还适用于次生代谢物较少的植物性材料，如幼苗、幼叶等，其提取 RNA 具有纯度较高的优点(王颖芳等，2017)。

一、基本原理

Trizol 中含苯酚和异硫氰酸胍，可保护 RNA 免受 RNase 污染。异硫氰酸胍能迅速破碎和溶解细胞，同时使核蛋白复合体中的蛋白变性并释放出核酸，由于释放出的 DNA 和 RNA 在特定 pH 值下的溶解度不同，且分别位于中间相和水相，从而使 DNA 和 RNA 得到分离；取出水相后，通过有机溶剂(氯仿)抽提及异丙醇沉淀，可得到纯净 RNA。

二、操作流程

操作流程主要参见 Trizol 试剂的说明书，以下步骤仅供参考(图 2-1)。

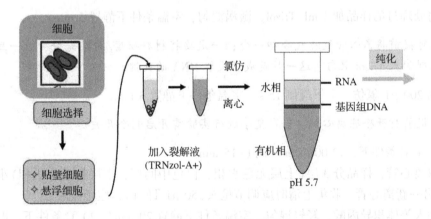

图 2-1　RNA 提取流程图

(一) 材料和试剂

(1) 三氯甲烷(氯仿)、异丙醇、75%乙醇、无 RNase 的水、Trizol 试剂。
(2) EP 管、匀浆器、移液枪、漩涡振荡器、低温高速冷冻离心机、冰袋、超净工作台。

(二)操作步骤

1. 准备工作

玻璃匀浆器、75%乙醇预冷，离心机预冷至 4 ℃，超净工作台紫外灯开启 15 min 以上，75%乙醇擦拭台面，EP 管标记。

2. 样品处理

包括植物组织、动物组织等样品的处理。

(1)植物组织：以叶片 RNA 提取为例。取新鲜叶片在液氮中充分研磨或将叶片剪碎后直接在 Trizol 中研磨，研磨要迅速，不要超过 1 min，大约 100 mg 叶片使用 1 mL Trizol。

(2)动物组织：以鼠肝脏 RNA 提取为例。取新鲜或 -80 ℃ 的冻存组织，每 100~200 mg 组织使用 1 mL Trizol，用液氮研磨成粉末，样品体积一般不要超过 Trizol 体积的 10%。

(3)单层培养细胞：直接在培养板中加入 Trizol 裂解细胞，每 10 cm^2 加 1 mL Trizol，取样器吹打几次。

> 注：Trizol 加量根据培养板面积决定，不是由细胞数决定。如果 Trizol 加量不足，可能导致提取的 RNA 中有 DNA 污染。

(4)细胞悬液：离心取细胞，每 $5×10^6$ ~ $10×10^6$ 个动物、植物和酵母细胞或每 10^7 个细菌细胞使用 1 mL Trizol。加 Trizol 前不要洗涤细胞，以免降解 mRNA。一些酵母和细菌细胞可能需要匀浆仪处理。

(5)血液处理：直接取新鲜的血液，加入 3 倍体积红细胞裂解液，混匀后室温条件下放置 10 min，在 10 000 r/min 离心 1 min。弃上清，收集白细胞沉淀。每 1 mL 血液收集的白细胞沉淀中加入 1 mL Trizol。

3. RNA 提取

(1)将处理过的样品加 1 mL Trizol，漩涡混匀，室温条件下静置 5 min。

> 注：可提前将离心管放液氮冷却一会；一定要将材料研磨/匀浆充分，且一旦研磨/匀浆完毕立刻加入 Trizol 混匀。这一步是成功提取 RNA 的关键。

(2)加 200 μL 氯仿，上下颠倒 15 s，室温条件下静置 3 min。

> 注：提前打开冷冻离心机，若在夏季进行实验需开启制冷开关。

(3)在 4 ℃ 条件下，12 000 r/min 离心 15 min。

(4)取离心管，样品分 3 层(上层无色水相，白色中间层，下层粉色有机相)小心吸取无色上清至另一新离心管。收集上清时应调节枪头(50 μL 即可)，缓慢吸取。

(5)加入等体积异丙醇，轻轻混匀，室温条件下静置 20 min(-20 ℃ 条件下，时间长效果好)。

> 注：这段时间可以用灭菌处理的 DEPC 水配制 75%乙醇。

(6)在 4 ℃ 条件下，12 000 r/min 离心 5 min，弃上清。

(7)加入 1 mL 75%乙醇，洗涤沉淀，将沉淀打碎。在 4 ℃ 条件下，12 000 r/min 离心 10 min，弃上清液。

注：离心之前一定要悬浮沉淀，通常采用移液枪将沉淀打起。

（8）加入 1 mL 100%乙醇，轻轻洗涤沉淀（不用将沉淀打碎）再短暂离心处理，弃上清，用移液枪将残余的乙醇吸出，沉淀于室温下晾干（晾干的标准是无乙醇味即可）。

（9）加入 30~50 μL DEPC 处理的水溶解 RNA。提取完毕后分出 2 管，其中一管装 2 μL RNA，用于浓度测定；另一管装 2~5 μL，用于电泳检测。

注：浓度测完后根据反转录的要求分装小管，保证每管符合反转录反应所需 RNA 的质量。若用于半定量，则必须保证各样品每管的质量均相同。

（10）分装，在-80 ℃条件下保存。

三、实验说明及注意事项

(一) RNA 提取常见问题

1. RNA 降解

（1）新鲜细胞或组织：

①裂解液的质量：裂解液的优劣直接影响细胞或组织的裂解效率，导致提取的 RNA 产量低或纯度不高。

②外源 RNase 的污染：RNA 容易被 RNase 酶降解，因此实验过程中需要保持无菌操作，避免 RNase 污染。

③裂解液的用量不足：用量不足的裂解液可能无法完全覆盖或者渗透样品，导致细胞或组织裂解不充分裂解过程不均匀，导致 RNA 中残留未去除的杂质，最终导致 RNA 提取效率降低，RNA 纯度降低。

④组织裂解不充分：未充分裂解的组织中可能残留有细胞碎片、未释放的 RNA 以及其他杂质，导致提取的 RNA 纯度下降，影响后续实验准确性。

⑤某些富含内源酶的样品（脾脏，胸腺等），很难避免 RNA 的降解。建议在液氮条件下将组织碾碎，并且匀浆样品时，确保裂解液的用量足够覆盖样品，迅速进行匀浆操作。

（2）冷冻样品：样品取材后应立即置于液氮中速冻，然后可以移至-80 ℃条件下冰箱保存。样品要相对小一点；先用液氮研磨，再加裂解液匀浆；样品与裂解液充分接触前避免融化，研磨用具必须预冷，碾磨过程中及时补充液氮。

2. A_{260}/A_{280} 比值偏低

（1）蛋白质污染：不要吸入中间层及有机相，加入氯仿后首先混匀，并且离心分层的离心力要足够和时间要充裕。

（2）减少起始样品量，确保裂解完全。彻底解决办法：重新抽提一次，再沉淀，溶解。

（3）苯酚残留：不要吸入中间层及有机相，加入氯仿后首先混匀，并且离心分层的离心力要足够和时间要充裕。解决办法：重新抽提一次，再沉淀，溶解。

（4）抽提试剂残留：确保洗涤时要彻底悬浮 RNA，并且彻底去掉 75%乙醇。通常解决办法：再沉淀一次后，溶解。

（5）设备限制：测定 A_{260} 及 A_{280} 数值时，要使 A_{260} 读数在 0.10~0.50。此范围线性最好。

（6）用水稀释样品：测 A 值时，对照及样品稀释液请使用 10 mmol/L Tris，pH 7.5，用水作为稀释液将导致比值降低。

(二) 注意事项

(1) 匀浆后，加氯仿前，样品可在-80 ℃条件下放置 1 个月以上，RNA 沉淀可以保存在 75%乙醇中，在 2~8 ℃条件下放置 1 周或-20 ℃条件下 1 年以上，如果要长期保存，RNA 可以溶解于 100%去离子甲酰胺中，在-80 ℃条件下长期保存。

(2) DEPC 水的量根据需要配制即可，原则上确保所有物品都能浸在 DEPC 水中。配制 DEPC 处理水时用棕色瓶。

(3) 预防 RNase 污染，应注意以下 4 个方面：

①经常更换新手套。因为人体皮肤通常带细菌，可能导致 RNase 污染。

②使用无 RNase 的塑料制品和枪头，避免交叉污染。

③RNA 在 Trizol 试剂中不会被 RNase 降解。但提取后继续处理过程中应使用不含 RNase 的塑料和玻璃器皿。玻璃器皿可在 150 ℃烘烤 4 h，塑料器皿可在 0.5 mol/L NaOH 中浸泡 10 min，然后用水彻底清洗，再灭菌，即可去除 RNase。

④配制溶液应使用无 RNase 的水(将水加入干净的玻璃瓶中，加入 DEPC 水至中浓度 0.1%(v/v)，放置过夜，高压灭菌。

注：DEPC 可能有致癌隐患，需谨慎操作。

(4) 氯仿、异丙醇、乙醇都应用未开封的，75%乙醇用移液枪配制，切勿使用量筒等中间器皿。

(5) 整个过程要及时更换手套，戴双层口罩，并在操作区开启酒精灯。

(6) RNA 一定要贮存到-70 ℃条件下的冰箱，在-20 ℃条件下保存时间很短。

(7) 移液器：是 RNase 的污染源之一。根据移液器制造商的要求对移液器进行处理。一般情况下采用 DEPC 水配制的 70%乙醇之一擦洗移液器内外部，可达到基本要求。

第四节 琼脂糖凝胶电泳

一、DNA 琼脂糖凝胶电泳

(一) 基本原理

琼脂糖凝胶电泳，是以琼脂糖为介质，对不同大小的 DNA 实现分离的一种电泳方法。琼脂糖是一种多糖，具有亲水性，但是不带电荷，使得 DNA 在碱性条件下带负电荷(pH 8.0 的缓冲液)，在电流作用下，以琼脂糖凝胶为介质，由负极向正极移动，根据 DNA 分子片段的大小和形状不同，其在电场中泳动的速率也不相同，同时在样品中加入染料(EB 或花青素类染料等)能够和 DNA 分子间形成络合物，经过紫外照射，可以看到 DNA 的位置(比对 marker 可知相对分子质量)，从而达到分离、鉴定的目的(图 2-2)。

(二) 材料和试剂

(1) TAE 缓冲液(Tri-Acetate-EDTA)或 TEB 缓冲液(Tris-Borate-EDTA)。

(2) 溴化乙锭(Ethidium Bromide, EtBr)或更安全的 SYBR Safe、GelRed 等。

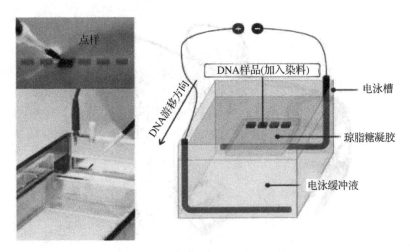

图 2-2 琼脂糖凝胶电泳各组成部分

(3) 样品缓冲液(Loading buffer)。
(4) 琼脂糖。

(三) 操作流程

(1) 按所分离的 DNA 分子的大小范围，称取适量的琼脂糖粉末，放到锥形瓶中，加入适量的 0.5×TBE 电泳缓冲液。然后置于微波炉加热至完全溶化，溶液透明。稍摇匀，得胶液。冷却至 60 ℃左右，在胶液内加入适量的溴化乙锭(0.5 μg/mL)。

(2) 取有机玻璃制胶板槽，用透明胶带沿胶槽四周封严，并滴加少量的胶液封好胶带与胶槽之间的缝隙。

(3) 水平放置胶槽，在一端插好梳子，在槽内缓慢倒入已冷却至 60 ℃左右的胶液，使之形成均匀水平胶面。

(4) 待胶凝固后，小心拔起梳子，撕下透明胶带，使加样孔端置阴极段，放入电泳槽内。

(5) 在槽内加入 0.5×TBE 电泳缓冲液，至液面覆盖过胶面。

(6) 把待检测的样品，按以下量在洁净载玻片上小心混匀，用移液枪加至凝胶的加样孔中。1 μL 加样缓冲液(6×)+5 μL 待测 DNA 样品(+0.5 μL EB 液，浓度 10 mg/mL)。

注：若胶内未加 EB，可选用此法。

(7) 接通电泳仪和电泳槽，并接通电源，调节稳压输出，电压最高不超过 5 cm 开始电泳，点样端放阴极端。根据经验调节电压使分带清晰。

(8) 观察溴酚蓝的带(蓝色)。当其移动至距胶板前沿约 1 cm 处，可停止电泳。

(9) 染色：把胶槽取出，小心滑出胶块，水平放置于一张保鲜膜或其他支持物上，放进 EB 溶液中进行染色，完全浸泡约 30 min。

(10) 在紫外透视仪的样品台上重新铺上一张保鲜膜，赶去气泡平铺，然后把已染色的凝胶放在上面。关上样品室外门，打开紫外灯(360 nm 或 254 nm)，通过观察孔观察(图 2-3)。

(四) 实验说明及注意事项

1. 影响 DNA 片段琼脂糖电泳的若干因素

(1) DNA 分子的大小：线性 DNA 分子的迁移率与其相对分子质量的对数值成反比。

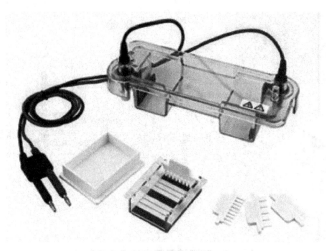

图 2-3　电泳槽及制胶板

(2) 琼脂糖浓度：一定大小的 DNA 片段在不同浓度琼脂糖凝胶中的电泳迁移率是不相同的。相反，在一定浓度琼脂糖凝胶中，不同大小 DNA 片段的迁移率也不同。若要有效地分离不同大小的 DNA，应选择适当浓度的琼脂糖凝胶（表 2-3）。

表 2-3　琼脂糖凝胶浓度与 DNA 片段大小

琼脂糖凝胶浓度	可分辨的线性 DNA 片段大小(kb)	琼脂糖凝胶浓度	可分辨的线性 DNA 片段大小(kb)
0.4	5~60	1.5	0.2~4
0.7	0.8~10	1.75	0.2~3
1.0	4~6	2	0.1~3

(3) DNA 分子的形态：在同一浓度的琼脂糖凝胶中，超螺旋 DNA 分子电泳迁移率比线性 DNA 分子快，线性 DNA 分子比开环 DNA 分子快。

(4) 电流强度：每厘米凝胶电压不超过 5 V，若电压过高分辨率会降低，只有在低电压时，线性 DNA 分子的电泳迁移率与所用电压成正比。

2. 注意事项

(1) 电泳中使用的溴化乙锭（EB）为中度毒性、强致癌性物质，务必小心，勿沾染衣物、皮肤、眼睛、口鼻等。所有操作均只能在规定的电泳区域操作，戴一次性手套，及时更换。

(2) 预先加入 EB 时可能使 DNA 的泳动速度下降 15% 左右，而且对不同构型的 DNA 的影响程度不同。所以为取得较真实的电泳结果可以在电泳结束后再用 0.5 μg/mL 的 EB 溶液浸泡染色。若胶内或样品内已加 EB，染色步骤可省略；若凝胶放置一段时间后才观察，即使原来胶内或样品已加 EB，也建议再增加此步。

(3) 加样进胶时不要形成气泡，需在凝胶液未凝固之前及时清除，否则，需重新制胶。

(4) 以 0.5×TBE 作为电泳缓冲液时，溴酚蓝在 0.5%~1.4% 的琼脂糖凝胶中的泳动速度大约相当于 300 bp 的线性 DNA 的泳动速度，而二甲苯青 FF 的泳动速度相当于 4 kb 的双链线性 DNA 的泳动速度。

二、RNA 琼脂糖凝胶电泳

(一)基本原理

RNA 可以使用非变性或变性凝胶电泳进行检测。在非变性电泳中，可以分离混合物中不同相对分子质量的 RNA 分子，但是无法确定相对分子质量。只有在变性情况下，RNA 分子完全伸展，其泳动率才与相对分子质量成正比(黄永莲，2009)。

(二)材料和试剂

(1) MOPS 缓冲液(10*)：0.4 mol/L 吗啉代丙烷磺酸(MOPS)(pH 7.0)，0.1 mol/L NaCl，10 mol/L EDTA；

(2) 上样染料：50%甘油，1 mmol/L EDTA，0.4%溴酚蓝，0.4%二甲苯蓝；

(3) 甲醛；

(4) 去离子甲酰胺。电泳槽清洗：去污剂洗干净(一般浸泡过夜)→水冲洗→乙醇干燥→3% H_2O_2 灌满→室温放置 10 min→0.1% DEPC 水冲洗。

(三)操作流程

(1) 将制胶用具用 70%乙醇冲洗一遍，晾干备用。

(2) 配制琼脂糖凝胶。

①称取 0.5 g 琼脂糖，置干净的 100 mL 锥形瓶中，加入 40 mL 蒸馏水，微波炉内加热使琼脂糖彻底溶化均匀。

②待胶凉至 60~70 ℃，依次加入 9 mL 甲醛、5 mL 10×MOPS 缓冲液和 0.5 bul 溴化乙锭，混合均匀。

③在胶槽中灌注琼脂糖凝胶，插好梳子，水平放置待凝固后使用。

(3) 样品准备：

①取 DEPC 处理过的 500 μL 离心管，依次加入 10×MOPS 缓冲液 2 μL、甲醛 3.5 μL、甲酰胺(去离子)10 μL、RNA 样品 4.5 μL 混匀。

②将离心管置于 60 ℃水浴 10 min，再置冰上 2 min。

③向管中加入 3 μL 上样配置好的染料，混匀。

(4) 上样：取适量加样于凝胶点样孔内。同时点样 RNA 标准样品。

(5) 电泳：电泳槽内加入 1×MOPS 缓冲液，于 7.5 V/mL 的电压下电泳。

(6) 电泳结束后，在紫外灯下检查结果。

(四)实验说明及注意事项

1. 琼脂糖凝胶电泳优点

(1) 琼脂糖凝胶是具有大量微小孔道的基质，其孔径尺寸取决于它的浓度。0.075%琼脂糖的孔径为 800 nm，0.16%的孔径为 500 nm，1%的孔径为 150 nm，这都是常用的琼脂糖凝胶的浓度，大孔性有利于免疫固定、免疫电泳和微量制备。

(2) 琼脂糖具有较高机械强度，允许在 1%或更低的浓度下使用；且与别的生物质存在微弱的结合。

(3) 琼脂糖无毒，琼脂糖胶凝固过程不会发生自由基聚合，无需催化剂。

(4) 琼脂糖胶具有热可逆性，低熔点易于回收样品，可用于对温度敏感材料的制备。

（5）易于保存，是高灵敏放射自显影的理想材料。

2. 注意事项

（1）本实验中必须避免 RNase 污染以防止 RNA 降解。所有试剂和器具需用 DEPC 水配制和处理，并灭菌。

①经常更换新手套。皮肤等经常带有细菌，可能导致 RNase 污染。

②使用无 RNase 的塑料制品和枪头，避免交叉污染。

③处理过程中应使用不含 RNase 的塑料和玻璃器。玻璃器可在 150 ℃条件下烘烤 4 h，塑料器可在 0.5 mol/L NaOH 中浸泡 10 min，然后用水彻底清洗，再灭菌，即可去除 RNase。

④配制溶液应使用无 RNase 的水，将水加入到干净的棕色玻璃瓶中，加入 DEPC 至中浓度 0.1%（v/v），放置过夜，高压灭菌。

> 注：DEPC 有致癌之嫌，需小心操作。

（2）可通过 18S RNA、28S rRNA、5S rRNA 的 3 条带的亮度判定 RNA 的完整性。

（3）电泳时间 10~20 min，不宜过长，电压可为 120~130 V。

（4）电泳时，可以点样 marker 作阳性对照。

第五节 脉冲场凝胶电泳

一、基本原理

脉冲场凝胶电泳（pulsed field gel electrophoresis，PFGE）与常规电泳的不同之处在于，常规的电泳采用的是单一的均匀电场，DNA 分子经凝胶的分子筛作用由负极移向正极。大分子 DNA 在电场作用下通过孔径小于分子大小的凝胶时，将会改变无规卷曲的构象，沿电场方向伸直，与电场平行从而才能通过凝胶。此时，大分子通过凝胶的方式相同，迁移率无差别（也称"极限迁移率"），不能分离。而 PFGE 采用了两个交变电场交替地开启和关闭，使 DNA 分子的电泳方向随着电场的变化而改变。DNA 分子在交替变换方向的电场中作出反应所需的时间显著地依赖于分子大小，DNA 越大，这种构象改变需要的时间越长，重新定向的时间也越长，于是在每个脉冲时间内可用于新方向泳动的时间越少，因而在凝胶中移动越慢，反之，较小的 DNA 移动较快。正是因为电场方向的交替改变，才使 10~2000 kb 的大分子 DNA 得以分离。

PFGE 的基本原理是对琼脂糖凝胶外加交变的脉冲电场，其方向、时间和电流大小交替改变，每当电场方向发生改变时，大分子 DNA 便滞留在凝胶孔内，直至沿新的电场轴重新定向后，才能继续向前泳动，DNA 分子越大，这种重新定向需要的时间就越长，当 DNA 分子改变方向的时间小于脉冲时间，DNA 就可以按照其相对分子质量大小分开，经 EB 染色后在凝胶上出现按 DNA 大小排列的电泳带型。

二、操作流程

（一）材料和试剂

（1）TEN 缓冲液（0.1 mol/L Tris，pH 7.5；0.15 mol/L NaCl；0.1 mol/L EDTA）。

(2) 琼脂糖（EC 缓冲液中浓度为 2%）。

(3) EC 缓冲液（6 mol/L Tris, pH 7.5; 1 mol/L NaCl; 0.5% Brij58; 0.2% 脱氧胆酸盐; 0.5% 十二烷基肌氨酸钠）。

(4) ESP 缓冲液（0.5 mol/L EDTA, 1% 十二烷基肌氨酸钠, 1 mg/mL 蛋白酶 K）。

(5) RNase（10 mg/mL）。

(6) 苯甲基磺酰氟（PMSF）（17.4 mg/mL 于乙醇中）。

(7) 0.5 μg/mL 溴化乙锭。

(二) 准备样品

1. 琼脂糖包埋的样品

大相对分子质量 DNA 很脆弱，在制备过程中容易因移液等操作造成机械剪切。将完整细胞包埋入琼脂糖后再进行裂解，去除蛋白的操作，可防止大相对分子质量 DNA 的断裂。处理过的已包埋 DNA 的琼脂糖块可以直接放入琼脂糖凝胶的点样孔。在将细胞包埋入琼脂糖之前要先确定细胞浓度。单位吸光度对应的细胞浓度会因菌株或培养基不同而异。这会影响琼脂糖块中 DNA 的含量，导致上样量过大或不足。

2. 液体样品

小于 200 kb 的 DNA 片段可以不用琼脂糖包埋，可直接以液体形式加入点样孔。当操作的 DNA 大于 50 kb 时，必须用大开口的吸头。如果只是电泳液体样品，使用厚度 0.75 mn 的梳子可以获得更锐利的条带和更高的分辨率。

3. 制备琼脂糖包埋的哺乳动物 DNA

该方法中用到的缓冲液、酶和琼脂糖均包含于试剂盒。

(1) 将细胞悬浮于等渗盐溶液或不含血清的培养基中并置于冰上。用血球计数板对细胞计数，每毫升琼脂糖块需要 5×10^7 个细胞，每个 10 mm×5 mm×1.5 mm 的样品块需要 0.1 mL 琼脂糖。

(2) 准备 2% 琼脂糖，用微波炉熔化并置于 50 ℃ 水浴。

(3) 在 4 ℃ 条件下，1000 g 离心细胞悬液 5 min，用琼脂糖块一半体积的细胞悬浮缓冲液（10 mmol/L Tris, pH 7.2, 20 mmol/L NaCl, 50 mmol/L EDTA）重悬细胞并置于 50 ℃ 水浴。

(4) 将细胞悬液与等体积的 2% 琼脂糖轻揉且彻底混匀并放回 50 ℃ 水浴，用移液器将混合物加入样品模具。静置使琼脂糖凝固，可以将模具置于 4 ℃ 冰箱 10~15 min，以加速凝固并增加琼脂糖的强度以方便从模具中移出。

(5) 使用 50 mL 离心管，每 1 mL 琼脂糖块加入 5 mL 蛋白酶 K 反应液（100 mmol/L EDTA, pH 8.0, 0.2% 脱氧胆酸钠, 1% 月桂基肌氨酸钠, 1 mg/mL 蛋白酶 K）。将凝固的琼脂糖块从模具中捅入盛有蛋白酶 K 反应液的 50 mL 离心管中。于 50 ℃ 水浴中消化过夜，不需要振荡（根据细胞特性不同，有的样品需要延长消化时间至 4 d，但这并不会损伤 DNA）。

(6) 用 50 mL 洗涤缓冲液（20 mmol/L Tris, pH 8.0, 50 mmol/L EDTA）洗涤琼脂糖块 4 次，于室温轻柔振荡每次 30~60 min。如果样品接下来要进行限制性内切酶消化，建议在第 2、3 次洗涤时加入 1 mmol/L PMSF 使残余的蛋白酶 K 失活。

(7) 琼脂糖块可于 4 ℃ 保存 3 个月至 1 年。琼脂糖块可于洗涤缓冲液中长期保存，但必须在限制性内切酶消化前降低 EDTA 浓度。在酶切前用 10 倍稀释的洗涤缓冲液或 TE（10 mmol/L

Tris,1 mmol/L EDTA,pH 8.0)洗涤琼脂糖块 30 min。

4. 制备琼脂糖包埋的细菌 DNA

该方法中用到的缓冲液,酶和琼脂糖均包含于试剂盒。

(1)用 50 mL LB 培养基或其他培养基培养细菌至 A_{600} 到达 0.8~1.0。

(2)当 A_{600} 到达 0.8~1.0,加入氯霉素至终浓度 180 μg/mL 并继续培养 1 h。

> 注:氯霉素可使不同细菌个体间染色体复制同步化并抑制染色体下一轮的复制。本步骤为可选步骤,但省略此步骤会导致靠近染色体复制终点的区域含量较低。过长时间的氯霉素处理会导致细胞形态变化,因此应迅速进入下一步操作。

(3)将上步得到的细菌培养液稀释 20 倍计数:取 10 mL 上步得到的细菌培养液,加入 20 μL 结晶紫和 170 μL PBS,用血球计数板在 400 倍镜下计数。

(4)准备 2% 琼脂糖,用微波炉熔化并置于 50 ℃ 水浴。

(5)每毫升琼脂糖块需要 $5×10^8$ 个细菌。离心收集细菌,并用琼脂糖块一半体积的细胞悬浮缓冲液(10 mmol/L Tis,pH 7.2,20 mmol/L NaCl,50 mmol/L EDTA)重悬细胞并置于 50 ℃ 水浴。

> 注:有些细菌对 EDTA 浓度或悬浮缓冲液的渗透压敏感,并因此而提前裂解,这将导致 DNA 不适合脉冲场凝胶电泳。有些细菌如 *Enierococci* 需要悬浮缓冲液中含有 1 mol/L NaCl 才能防止因渗透压导致的裂解。又如,*Pseudomonas* 对 EDTA 浓度敏感,需要对悬浮缓冲液进行稀释才能避免过早裂解。尽管大多数的细菌不需要改变悬浮缓冲液,但还是要尽可能快地完成细菌包埋。

(6)将细胞悬液与等体积的 2% 琼脂糖轻揉且彻底混匀并放回 50 ℃ 水浴,用移液器将混合物加入样品模具。静置使琼脂糖凝固,可以将模具置于 4 ℃ 冰箱 10~15 min,这样可以加速凝固并增加琼脂糖的强度以方便从模具中移出。

(7)用 50 mL 离心管,每 1 mL 琼脂糖块加入 5 mL 溶菌酶反应液(10 mmol/L Tris,pH 7.2,50 mol/L NaCl,0.2% 脱氧胆酸钠,0.5% 月桂基肌氨酸钠,1 mg/mL 溶菌酶)。将凝固的琼脂糖块从模具中捅入盛有溶菌酶反应液的 50 mL 离心管中。于 37 ℃ 水浴中消化 30~60 min,不需要振荡。

> 注:有些细菌如 *Staphylococcusaureus* 对溶菌酶不敏感,因此需用溶葡萄球菌酶代替。

(8)倒掉溶菌酶反应液并用 25 mL 洗涤缓冲液(20 mmol/L Tris,pH 8.0,50 mmol/L EDTA)洗涤琼脂糖块。每 1 mL 琼脂糖块加入 5 mL 蛋白酶 K 反应。于 50 ℃ 水浴中消化过夜,不需要振荡。根据细胞特性不同,有的样品需要延长消化时间至 4 d,但这并不会损伤 DNA。

(9)用 50 mL 洗涤缓冲液,洗涤琼脂糖块 4 次,于室温轻柔振荡,每次 30~60 min。如果样品接下来要进行限制性内切酶消化,建议在第 2、3 次洗涤时加入 1 mmol/L PMSF 使残余的蛋白酶 K 失活。

(10)琼脂糖块可于 4 ℃ 保存 3 个月至 1 年。琼脂糖块可于洗涤缓冲液中长期保存,但必须在限制性内切酶消化前降低 EDTA 浓度。请在酶切前用 10 倍稀释的洗涤缓冲液或 TE(10 mmol/L Tris,1 mmol/L EDTA,pH 8.0)洗涤琼脂糖块 30 min。

5. 制备琼脂糖包埋的酵母 DNA

该方法中用到的缓冲液，酶和琼脂糖均包含于试剂盒。

(1) 用 50 mL 到 100 mL YPG 培养基或其他培养基培养酵母至 A_{600} 超过 1.0。

(2) 当 A_{600} 达到 1.0，在 4 ℃ 条件下 5000 g 离心 10 min 收集酵母。并用 10 mL 冰冷的 50 mmol/L EDTA(pH 8.0) 溶液重悬酵母。

(3) 取 10 mL 酵母悬液加入 990 μL 水，用血球计数板于 400 倍镜下计数。

(4) 准备 2% 琼脂糖，用微波炉熔化并置于 50 ℃ 水浴。

(5) 每毫升琼脂糖块需要 $6×10^8$ 个真菌。离心收集真菌，并用琼脂糖块一半体积的细胞悬浮缓冲液 (10 mmol/L Tris, pH 7.2, 20 mmol/L NaCl, 50 mmol/L EDTA) 重悬真菌，并置于 50 ℃ 水浴。

(6) 在酵母悬液中加入溶菌酶至 1 mg/mL，并立即进行下一步。

注：有些酵母在包埋后用溶菌酶消化效果不佳，故推荐在包埋前将溶菌酶加入酵母悬液。

(7) 将细胞悬液与等体积的 2% 琼脂糖轻揉且彻底混匀并放回 50 ℃ 水浴，用移液器将混合物加入样品模具。静置使琼脂糖凝固，可以将模具置于 4 ℃ 冰箱 10~15 min，这样可以加速凝固并增加琼脂糖的强度以方便从模具中移出。

(8) 用 50 mL 离心管，每 1 mL 琼脂糖块加入 5 m 溶菌酶应液 (10 mmol/L Tris, pH 7.2, 50 mmol/L EDTA, 1 mg/mL lyticase)。将凝固的琼脂糖块从模具中捅入盛有 lyticase 反应液的 50 mL 离心管中。于 37 ℃ 水浴中消化 30~60 min，不需要振荡。

(9) 倒掉溶菌酶反应液并用 25 mL 洗涤缓冲液 (20 mmol/L Tris, pH 8.0, 50 mmol/L EDTA) 洗涤琼脂糖块，每 1 mL 琼脂糖块加入 5 mL 蛋白酶 K 反应液 (10 mmol/L Tris, pH 7.2, 50 mmol/L NaCl, 0.2% 脱氧胆酸钠, 0.5% 月桂基肌氨酸钠, 1 mg/mL 溶菌酶)。于 50 ℃ 水浴中消化过夜，不需要振荡。

注：根据细胞特性不同，有的样品需要延长消化时间至 4 d，但这并不会损伤 DNA。

(10) 用 50 mL 洗涤缓冲液洗涤琼脂糖块 4 次，于室温轻柔振荡，每次 30~60 min。如果样品接下来要进行限制性内切酶消化，建议在第 2、3 次洗涤时加入 1 mmol/L PMSF 使残余的蛋白酶 K 失活。

(11) 琼脂糖块可于 4 ℃ 保存 3 个月至 1 年。琼脂糖块可于洗涤缓冲液中长期保存，但必须在限制性内切酶消化前降低 EDTA 浓度。请在酶切前用 10 倍稀释的洗涤缓冲液或 TE (10 mmol/L Tris, 1 mmol/L EDTA, pH 8.0) 洗涤琼脂糖块 30 min。

(三) 胶块制备

(1) 取肌肉组织，研磨过滤、细胞计数。

(2) 将细胞与低熔点琼脂糖混合后加入凝胶模具中，待凝固后取出。

(3) 用含有蛋白酶 K 的裂解液将胶块内的细胞裂解，释放出 DNA。

(4) 用苯甲基磺酰胺 (PMSF) 去除蛋白酶 K。

(5) 存储于 0.5 mol/L EDTA 中半年无降解。

(四)限制性内切酶消化胶块中 DNA

(1)每个 1.5 mL 离心管中可以消化 1~3 块胶块,如果有很多胶块需要消化,可以用 24 孔板。将胶块放入 1 mL 限制性内切酶的 1×反应缓冲液中于室温条件下轻柔振荡 1 h,弃去缓冲液。再加入 0.3 mL 限制性内切酶 1×反应缓冲液,每 100 μL 胶块加入 50 U 限制性内切酶,在酶的反应温度下孵育 2 h。

(2)酶切后,用 1 mL 洗涤缓冲液或电泳缓冲液洗涤胶块,于室温条件下轻柔振荡约 0.5 h。

注:如果胶块需要储存超过 1d,弃去洗涤缓冲液或电泳缓冲液并储存于 4 ℃,这样可以防止小于 100 kb 的 DNA 扩散出胶块。

(3)按前面流程制成的胶块尺寸适合于标准梳子(脉冲场电泳设备附带的梳子)制作的凝胶。如果选用其他规格的梳子,需将胶块切至合适大小。根据待分离片段的范围,选择合适的标准品一起上样。

(五)上样

1. 将胶块直接黏在梳子齿上

(1)调整梳子高度,使梳子齿与胶槽的底面相接触。用水平仪调整胶槽使其水平。

(2)从 37 ℃水浴中取出胶块,平衡至室温。

(3)用枪头吸出酶切混合液,避免损伤或吸出胶块。

(4)每管加入 200 μL 0.5×TBE(Tris 磷酸缓冲液)。

(5)把梳子平放在胶槽上,将胶块加在梳子齿上。

(6)用吸水纸的边缘吸去胶块附近多余的液体,在室温条件下风干约 3 min。

(7)把梳子放入胶槽,确保所有的胶块在一条线上,并且胶块与胶槽的底面相接触。从胶槽的下部中央缓慢倒入 100 mL 熔化的、在 55~60 ℃平衡的 1% SKG。避免生成气泡;如果有气泡,用枪头消除。在室温条件下凝固约 30 min。

(8)记录加样顺序。

2. 将胶块直接加在加样孔内

(1)调整梳子高度,使梳子齿与胶槽的底面有一定间距,用水平仪调整胶槽使其水平。

(2)把梳子放入胶槽,从胶槽的中央缓慢倒入 100 mL 熔化的、在 55~60 ℃平衡的 1% SKG。避免生成气泡;如果有气泡,用枪头消除。在室温条件下凝固约 30 min。

(3)小心拔出梳子。

(4)从 37 ℃水浴中取出胶块,平衡至室温。

(5)用枪头吸出酶切混合液,避免损伤或吸出胶块。

(6)每个胶块加入 200 μL 0.5×TBE 平衡。

(7)用小铲将胶块加入加样孔。

(8)用熔化的胶封闭加样孔。

(六)电泳

(1)确保电泳槽是水平的。如果不水平,调整槽底部的旋钮。

注:不要触碰电极。

(2)加入 2.2 L 0.5×TBE,关上盖子。

(3)打开主机和泵的开关,确保缓冲液在管道中正常循环。
(4)打开冷凝器,确保预设温度在 14 ℃(缓冲液达到该温度通常需要约 20 min)。
(5)打开胶槽的旋钮,取出凝固好的胶,用吸水纸清除胶四周和底面多余的胶,小心地把胶放至电泳槽,关上盖子。
(6)设置电泳参数。
(7)记录电泳初始电流(通常为 120~145 mA)。
(8)结束电泳。关机顺序为:冷凝机→泵→主机。

(七)凝胶染色及成像观察

(1)取出胶,放在盛放 400 mL EB 溶液的托盘内(EB 储存液浓度为 10 mg/mL,1∶10 000 稀释,即在 400 mL 水中加入 40 μL 储存液)。
(2)将托盘放在摇床上摇 25~30 min。
(3)放掉电泳槽中的 TBE,用 1~2 L 纯水清洗电泳槽,并倒掉液体。
(4)戴上手套将用后的 EB 溶液小心倒入做有标记的棕色瓶中,在托盘中加入 400~500 mL 纯水,放在摇床上脱色 60~90 min,如果可能每 20~30 min 换一次纯水。
(5)用 Gel Doc 2000 拍摄图像。

> 注:如果背景干扰分析,可进一步脱色 30~60 min。

(6)图像处理分析。

三、实验说明及注意事项

(一)影响 PFGE 的因素

1. 琼脂糖凝胶浓度

浓度越高,移动速度越慢,适合分离相对分子质量低的 DNA,浓度越低,移动速度越快,适合分离相对分子质量高的 DNA。

1%的琼脂糖浓度最大可以分离 3 Mb 的 DNA 片段,1.2%~1.5%的琼脂糖浓度可以使片段更加紧密,0.5%~0.9%的琼脂糖浓度可以分离更大的 DNA 片段,不过条带很弥散。

2. 缓冲液和温度

温度越高,DNA 移动速度越快,但是条带的清晰度和分辨力明显下降。温度过高会导致 DNA 带变形或解链。最佳电泳温度是 14 ℃,最常用的电泳液是 0.5×TBE buffer,有时也可以用 1.0×TAE buffer 代替。

3. 脉冲时间

当电场方向发生改变,大分子的 DNA 便滞留在胶孔中,直至沿新的电场重新定向后,才能继续向前移动,大分子 DNA 重新定向需要的时间长,当 DNA 分子变换方向的时间小于脉冲周期时,DNA 就可以按其相对分子质量的不同而分开。

4. 电压

最常用的电场强度是 6 V/cm,低电压时,迁移率与电压成正比,想分离大分子 DNA 时一般选用低电压和延长脉冲时间。

5. 脉冲角度

随着脉冲角度的减小,较大的片段分离的效果更好,较小的片段分离的效果降低。

(二)注意事项

(1) EB 是致畸剂,储存在棕色瓶中的 EB 稀释液可以用 3~5 次。废弃的 EB 溶液应妥善处理。

(2) 蠕动泵的流速:电泳过程中,控制好蠕动泵的流速,一般控制在 50~70 mL/min,以免速度太快,使胶在溶液中移动。

(3) 冷却泵的开启:冷却泵开启时,一定要把蠕动泵打开,以避免冷却泵管道内的溶液因为过度制冷,凝结成冰块而堵塞管道。

(4) 电泳结束后,应及时取出凝胶,进行染色等操作,以避免因为时间太长,而造成条带的弥散。

第三章 目的基因的扩增及鉴定技术

第一节 普通 PCR

一、基本概念和原理

聚合酶链式反应(PCR)是一种反应体系相对比较简单、却十分有效的探测微量 DNA 分子的方法。其反应体系一般含有耐热的 Taq DNA 聚合酶、寡核苷酸引物、4 种 dNTP 及合适的缓冲液体系。该技术允许在体外对 DNA 进行指数级别的扩增,它主要应用热稳定型 DNA 聚合酶(Taq DNA 聚合酶)所具备的独有特性。寡核苷酸(引物)经过相互识别后,特异性地结合到单链的目标 DNA 分子上,随后导致 DNA 多聚化反应,最后将已知 DNA 片段有选择地扩增出来。一般而言,PCR 基本原理与细胞内 DNA 复制相似,一个反应循环应包括热变性、引物结合和 DNA 链酶法延长 3 个阶段:①DNA 模板的变性。模板 DNA 经加热至 94 ℃左右一定时间后,模板 DNA 双链或经 PCR 扩增形成的双链 DNA 解离,使之成为单链,以便与引物结合,为下轮反应做准备;②模板 DNA 与引物的退火(复性)。模板 DNA 经加热变性成单链后,温度降至 55 ℃左右,引物与模板 DNA 单链的互补序列配对结合,形成模板——引物复合物;③引物的延伸。引物复合物在 Taq DNA 聚合酶的作用下,以 dNTP 为反应原料,靶序列为模板,按碱基互补配对原则,合成一条与模板 DNA 链互补的新链。变性、退火和延伸经过重复 30~40 次后,使待检目的基因量放大几百万倍,并达到可以探测的数量级别。通过这种方法,有可能从大致纯化的残留 DNA 中扩增出每一个目的基因。在每个 PCR 扩增反应结束之后,对所获得的 DNA 扩增产物的数量和种类进行检测。通常有以下 3 种普通方法可供采用:

①通过凝胶电泳分离的方法,确定产物的长度。用特殊的核酸染料如溴化乙锭进行染色,这些染料可插入双链的 PCR 扩增产物分子中。

②首先用限制性内切酶进行酶切,然后进行电泳分离和 DNA 印迹反应。在 DNA 印迹反应中采用目标 DNA 特异性的、同位素标记的或非同位素标记的杂交探针。

③通过 DNA 测序,可以准确地确定 DNA 扩增产物。最早使用标准化 PCR 扩增程序的例子之一出现在医学研究中,即出现在对活体组织进行的检测之中,上述研究促进了在良好实验条件下非常可靠的操作程序的发展与应用。除了众所周知的通用性 PCR 测定方法之外,在过去的十几年中,还相继产生了一些特殊的 PCR 扩增方法,其中包括非对称 PCR、位点特异性 PCR、巢式 PCR、多重聚合酶 PCR、差异 PCR 和竞争性 PCR。这些 PCR 方法具有各自特别的用途。因此,在检测食品和饲料中的基因工程生物成分时,通常采用经典的 PCR 扩增方法,并同时采用其他一些方法作为分析 PCR 产物时的辅助手段。例如,采用高压液相层析

(HPLC)或毛细管凝胶电泳辅助紫外或激光激发的荧光检测方法。

上述这些定量的 PCR 检测方法，都是建立在终点测定的基础上，因此，它们总是面对下列需要解决的问题：①在上述 PCR 反应中，终点法测定的结果总希望能够代表扩增指数阶段的 DNA 产物；②不能直接判别扩增结果，而且需要产生足够量的 DNA 扩增子；③对每一个 PCR 扩增产物都要进行费时的鉴定工作。为了克服这些缺点，近来又开发出一类新的 PCR 技术，即实时 PCR 技术，它们可以在几个小时内获得准确和可靠的扩增数据。

二、PCR 技术的操作流程

(一) 材料和仪器

(1) 设备：PCR 基因扩增仪、电泳槽、离心机、水平电泳仪、凝胶影像分析系统。

(2) 材料：检测引物、1.5 mL 离心管、0.2 mL PCR 管、移液枪、琼脂糖、4S Red Plus 核酸染色剂、1×TBE 电泳缓冲液（89 mmol/L Tris，89 mmol/L Boric acid，0.5mol/L EDTA，pH 值 8.0）、6×Loading buffer、DEPE 处理水、氯仿、异丙醇、乙醇。

(二) 实验准备

1. 总 RNA 的提取

吸掉细胞上清液，用 PBS 洗两次，每板加入 1 mL Trizol，冰上裂解 5 min，然后轻刮下细胞，收集至 1.5 mL EP 管中。每管加入 200 μL 氯仿，剧烈振荡 20 s，冰上放置 5 min。在 4 ℃条件下 12 000 g 离心 15 min，将上层水相小心吸取至另一个 1.5 mL EP 管中，然后加入等体积的异丙醇，充分混匀，置于-20 ℃条件下预冷 1 h。4 ℃条件下 12 000 g 离心 15 min，小心吸除上清，RNA 沉于 1.5 mL EP 管底。然后沿着离心管的管壁缓慢加入预冷的 75%乙醇，轻轻反复吹打。在 4 ℃条件下 7500 g 离心 5 min，小心吸除上清。重复此步骤一次。将离心管置于室温干燥 15 min，加入 DEPE 处理水，轻轻吹打使样品充分溶解，保存于-80 ℃条件下，备用。

2. 引物设计（表 3-1）

表 3-1 基因、引物序列、退火温度和扩增片段长度

基因	引物序列	扩增片段长度(bp)
F1-F	5′ GGAACCACTAGCACATCTGTT 3′	249
F1-R	5′ ACCTGCTGCAAGTTTACCGCC 3′	
Pla-F	5′ ACTACGACTGGATGAATGAAAATC 3′	456
Pla-R	5′ GTGACATAATATCCAGCGTTAATT 3′	

3. 引物浓度换算

合成的引物通常为冻干产品，使用时需要溶解并稀释成储备液。厂商常提供以 mg 或 μg 为单位的产品量，稀释时据以计算浓度。也可稀释后测定 A_{260} 值，单链引物产品按以下公式计算浓度：

$$引物浓度(μ/mL) = A_{260} \times 稀释倍数 \times 33$$

如合成的引物为双链，则最后一项为 50。PCR 检测通常使用克分子浓度，两种浓度单位可按下列公式换算：如果引物长 20 核苷酸，则

$$1\ \mu mol/L = 325(单核苷酸平均相对分子质量) \times 20(引物长度)/1\,000$$
$$= 6.5\mu/mL$$

可按比例配制成 10×储备液。

(三) 操作程序

1. 反应体系的配制

一次总 50 μL 的反应混合物见表 3-2。

表 3-2 50μL 反应体系配制

10×PCR 缓冲液	5 μL	Taq DNA 聚合酶 5 U/μL	0.5 μL
2.5 mmol/L 4×dNTP 混合物	4 μL	模板(1 pg 至 1 μg)	×
10 μmol/L 上游引物	1 μL	DEPE 处理水补足	50 μL
10 μmol/L 下游引物	1 μL		

注：如果试剂盒的缓冲 buffer 中没有加入 $MgCl_2$，需要另外加入 $MgCl_2$(1.5 mmol/L, 1.5 μL)，体系相应调整。

混合后短暂离心，将 PCR 管放到 PCR 仪器上，按照下列程序运行 PCR 反应(表 3-3)。

表 3-3 PCR 反应程序

预变性 95 ℃	3 min	1 个循环
变性 95 ℃	30 s	
退火 X ℃	30 s	30 个循环
延伸 72 ℃	Y s	
完成 72 ℃	10 s	

注：复性(退火)温度可通过以下公式帮助选择合适的温度：T_m 值(解链温度) = 4(G+C)+2(A+T)；复性温度 = T_m 值-(5~10 ℃)。在 T_m 值允许范围内，选择较高的复性温度可大大减少引物和模板间的非特异性结合，提高 PCR 反应的特异性。对于 20 个核苷酸，G+C 含量约 50% 的引物，55 ℃ 为选择最适退火温度的起点较为理想。延伸时间 Y 由待扩增产物的长度决定，通常按 800~1000 bp/min 的速度计算延伸时间。

2. PCR 扩增产物的检测

琼脂糖凝胶制备(1.5%)：称取 1.5 g 琼脂糖，倒入耐热玻璃瓶内，再加入电泳液(1×TBE)100 mL，轻轻混匀后加热，使琼脂糖完全溶化。待琼脂糖胶温度降至 50~60 ℃，加入核酸染料(4S Red Plus 核酸染色剂，终浓度为 0.5 μg/mL)，轻轻混匀(不要产生气泡)。待琼脂糖胶温度降至 50 ℃ 左右时，将其倒入制胶板，插好电泳梳子。待琼脂糖胶完全凝固(30~60 min)之后，将梳子拔出。

将制备好的电泳胶放入电泳槽(带梳子孔的一端在阴极)，倒入电泳液(1×TBE)浸过胶面即可。

PCR 产物各取 5 μL，加入 1 μL 上样缓冲液(6×Loading buffer)，混匀后加入电泳胶孔内，先加 marker 5 μL，然后依次加标本 PCR 产物，阴性对照，阳性对照产物。

电泳电压 80 V，2 h 后看结果。将电泳胶放入凝胶成像系统观察结果并照相。

(四) 结果判读

在系统成立，即阴阳性参考均正常的条件下，PCR 产物片段的大小应与预计的一致，特别是多重 PCR。应用多对引物，其产物片段都应符合预计的大小，扩增范例如图 3-1 所示，其中 645 bp 条带为浓度 0.56 μg/mL 的内部对照模板的 F1 扩增片段。

(五) 操作要点

1. DNA 模板要求

DNA 模板的量对 PCR 反应有重要影响，DNA 量太大时，会产生非特异性条带的扩增，从而影响结果的判定。DNA 模板容易发生降

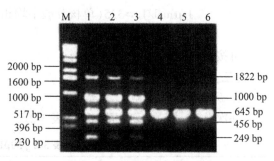

图 3-1 PCR 产物条带示图内应为 1822 bp

解，最好在 DNA 提取完毕后马上用于 PCR 扩增。当提取植物油等深加工食品或转基因成分含量较低食品的 DNA 时，建议加大样品去氧量，以提高检出率。有必要时，对 DNA 模板进行纯化或浓缩。

2. 引物设计

引物是 PCR 成功的关键，而且一旦合成，特异基因扩增的热循环程序就相应的被确定下来，无法像其他要素一样可以进行大幅调整。设计引物首先要确定 DNA 序列的保守区，同时应预测将要扩增的片段单链是否形成二级结构。在引物设计过程中必须遵循以下几条原则：①引物长度一般为 18~30 个碱基。引物过短会使特异性降低，引物过长合成的成本就会增加；②引物序列中 $G+C$ 含量一般为 40%~60%。引物碱基尽可能随机分布，避免出现嘌呤、嘧啶堆积现象，尤其是在 3'端不应有连续 3 个 G 或 C 出现；③引物序列内部应避免类似发夹结构等二级结构的产生，这会破坏引物退火稳定性；④避免 3'端的错误配对。3'端核苷酸需要同模板退火以供聚合酶催化延伸。3'端核苷酸最好以 G 或 C 结尾，防止 A—T 的松散结合引起错配；⑤两个引物应有相近的 T_m 值，若相差太远，可延长低 T_m 值引物的碱基数目；⑥引物 5'端碱基没有严格限制，甚至 5'端可以不与模板 DNA 匹配。因此可以在引物的 5'端进行必要的修饰。例如，增加酶切位点序列，标记生物素、荧光素、地高辛；⑦应用引物设计软件可使设计的引物完全符合上述原则。常用的引物设计软件包括 Primer5、OMEGA、Oligo 6.65 和 DNA club 等。

3. 反应条件优化

变性温度低会造成解链不完全，导致 PCR 扩增失败。一般情况下，93~94 ℃/min 足以使模板 DNA 变性，若低于 93 ℃ 则需延长时间，但温度不能过高，因为高温环境对酶的活性有影响。

退火温度 T_m：由引物的长度和 GC 含量以及引物与模板结合的完善程度决定。T_m 值有很多计算方法，T_m 值可以通过如下公式计算，T_m 值(解链温度) = $4(G+C)+2(A+T)$。因此在实际操作中，退火温度常须根据实际的实验结果来确定。通常首先用较低的退火温度，然后逐步升高，直到特异性满意，可用梯度 PCR 方法摸索最适 T_m 温度(要用能设梯度的 PCR 仪)。

PCR 反应的延伸温度一般选择在 70~75 ℃，常用温度为 72 ℃，过高的延伸温度不利于引物和模板的结合。

除首次变性和末次延伸设定较长反应时间外，其余循环中，变性和退火 1 min 均足够。延伸需要的时间需要根据扩增的片段长度来决定，一般 DNA 聚合酶的延伸速度是：70~80 ℃

150 核苷酸/S/酶分子；70 ℃时 60 核苷酸/S/酶分子；55 ℃时 24 核苷酸/S/酶分子；高于 90 ℃时，DNA 合成几乎不能进行。按每分钟合成 1 kb 的速度计算。一般 1 kb 以内的 DNA 片段，延伸时间 1 min 是足够的。3~4 kb 的靶序列需 3~4 min；扩增 10 kb 需延伸至 15 min。延伸时间过长会导致非特异性扩增带的出现。

第二节 实时荧光定量 PCR

一、基本概念和原理

(一) 基本原理

实时荧光定量 PCR(real-time quantitative PCR，RT-PCR)是在常规定性技术基础上发展起来的核酸定量技术，于 1996 年由美国 applied Biosystems 公司推出。这项技术是指在常规 PCR 反应体系中加入荧光染料或荧光基团，利用特定仪器检测荧光信号积累的强弱，进而实时监测每一轮 PCR 反应产物，最后通过标准曲线对未知模板浓度进行定量分析。

在 PCR 反应体系中加入荧光染料或荧光基团，这些荧光物质有其特定的波长，随着 PCR 反应的进行，反应产物不断积累，荧光信号强度也等比例增加。仪器可以自动检出，利用荧光信号积累，实时监测整个 PCR 进程，在 PCR 循环中，每经过一个循环，收集一个荧光强度信号，这样就可以通过荧光强度变化监测产物量的变化，测量的信号将作为荧光阈值的坐标，从而得到一条荧光扩增曲线。荧光扩增曲线包括 3 个阶段：基线期、扩增期和平台期。并且引入 Ct 值(cycle threshold)概念，Ct 值是指产生可被检测到的荧光信号所需的最小循环数，是在 PCR 循环过程中荧光信号由本底开始进入指数增长阶段的拐点所对应的循环次数。荧光阈值相当于基线荧光信号的平均信号标准偏差的 10 倍。一般认为在荧光阈值以上所测出的荧光信号是一个可信的信号，可以用于定义一个样本的 Ct 值。通常用不同浓度的标准样品的 Ct 值来产生标准曲线，然后计算相对方程式。方程式的斜度可以用来检查 PCR 的效率，所有标准曲线的线性回归分析需要存在一个高相关系数($R^2>0.99$)，这样才能认为实验的过程和数据是可信的，使用这个方程式计算出未知样本的初始模板量。实时荧光定量 PCR 仪都有软件，可以从标准曲线中自动计算出未知样本的初始模板量。

(二) 标记方法

实时荧光定量 PCR 检测常用的方法包括荧光染料嵌入法和探针法(图 3-2)，探针法又包括水解探针、杂交探针和分子信标等。

1. DNA 结合荧光染料法

DNA 结合荧光染料法是实时荧光定量 PCR 最常用的标记方法，以 SYBR Green 荧光染料最为常用，它嵌合于双链 DNA 的小沟后，荧光强度会明显增加，从而使反应体系中的荧光信号明显增强，便于被荧光探测系统监测，当双链 DNA 变性解链后，荧光染料会从链上脱落，大大降低了信号强度，使得荧光探测系统检测不到荧光信号。这样，反应体系中双链 DNA 的分子数量便可通过荧光信号强度来表示，从而进行核算定量分析。SYBR Green 荧光染料能与所有双链 DNA 分子结合，通用性高，方便简单，且检测成本相对较低。虽然 DNA 结合荧光染料法不能保证 PCR 的特异性，但是通过优化 PCR 的反应条件或者分析溶解曲线可以降低非特异性产物和引物二聚体的生成,进行定性诊断。

2. 荧光标记探针法

荧光标记探针法,主要是利用标记了的荧光基团的特异性寡核苷酸探针来检测生成的量,根据基团标记和能量转移的方式,目前已经开发研制出的相关技术,大体可以分为水解探针法、杂交探针法和荧光引物法3类。

Taq man 探针法是目前荧光定量中使用最广泛的方法,该探针属于水解探针。Taq man 探针是指一段可被设计合成的寡核苷酸,其序列与待扩增模板DNA两引物结合处包含的中间部位完全互补,探针5′末端和3′末端分别被荧光报告基团和荧光淬灭基团标记,当探针保持完整时,根据FRET原理,荧光淬灭基团会吸收其临近的荧光报告基团所发射的荧光,使设备监测不到荧光信号,DNA复制过程中,引物与探针能同时与模板DNA退火,利用Taq DNA聚合酶具有5′→3′外切酶活性,将下游的探针水解,荧光报告基团与淬灭基团脱离,淬灭作用解除后的探针可以发出荧光且与扩增产物的量成正相关,达到定量的作用。该技术特异性强,无须分析溶解曲线,可提高试验效率,但由于探针合成成本较高,应用具有局限性,结果准确度依赖于Taq DNA聚合酶的活性。

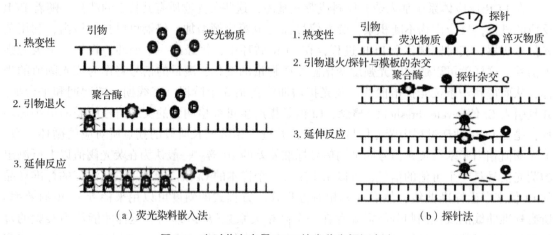

(a) 荧光染料嵌入法　　　　　　(b) 探针法

图 3-2　实时荧光定量 PCR 技术荧光标记方法

(三) 荧光定量 PCR 与普通 PCR 的主要区别

在理论上,PCR是一个指数增长的过程,然而实际的PCR扩增曲线并不是标准的指数曲线,而是"S"形曲线,因为随着PCR循环次数增多,扩增规模会迅速增大。引物、Taq DNA聚合酶、dNTP,甚至DNA模板等各种PCR组成成分逐渐减少,PCR的效率变得越来越低,产物增长的速度逐渐减缓。当所有Taq DNA聚合酶都饱和时,PCR就进入平台期。因各种环境因素的复杂影响,不同的PCR体系进入平台期的时机、平台期的高低都有很大差异,均难以精确控制。因而,即使是多次PCR重复实验,各种条件完全一致,所得结果亦有很大差异。因此,在实验过程中,不能根据最终PCR产物的量直接计算出起始DNA拷贝数。虽然相同的DNA/RNA模板在同一台PCR仪上进行多次扩增,终点处检测产物量不恒定,但多次的PCR扩增曲线都有一个共同的拐点,而且该拐点极具重现性,这就为荧光定量PCR技术的应用奠定了理论基础。

(四)相关概念

(1)基线(baseline):在实时荧光定量 PCR 反应早期,产物激发的荧光信号与背景荧光没有明显区别。随着产物量的增加,产物荧光信号不断积累增强,一般在 PCR 反应处于指数期的某一点上就可区别并检测到产物积累的荧光强弱。在 PCR 扩增的最初几个循环里,荧光信号变化不大,接近一条直线,这样的直线即为基线。它是产物积累的荧光信号能被仪器检测到的最下限。

(2)荧光阈值(threshold):为便于检测比较,在实时荧光定量 PCR 反应的指数期,需设定一个荧光信号的阈值,如果检测的荧光强度超过该阈值,才可被认为是真正的信号,然后用该阈值来定义模板 DNA 的阈值循环数(Ct)。一般以 PCR 反应的 15 个循环的荧光信号作为本底信号,荧光阈值的缺省设置是 3~15 个循环的荧光信号标准偏差的 10 倍。

(3)Ct 值(cycle threshold):Ct 值中的 C 代表 cycle,t 代表 threshold,Ct 值的含义是指进行实时荧光定量 PCR 反应时,每个反应管内的荧光信号到达设定阈值时所经历的循环数。研究表明,每个模板的 Ct 值与该模板的起始拷贝数的对数存在线性关系,起始拷贝数越多,Ct 值越小。

(4)扩增曲线(amplification curve):PCR 在循环若干次后,由于原料 dNTP 的分解、酶的活性减小等因素的影响,扩增产物的量会进入一个恒定的平台期,使循环数和扩增产物量之间呈现出"S"形的曲线,这就是扩增曲线(图 3-3)。扩增曲线进入平台期的早晚与起始模板量成正相关。

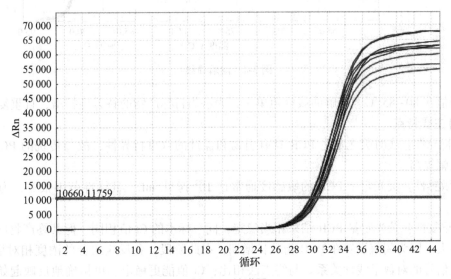

图 3-3 扩增图

(5)标准曲线(standard curve):由于模板的 Ct 值与该模板的起始拷贝数的对数($\lg X_0$)存在线性关系,因此对标准品进行梯度稀释后,就可作出 DNA 模板与对应 Ct 值之间的线性关系,这就是标准曲线。在试验中只要获得未知样品的 Ct 值,即可从由标准曲线得到的线性方程式中计算出该样品的起始拷贝数,从而对其进行定量分析。

(6)溶解曲线(melting curve):是指检测 PCR 扩增的特异性和重复性的曲线(图 3-4)。一

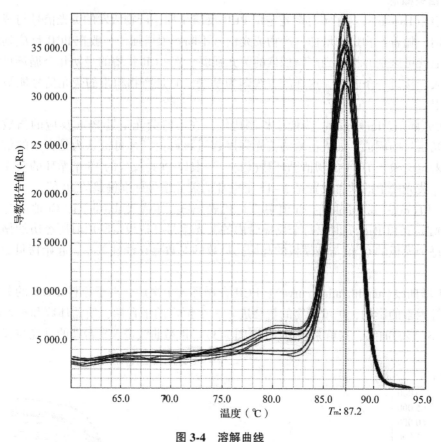

图 3-4 溶解曲线

般溶解峰值在 80~85 ℃，溶解曲线峰值单一，表示为目标产物的特异性扩增，且重复性好。

（五）主要特点

（1）特异性：实时荧光定量 PCR 具有引物和探针的双重特异性，故与传统的 PCR 相比，特异性大幅提高。

（2）敏感性：荧光定量 PCR 的敏感度通常达 10^2 拷贝/mL，且线性范围很宽，为 $0~10^{11}$ 拷贝/mL。

（3）重复性：荧光定量 PCR 结果相当稳定，同一标本的 Ct 值相同，但其终产物的荧光量却相差甚大。因为阈值设置在 PCR 指数扩增期，在此阶段，各反应组分的浓度相对稳定，Ct 值与荧光信号的对数呈线性关系。与终点法相比，Ct 值能更稳定、更精确地反映起始模板的拷贝数。

（4）可以避免污染：全封闭反应，无需 PCR 后处理。

（5）实现真正意义上的定量：运用标准品获得标准曲线，结合 Ct 值进行准确定量。

（6）反应满足高效低耗要求：可实现一管多检。

（7）实验操作简便：在线式实时监测扩增结果，不必接触有害物质。

二、实时荧光定量 PCR 的定量方法

实时荧光定量 PCR 进行模板定量有相对定量和绝对定量两种策略。

(一) 相对定量

相对定量是指在测定目的基因的同时测定某一内源性管家基因,该管家基因主要是用于核苷酸的拷贝数的比较,体现反应体系内是否存在 PCR 扩增的影响因素,通常选用的管家基因有 GAPDH、β-actin 和 rRNA(翁振羽,2018)。

1. 标准曲线法的相对定量

相对定量较为早期的方法是采用一系列已知外参物做标准曲线,根据该标准曲线得到的基因和管家基因的量,再将目的基因同管家基因的比值作为定量的最后结果。这种方法计算出的未知样品的量是相对于某个参照物的量而言,因此,相对定量的标准曲线比较容易制备,对于所用的标准品只需要知道其稀释度即可。在整个试验中,待测样品的量来自标准曲线,最终必须除以参照基因的量,即参照基因是 1× 的样品,其他样品为参照基因的 n 倍。由于管家基因在各种组织中的恒定表达,所以可用管家基因的量作为标准,以比较不同来源的样品,目的基因表达量的差异,既相对定量。这一方法的缺陷是要求外参、目的基因的管家基因的扩增效率一致;此外,加入已知起始拷贝数的内标相当于进行双重 PCR 反应,存在两种模板相互的干扰和竞争。

2. 比较 Ct 法的相对定量

比较 Ct 法的相对定量即 ΔCt 值法,该方法是同时扩增待测基因片段和一个作为内参的基因片段,一般是一个内源性管家基因片段。这两个扩增反应可在两管中分别进行,也可在同一反应管中进行,测两者的 Ct 值值差,即 ΔCt。该方法不需要标准曲线。它是根据 PCR 扩增反应原理,假设每个循环增加倍的产物数量 PCR 反应的指数期得到扩增产物的值来反映起始模板的量,通过数学公式计算相对量。比较 Ct 法和标准曲线法的相对定量的不同之处在于其运用了数学公式来计算相对量,前提是假设每个循环增加一倍的产物数量,在 PCR 反应的指数期得到 Ct 值来反映起始模板的量,一个循环(Ct=1)的不同相当于起始模板数 2 倍的差异。比较不同待测标本 DNA 的 ΔCt 值与正常标本 DNA 的 ΔCt 值的变化,即可对未知标本靶基因的原始拷贝数作出判断,从而对病理状态进行判断或诊断。但是,该方法以靶基因和内源控制物的扩增效率基本一致为前提,效率的偏移将导致影响实际拷贝数的估计,最终结果也是靶序列和参考品的相对比值。而且,该方法需确定靶序列和参考品的扩增效率是否一致;如不一致,则会影响结果的准确性。

在实时荧光定量 PCR 技术的标准曲线定量中,标准品制备是必不可少的过程,目前由于无统一标准,各个实验室所用的生成标准曲线的样品不同,致使实验结果缺乏可比性。此外,研究 mRNA 时,受到不同 RNA 样本存在不同逆转录(RT)效率的限制。在相对定量中,其前提是假设内源控制物不受实验条件的影响。合理选择合适的不受实验条件影响的内源控制物是实验结果可靠与否的关键。

(二) 绝对定量

绝对定量一般采用外标准品定量的制备实现绝对定量,可以通过化学合成目的基因;或者将 PCR 扩增产物直接梯度稀释;或者将 PCR 产物克隆到载体上,然后抽提出质粒,经过

测量浓度和拷贝数可准确定量，它的优点是稳定、准确。质粒 DNA 和体外转录的 RNA 常作为绝对定量的标准品。将标准品稀释成不同浓度的样品，并作为模板进行 PCR 反应。以标准品拷贝数的对数值为横坐标，以测得的 Ct 值为纵坐标，绘制标准曲线。对未知样品进行定量时，根据未知样品的 Ct 值，即可在标准曲线中定出样品的拷贝数。作好标准曲线至关重要，对于 RNA 样品，标准品最好是体外转录的 RNA，如果用 cDNA、PCR 产物作为标准品，虽然制备简单易于保存，但是将会因为标准品无法准确指示样品反转录效率，而给最终定量起始拷贝数带来影响。绝对定量也具有相应的缺陷，标准品的稳定保存很难获得成功。目前广泛使用的在 260 nm 波长下定量的方法与众多因素有关，如水、缓冲液、仪器性能，甚至核酸的抽提过程都会影响结果的稳定性。

该方法与标准曲线法的相对定量的不同之处在于其标准品的量是预先可知的。质粒 DNA 和体外转入的 RNA 常作为绝对定量标准品的制备之用。标准品的量可根据 260 nm 的吸光度值并用 DNA 或 RNA 的相对分子质量转换成其拷贝数确定。

为确保正确使用绝对定量标准曲线，应考虑以下几点：①标准 DNA 或 RNA 必须为单一的纯种 DNA 或 RNA。例如，从大肠杆菌(*E. coli*)制备的质粒 DNA 通常已受 RNA 污染，会增大 A_{260} 的测量值，并夸大所确定的质粒重复数。②需采用精确的移液吸取和滴入操作，因为标准样本必须经过几个量级的稀释。必须对质粒 DNA 或受体外转录 RNA 进行浓缩，以便测量精确的 A_{260} 值。浓缩的 DNA 或 RNA 必须稀释 $10^6 \sim 10^{12}$ 倍，使其浓度与生物样本中目标的浓度相似。③必须考虑对稀释后的标准样品进行稳定处理，特别对于 RNA 尤其重要。将稀释后的标准样品等分为几份，贮存在 −80 ℃ 条件下，在使用前只解冻一次。Collins 等通过努力，探索出了生成高置信度标准样品的方法。1995 年，Collins 在一份报告中介绍了在病毒定量分析中开发绝对定量 RNA 标准样品的步骤。一般而言，不可能使用 DNA 作为 RNA 绝对定量分析的标准样品，因为尚无有效的对照执行反转录步骤。

三、荧光定量 PCR 的实验方法

(一) 材料和仪器

(1) 设备：洁净工作台，高速冷冻离心机，微型电泳槽，凝胶成像系统，紫外分光光度计，PCR 反应扩增仪，移液器(范围分别为 100～1000 μL，20～200 μL，0.5～10 μL)，StepOne 型荧光定量 PCR 仪(ABI)。

(2) 材料：检测引物，1.5 mL 离心管，Trizol 提取试剂盒，4S Red Plus 核酸染色剂，琼脂糖，第一链 cDNA 合成试剂盒，DEPE 处理水。

(二) 实验准备

1. 总 RNA 的提取及检测

总 DNA 提取参照第二节。

电泳检测-RNA 电泳结果(1.5%琼脂糖，1× TAE 电泳缓冲液，紫外透射光下观察并拍照)如图 3-5 所示。

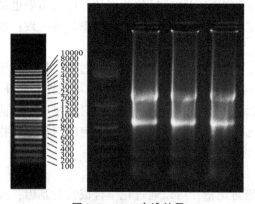

图 3-5 RNA 电泳结果

2. 引物设计(表3-4)

表3-4　qPCR反应所用引物序列

基因	引物序列	退火温度(℃)	扩增片段长度(bp)
JNK1-F	5′　ATCCATCATCATCGTCGTCTG　3′	57.8	156
JNK1-R	5′　ACTCCCCATCCCTCCCAC　3′	58.6	
GAPDH-F	5′　TGGGTGTGAACCATGAGAAGT　3′	57.4	126
GAPDH-R	5′　TGAGTCCTTCCACGATACCAA　3′	57.9	

(三)操作程序

1. cDNA第一链合成 RNA按照800 ng反转

(1)在冰浴的nuclease-free PCR管中加入以下试剂：

　　total RNA　　　　　　　　　　　　　　　　　X mL

　　Random Primer p(dN)6(100 pmol)　　　　1 mL

　　dNTP Mix(0.5 mmol/L final concentration)　1.0 mL

　　Rnase-free 超纯水　　　　　　　　　　　　定容至14.5 mL

(2)轻轻混匀后离心3~5 s，反应混合物在65 ℃温浴5 min后，冰浴2 min，然后离心3~5 s。

(3)将试管冰浴，再加入下列试剂：

　　4.0 mL　　5×RT buffer

　　0.5 mL　　Thermo Scientific RiboLock RNase Inhibitor(20 U)

　　1.0 mL　　RevertAid Premium Reverse Transcriptase(200 U)

(4)轻轻混匀后离心3~5 s。

(5)在PCR仪上按照下列条件进行反转录反应：

　①25 ℃孵育　　　　　　10 min

　②cDNA合成　　50 ℃　30 min

　③终止反应　　　85 ℃　5 min，处理后，置于冰上放置

(6)将上述溶液于-20 ℃保存。

2. 荧光定量PCR检测

将cDNA样品稀释8倍作为模板上机检测(图3-6)。

(1)配制反应混合液(表3-5)。

表3-5　反应混合液

反应成分	浓度	体积(μL)
SybrGreen qPCR Master Mix	2×	10
引物F(10 μmol/L)	10 μmol/L	0.4
引物R(10 μmol/L)	10 μmol/L	0.4
dd H$_2$O		7.2
模板(cDNA)		2
总计		20 μL

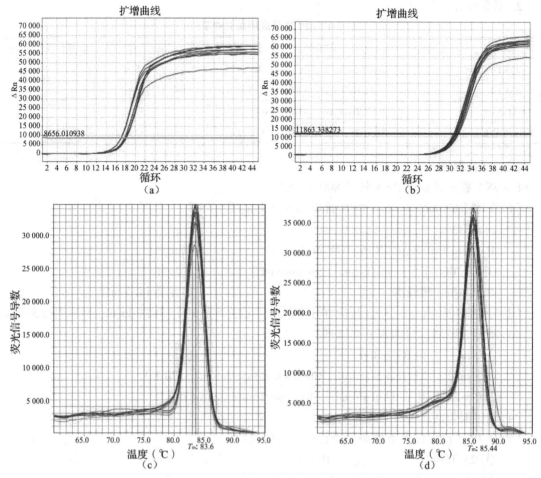

图 3-6 荧光定量 PCR 曲线

(a)内参基因 GAPDH 扩增曲线　(b)基因 JNK1 扩增曲线
(c)内参基因 GAPDH 溶解曲线　(d)基因 JNK1 溶解曲线

(2)PCR 循环条件(表 3-6)。

表 3-6　PCR 循环条件

热循环仪	时间和温度				熔解曲线步骤
	初始步骤	45 次循环			
		熔化	退火	延伸	
ABI Stepone plus 型荧光定量 PCR 仪	保持	循环			
	3 min 95 ℃	7 s 95 ℃	10 s 57 ℃	15 s 72 ℃	

(3)仪器的操作。完成上述步骤后,把加好样品的 96 孔板放在 ABI Stepone plus 型荧光定量 PCR 仪中进行反应。

3. 数据分析

在 qPCR 实验中,扩增曲线和溶解曲线是两个关键的数据分析工具(图 3-6)。扩增曲线以循环数为横坐标，荧光信号强度为纵坐标，呈"S"形，反映 PCR 反应的动态过程，其中 Ct 值表示信号达到阈值的循环数，Ct 值越低，模板浓度越高。理想的扩增曲线应有明显的基线期、指数增长期、线性增长期和平台期。而溶解曲线则在 PCR 反应结束后，通过逐渐升高温度监测荧光信号变化，反映 PCR 产物的特异性。理想的溶解曲线应呈单一峰形，表明扩增产物特异性良好。结合两者分析，扩增曲线用于评估 PCR 反应的效率和模板量，溶解曲线用于验证扩增产物的特异性，两者结合可确保 qPCR 实验结果的准确性和可靠性。

实验按照 $2^{\Delta\Delta Ct}$ 方法处理数据，$2^{\Delta\Delta Ct}$ 方法是一种用于分析实时定量 PCR（qPCR）数据的相对定量方法，主要用于比较目标基因在不同样本中的表达量。其中，

$$\Delta Ct = 目的基因平均 Ct - 内参平均 Ct$$

$$\Delta\Delta Ct = 待测样品中目的基因 \Delta Ct - 参照样品中目的基因 \Delta Ct$$

$$\Delta Ct\ mean = AVERAGE(所有样本复孔 Ct 值);$$

$$Ct\ SD = STDEV(所有样本复孔 Ct 值)$$

$$Error = SE\ C_{t\ sample}$$

$$SECt_{sample} = \sqrt{(SD\ Ct_{Target}/\sqrt{N_{Target}})^2 + (SD\ Ct_{Endo}/\sqrt{N_{Endo}})^2}$$

4. 结果

实验结果如图 3-6 所示。

第三节　易错 PCR（致突变 PCR）

一、基本概念和原理

易错 PCR（error-prone PCR）是指在扩增目的基因的同时引入碱基错配，导致目的基因随机突变的一种方法。它利用低温保真度（如不具有 3′→5′ 校对功能的性质）的 *Taq* DNA 聚合酶，或者改变 PCR 反应体系的条件（如改变 4 种 dNTP 的比例，加入锰离子并增加镁离子的浓度等），使 DNA 聚合酶以较低的比率向目的基因中随机引入突变，并构建序列多种多样的突变库。

使用这种方式时，往往经历一次突变的基因很难获得满意的结果，因此发展出连续易错 PCR（sequential error-prone PCR）策略，即将一次 PCR 扩增得到的有用突变基因作为下一次 PCR 扩增模板，连续反复地进行随机诱变，使每一次获得的小突变积累而产生重要的有益突变。由于不改变基因长度，突变频率控制在适度范围，能有效地获得有益突变。

二、操作流程

（一）试剂

天然 *Taq* DNA 聚合酶或 Ampli *Taq* DNA 聚合酶（Perkin-Elmer 或其他公司产品），不用其他热稳定 DNA 聚合酶。高纯度 5′脱氧核苷三磷酸（Pharmacia，USB/Amersham）。

（二）操作规程

在致突变 PCR 方法中，应首要考虑在没有序列突变倾向性的情况下引入各类型的突变，而并非高水平的扩增。100 μL 反应混合物中，加入的模板 DNA 含有 10^{10} 分子（20 fmol），如

扩增1000倍左右,产生10^{13}DNA分子(29 pmol)。一般需要10个循环即可。然而一般PCR要进行30个循环,其目的在于提供足够的机会使错配末端进行延伸,产生完整的拷贝。加入大量模板DNA是防止PCR产物受克隆扩张效应的影响。即使突变体发生在第一次扩增时,并一直传向所有子代,在PCR终产物中也很难分离出来自同一祖先又具有相同突变的两个分子(高义平等,2013)。

标准PCR条件:100 μL反应物中,内含1.5 mmol/L $MgCl_2$、50 mmol/L KCl、10 mmol/L Tris-HCl(pH 8.3, 25 ℃);每种dNTP 0.2 mmol/L,每种引物0.3 μmol/L。加入2.5U *Taq* DNA聚合酶,进行30次热循环,每一循环94 ℃ 1 min、45 ℃ 1 min及72 ℃ 1 min,致突变PCR方法是在标准PCR条件的基础上进行以下修改以增加突变率:

①$MgCl_2$浓度增加到7 mmol/L,以稳定非互补的碱基对;
②加入0.5 mmol/L $MnCl_2$,以降低聚合酶对模板的特异性;
③dCTP和dTTP的浓度增加到1 mmol/L,以促进错误渗入;
④*Taq* DNA聚合酶量增加到5U,以促进延伸链在碱基错配位置后得以继续。

(三)操作步骤

(1)制备10×致突变PCR缓冲液,内含70 mmol/L $MgCl_2$、500 mmol/L KCl、100 mmol/L Tris-HCl(pH 8.3, 25 ℃)、0.1%(w/v)明胶。

(2)制备10×dNTP混合物,内含2 mmol/L dGTP、2 mmol/L dATP、10 mmol/L dCTP和10 mmol/L dTTP。

(3)制备5 mmol/L $MnCl_2$溶液,不要与0×PCR缓冲液混合,否则导致沉淀产生,妨碍PCR反应。

(4)在每一PCR反应管中,分别加入10 μL 10×致突变PCR缓冲液,10 μL 10×dNTP混合物,各种引物30 pmol及DNA 20 pmol,加入适量水使总体积为88 μL,混合均匀。

(5)加入10 μL 5 mmol/L $MnCl_2$,混合均匀,确保无沉淀产生。

(6)加5U *Taq* DNA聚合物,使终体积为100 μL,混匀,上层可覆盖矿物油或wax bead。

(7)PCR循环30次,每一循环94 ℃ 1 min、45 ℃ 1 min及72 ℃ 1 min,不要进行热启动,循环结束后也不要延长延伸时间。

(8)氯仿/异戊醇(24:1, v/v)抽提后进行乙醇沉淀以纯化PCR反应产物。

(9)用少量纯化产物做琼脂糖凝胶电泳分析以证实获得了满意产量的全长PCR产物,为了比较全长DNA的产量,应将致突变PCR和标准PCR同时进行。

第四节 PCR-DGGE技术

一、基本概念和原理

变性梯度凝胶电泳(denaturing gradient gel electrophoresis, DGGE)可分离长度相同但碱基不同的DNA片段的混合物,对于特异性引物PCR扩增的环境微生物的16S rDNA基因,琼脂糖凝胶电泳很难将碱基不同的片段分开,DGGE胶是在聚丙烯酰胺胶中添加了线性梯度的变性剂甲酰胺,从正极到负极就可以形成从低到高的线性梯度。电泳中的DNA到达它的变性甲酰胺浓度时，双链部分就会解开，但在一定的温度下，同一浓度的变性剂中不同序列的产物，其不同分解链分离程度不同，就会造成电泳迁移率发生变化，它们就在凝胶的不同位置停止迁移，从而使长度相同而序列不同的 DNA 片段分离（董妍玲，2013）。

在变性条件适当的情况下，该技术能分辨一个碱基对。而且染色后的凝胶用成像系统分析还能在一定程度上反映样品的复杂性。条带的数量能反映样品中微生物组成的差异，条带的亮度能反映样品中微生物的成分含量。目前，该技术在微生物群落结构的分析、微生物种群的动态研究、富集培养物以及分离物的分析、16S rDNA 同源性的分析中都得到了广泛应用。

二、操作步骤

(一) 实验材料和试剂

模板 DNA、PCR 引物、dNTPs、*Taq* DNA 聚合酶、PCR 缓冲液、丙烯酰胺、100×PCR buffer（无 $MgCl_2$）、PfuDNA 聚合酶、电泳缓冲液、牛血清蛋白 BSA、超纯水、变性胶、凝胶染色剂、样品加载染料。

(二) 仪器设备

水浴锅、冷冻离心机、分光光度计、电泳仪、凝胶影像系统。

(三) 实验操作步骤

1. 基因组 DNA 的提取及纯化

使用 DNA 试剂盒，根据制造商的说明书提取每个样品的细菌 DNA 并纯化。

2. 基因组 DNA 的 PCR 扩增

(1) 16S rRNA 基因 V3 区扩增：将纯化后的基因组 DNA 作为 PCR 的模板，使用 PCR 仪，如 Applied Biosystem 的 Gene Amp PCR system 2700 型基因扩增仪，采用对大多数细菌和古细菌的 16S rRNA 基因 V3 区具有特异性的引物对 F357 GC 和 R518，它们的序列分别为 F357GC (5'-CGC CCG CCG CGC GCG GCG GGC GGG GCG GGG GCA CGG GGG GCC TAC GGG A GGCA G CA G-3')；R518(5'-A TT ACC GCG GCT GCT GG-3')，扩增产物片段长约 230 bp。

(2) PCR 反应体系：100 μL 的 PCR 反应体系组成包括 100 ng 的模板、30 pmol 每种引物、200 μmol/L dNTPs（每种 10 mmol/L）、10 μL 的 100×PCR buffer（无 $MgCl_2$）、1.5 mmol/L 的 $MgCl_2$、5 U 的 PfuDNA 聚合酶、800 ng 的牛血清蛋白 BSA 和适量的双蒸馏水补足 100 μL。

(3) PCR 反应条件：PCR 反应采用降落 PCR 策略，即预变性条件为 94 ℃ 5 min，前 20 个循环为 94 ℃ 1 min，65~55 ℃ 1 min 和 72 ℃ 3 min（其中每个循环后将复性温度下降 0.5 ℃），后 10 个循环为 94 ℃ 1 min、55 ℃ 1 min 和 72 ℃ 3 min，最后在 72 ℃ 下延伸 7 min，PCR 反应的产物用 1.7% 琼脂糖凝胶电泳检测。

3. 变形梯度电泳（DGGE）分析

采用 Bio-Red 公司 Dcode™ 的基因突变检测系统对 PCR 反应产物进行分离。

(1) 变性胶制备：使用梯度胶制备装置，制备变性剂浓度为 30%~50%（100% 的变性剂为 7 mol/L 的尿素和 40% 的去离子甲酰胺的混合物）的 10% 聚丙烯酰胺凝胶，其中变性剂的拨开高度从胶的浓度上方向下方依次递增。

(2) PCR 样品的加样：待胶完全凝固后，将胶板放入装有电泳缓冲液的装置中，在每一个加样孔加入含有 10% 的加样缓冲液的 PCR 样品 20~25 μL。

(3) 电泳及染色: 在 120 V 的电压下, 60 ℃电泳 5 h。电泳完毕后, 将凝胶放在 EB 染色 20~30 min。

(4) 照相及观察: 将染色后的凝胶用凝胶影像系统分析, 观察每个样品的电泳条带并拍照。

4. DGGE 电泳条带分析

观察各个样品的 PCR 产物, 经 DGGE 分离后的电泳图谱照片, 采用 Quanity One 分析软件 (Bio-Red) 分析样品电泳条带的多少, 以比较各个样品的微生物多样性的一些基本指标。也可以通过对数目不等的不同 DNA 片段 (有可能就是一些种类微生物的 16S rRNA 基因的 V3 区的 DNA 片段) 的测序, 并同国际标准核酸库比对, 就可以得出这些在 DGGE 中被分离的 DNA 片段所代表的微生物的种属关系。从而确定不同样品中所含的微生物种类, 通过相关分析, 获得其中微生物多样性的信息。

第五节 DNA 样品的酶切、片段胶回收及连接

一、DNA 样品的酶切

(一) 酶切原理

限制性内切酶能特异性地结合于一段被称为限制性酶识别序列的 DNA 序列之内或其附近的特异位点上, 并切割双链 DNA。它可分为三类: Ⅰ类、Ⅱ类和Ⅲ类酶在同一蛋白质分子中兼有切割和修饰 (甲基化) 作用且依赖于 ATP 的存在。Ⅰ类酶结合于识别位点并随机地切割识别位点不远处的 DNA, 而Ⅲ类酶在识别位点上切割 DNA 分子, 然后从底物上解离。Ⅱ类酶由两种酶组成: 一种为限制性内切核酸酶 (限制酶), 它切割某一特异的核苷酸序列; 另一种为独立的甲基化酶, 它修饰同一识别序列。Ⅱ类中的限制性内切酶在分子克隆中得到了广泛的应用, 它们是重组 DNA 的基础。绝大多数的限制性内切酶识别长度为 4~6 个核苷酸的回文对称特异核苷酸序列 (如 *EcoR* Ⅰ识别 6 个核苷酸序列: 5′-G↓AATTC-3′), 有少数酶识别更长的序列或简并序列。Ⅱ类酶切割位点在识别序列中, 有的在对称轴处切割, 产生平末端的 DNA 片段 (*Sam* Ⅰ: 5′-CCC↓GGG-3′); 有的切割位点在对称轴的一侧, 产生带有单链突出末端的 DNA 片段称黏性末端, 如 *EcoR* Ⅰ切割识别序列后产生两个互补的黏性末端。

5′…G↓AATTC…3′→5′…GAATTC…3′
3′…CTTAA↑G…5′→3′…CTTAAG…5′

DNA 纯度、缓冲液、温度条件及限制性内切酶本身都会影响限制性内切酶的活性。大部分限制性内切酶不受 RNA 或单链 DNA 的影响。如果采用两种限制性内切酶, 必须注意分别提供各自的最适盐浓度。若两者可用同一缓冲液, 则可同时水解。若需要不同的盐浓度, 则低盐浓度的限制性内切酶必须首先使用, 随后调节盐浓度, 再用高盐浓度的限制性内切酶水解。也可在第一个酶切反应完成后, 用等体积酚/氯仿抽提, 加 0.1 倍体积 2 mol/L NaAc 和 2 倍体积无水乙醇, 混匀后置于-70 ℃低温冰箱 30 min, 离心、干燥并重新溶于缓冲液后进行第二个酶切反应。绝大多数酶的反应温度是在 37 ℃, 酶切反应时间需 30 min、60 min 以至 2 h 以上。如果所用的两种酶对温度要求不同, 那么要求低温度的酶先消化, 高温度的酶后消化, 即在第一个反应结束后, 加入第二个酶, 升高温度后继续进行酶切。一般来说, 如酶的纯度

不佳，酶切时间不能太长。终止酶切反应时，大多数可在65 ℃水浴中，保温10 min，就可使大部分酶失活。EcoR Ⅰ 酶置65 ℃水浴中，保温10 min，丧失95%的酶活性。内切酶一般都保存在50%甘油的缓冲液中。当保存在10%甘油中时，酶活力丧失更快。少数较耐热的酶，在加热前先加pH 7.5的EDTA，至终浓度为10 mmol/L。EDTA螯合了反应系统中所有的二价阳离子，就更利于终止酶切反应。

(二) 操作步骤

1. 仪器试剂

(1) 试剂：限制性内切酶 EcoR Ⅰ、BamH Ⅰ，琼脂糖，酶切缓冲液，灭菌超纯水，琼脂糖，1×TAE电泳缓冲液，6×上样缓冲液，溴化乙锭。

(2) 材料：移液器、恒温水浴锅、冰盒、小离心管、吸头、电泳仪、电泳槽、电子天平、微波炉、凝胶成像系统。

2. 实验过程

(1) 向离心管中加入下列试剂 (10 μL体系)：

  10×酶切缓冲液 1 μL
  DNA 3 μL
  EcoR Ⅰ 0.5 μL
  BamH Ⅰ 0.5 μL
  超纯水补足 10 μL

(2) 混匀，短暂离心，置于30 ℃水浴锅温浴30 min。

(3) 加入上样缓冲液终止酶切反应，也可65 ℃加热10 min使酶变性失活。

(4) 每个样品取10 μL用于琼脂糖电泳检测，凝胶成像仪观察结果。

3. 注意事项

(1) 酶切反应的影响因素很多，操作时首先要保证质粒DNA的纯净，样品中过高的盐分和痕迹量的酚等都会使酶切反应无法正常进行。

(2) 酶切反应在冰上进行，严格控制内切酶的用量占总反应体积的1/10，否则，甘油浓度过高会抑制酶活性。不同的酶使用不同的反应液，注意相互符合。双酶切时选择两种酶活性均较高的反应液，如不能选择合适的反应液时，先使用低盐反应液，加入相应的酶，然后补加一定的盐离子和对应的酶。

(3) 尽可能地降低反应总体积，增大酶与底物间的碰撞机会，增加反应速度。

(4) 倒胶时不能有气泡留在胶层中，电泳时注意去除模具两端的胶布和正负极的对接。

二、DNA 片段胶回收

(一) 回收方法

DNA片段的分离与回收是基因工程操作中一项重要的技术，例如，可收集特定酶切片段用于克隆或制备探针，回收PCR产物用于再次鉴定等。回收实验中两个最重要的技术指标是产物的纯度与回收率；纯度未达标时会严重影响以后的酶切、连接、标记等酶参与的反应；回收率不理想时往往会大大增加前期工作量 (王玉荣等，2018)。

1. 低熔点胶法

低熔点胶是向普通琼脂糖的多糖链上引入羟乙基形成的，这一变化会使凝胶的熔化点与凝固点均降低。低熔点胶在30 ℃时凝结、65 ℃时熔化，这一温度尚不足以使DNA分子变性。操作时可先灌一块普通的胶，然后用低熔点胶取代其中的回收部分。割下的胶加入TE后于65 ℃保温使凝胶熔化，再加入等体积的酚抽提去除凝胶。低熔点胶的另一个特点是电泳回收后可以立即进行酶切连接、标记等酶反应，因为这类胶中不含有普通琼脂糖中抑制酶活性的硫酸盐等杂质，并且收集的胶条能在酶反应的合适温度(37 ℃)始终保持液体状态。

2. 玻璃粉(乳)法

将胶条割下加入NaI溶液浸泡，剧烈振荡数分钟促使溶胶。向胶液中加入经酸净化处理的极细玻璃粉(乳)，室温反复倒转离心管，使DNA吸附于其上。离心收集玻璃粉后加入TE并于37 ℃保温，洗脱吸附于玻璃粉上DNA，再次离心收集含DNA的上清液即可。玻璃粉法适用于回收0.4~1 kb的小分子片段，均有80%的回收率。

3. QIAgen胶回收试剂盒

由于凝胶溶于含NaI的溶胶液，DNA能专一地与离心柱中纤维素结合。结合后的DNA经洗涤除去杂质，最后在低盐缓冲液中经离心从纤维素上洗脱下来。

4. 其他试剂盒

本实验采用北京塞百盛生物技术公司的PCR产物回收试剂盒。基本原理：在高盐状态下，纯化树脂专一性地吸附DNA；而在低盐或水溶液状态下，DNA被洗脱下来。此法简便快捷，可在几分钟内从PCR反应液或十几分钟内从普通琼脂糖凝胶中回收高纯度的PCR产物，用于DNA测序及其他酶促反应。其回收率分别为85%和70%左右。该系统不仅用于纯化PCR产物，还可以从反应液或普通琼脂糖凝胶中回收各种类型的DNA片段，适用范围从150 bp到十几kb。

(二) 操作步骤

1. 试剂与器材

(1)试剂：琼脂糖，TAE电泳缓冲液、10×DNA电泳样品缓冲液、无菌水、PCR产物、溴化乙锭(EB)、试剂盒(纯化树脂、离心纯化柱、80%异丙醇或80%乙醇、超纯水或TE缓冲液)。

(2)仪器：台式高速离心机、水浴锅、电泳器材。

2. 实验步骤

(1)将无液状石蜡的PCR反应液或酶切反应液(50~100 μL反应体系)在1%的普通琼脂糖凝胶上电泳，切下所需的DNA条带装入2 mL离心管中(尽量切掉不含DNA的琼脂糖凝胶，这样可简化操作、提高回收量及DNA片段的质量)。

(2)200~400 mg琼脂糖凝胶中加入0.4 mL纯化树脂(使用前充分混匀)，在70 ℃条件下保温5~10 min，每两分钟颠倒混匀1次，使琼脂糖凝胶完全融化，对于高浓度的琼脂糖凝胶(>2%)，每200 mg的琼脂糖凝胶中加入0.5 mL纯化树脂，加热融胶的时间延长到15 min。

(3)将混合液转移入离心纯化柱，13 000 r/min离心30 s，倒掉收集管中的废液。

(4)加入500 μL 80%异丙醇(或乙醇)，13 000 r/min离心30 s，倒掉收集管中的废液。重复第(4)步一次，此步骤13 000 r/min离心2 min，务必将异丙醇(或乙醇)除尽。如果离心纯化柱上还残留有异丙醇(或乙醇)，13 000 r/min再离心1 min。

(5)将离心纯化柱套入干净的1.5 mL或2 mL离心管中，开盖放置2~3 min，务必使乙醇充分挥发干净，加入40 μL TE缓冲液(若用于测序，则加40 μL超纯水)于纯化树脂上，不能沾在管壁上。放置 2 min 后,13 000 r/min 离心 30 s。

(6)离心管中的液体即纯化的 DNA 片段,取 4 μL 电泳(0.8%琼脂糖,120 V,10 min)检测并目测定量,在-20 ℃条件下保存备用。

3. 注意事项

(1)低熔点胶回收 DNA 时,切除不含样品的凝胶,保证样品凝胶尽可能地要小。

(2)室温低于 25 ℃时,纯化树脂(于 GS 结合液中)可能出现结晶或盐析,此时请务必预热,使其完全溶解后使用。

(3)纯化树脂(于 GS 结合液中)为灰褐色粉状物质,静置时沉淀于瓶底,使用时要充分混匀。

三、DNA 重组

(一)DNA 重组原理

DNA 重组的本质是不同来源的 DNA 片段的连接,也就是外源 DNA 和载体 DNA 重新组合成为重组子。DNA 的重组是由 DNA 连接酶催化的 DNA 双链上相邻的 3′-羟基和 5′-磷酸基团共价结合形成 3′,5′-磷酸二酯键,同时还需要包含 Mg^{2+} 和 ATP 的连接酶缓冲液。常用的 DNA 连接酶有两种:大肠杆菌 DNA 连接酶和 T4 噬菌体 DNA 连接酶。大肠杆菌 DNA 连接酶仅能连接黏性末端的单链 DNA 分子连接,T4 噬菌体 DNA 连接酶应用更为广泛,它还可以催化平末端 DNA 分子的连接(郭江峰等,2012)。

T4-DNA 连接酶催化的连接反应主要分为 3 步:一是 ATP 与连接酶形成共价键连接"酶-AMP"复合物,并释放出焦磷酸 PPi;二是 AMP 与连接酶的赖氨酸 ε-氨基相连,随之,AMP 从连接酶的赖氨酸 ε-氨基转移到 DNA 一条链的 5′-P 上,形成"DNA-腺苷酸"复合物;三是 3′-OH 对磷原子作亲和攻击,形成磷酸二酯键,释放出 AMP(刘志国,2011)。

影响连接效率的因素很多,包括温度、离子浓度、甘油浓度、DNA 末端的性质和浓度等。

(1)温度:黏性末端在较低温度下退火形成两个含有交叉缺口的互补链结构,这时的连接为分子内反应,这种反应的速度比分子间反应速度快。因此,连接反应的温度应当不高于黏性末端的解链温度,黏性末端的解链温度一般为 15 ℃以下,而 T4-DNA 连接酶的最佳反应温度为 37 ℃,随着温度降低,连接效率降低。因此,在实际的操作中选择 15 ℃连接过夜。平末端的连接属于分子间的反应,适当提高连接温度可以提高平末端间的碰撞概率和 DNA 连接酶的活性,因此,平末端的连接温度一般选择 25 ℃。

(2)离子浓度:平末端连接体系中添加适量的一价阳离子(如 150~200 mmol/L 的 NaCl)可以提高连接效率。

(3)PEG:PEG 可使平端 DNA 的连接速率提高 1~3 个数量级,因此可使连接反应在酶、DNA 浓度不高的条件下进行。一方面,PEG 可促进大分子群聚作用并可导致 DNA 分子凝聚成集体,增加平末端的碰撞概率;另一方面,PEG 改变连接产物的分布,分子内连接受到抑制,所形成的连接产物一律是分子间连接的产物,防止载体自环化。

(4)酶量:过量的甘油抑制 DNA 连接酶的连接效率,一般 10 μL 的连接体系添加 1 μL 连接酶。平末端 DNA 连接适当增加酶量有利于提高连接效率。

(5)黏性末端的连接效率远高于平末端,因此在实际操作中尽量选择黏性末端连接。在涉及 PCR 引物尽可能在两端引入限制性内切酶酶切位点。

(6) 增加平末端的浓度也就增加了它们的碰撞概率，因此可以提高连接效率。

(二) 操作步骤

1. 仪器试剂

(1) 试剂：pMD 18-T Vector 试剂盒，或 PCR 扩增回收纯化的片段，T4-DNA 连接酶，IPTG，X-Gal，LB 培养基等 (200 mg/mL 的 IPTG 过滤除菌，20 mg/mL 的 X-Gal 溶于二甲基甲酰胺，避光保存)。

(2) 仪器：恒温培养箱，微量离心机，微型离心管，记号笔。

2. 实验步骤

(1) 在微型离心管中制备下述连接反应液，全量为 10 μL：

pMD 18-T Vector	1 μL
Control Insert DNA	1 μL
超纯水	3 μL
Ligation Solution I	5 μL

(2) 16 ℃ 反应 30 min (过夜反应也不影响连接效率)。

(3) 全量 (10 μL) 转化至 JM109 感受态细胞 (100 μL) 中。

(4) 在含有 40 μL 20 mg/mL 的 X-Gal、4 μL 200 mg/mL 的 IPTG、50~100 μg/mL Amp 的 L-琼脂平板培养基上培养，形成单菌落。计数白色、蓝色菌落。

(5) 挑选白色菌落，使用 PCR 法确认 T 载体中插入片段的长度大小。

第四章 载体的构建和鉴定

载体构建是分子生物学研究常用的手段之一，依赖于限制性内切酶、DNA 连接酶和其他修饰酶的作用，分别对目的基因和载体 DNA 进行适当切割和修饰后，将二者连接在一起，再导入宿主细胞，实现目的基因在宿主细胞内的正确表达。载体构建完成后可利用 PCR 原理进行测序验证，以最终确定目的基因。本章将重点介绍常用的克隆载体、表达载体以及载体构建操作中的关键工具、步骤和应用举例。

第一节 常用克隆载体

基因克隆的重要环节是把一个外源基因导入生物细胞，并使它得到扩增。然而一个外源 DNA 片段是很难进入受体细胞的，即使进入细胞，一般也不能进行复制和功能的表达。这是因为所得到的外源 DNA 片段一般不带有复制子系统，也不具备在新的受体细胞中进行功能表达的调控系统，这样，进行基因克隆是极为困难的。然而，在基因工程操作中，常常把外源 DNA 片段利用运载工具送入生物细胞。我们把这种携带外源基因进入受体细胞的工具称为载体(vector)(吴乃虎，1998)。

载体的本质是 DNA。经过人工构建的载体，不但能与外源基因相连，导入受体细胞，而且还能利用本身的调控系统使外源基因在新的细胞中复制。目前，将外源基因运送到原核生物细胞的载体研究较多，同时，运送到植物和动物细胞中的载体研究也取得了很大进展。

一、理想质粒载体的必要条件

第一个基因克隆实验是用天然质粒 DNA 分子完成的。然而尽管天然质粒在基因重组等方面作出了贡献，但却不尽如人意，总具有各自缺陷，因而其并不适合直接作为基因工程的载体。实践中，绝大多数质粒载体都是在天然质粒的基础上，利用重组 DNA 技术经过人工改造和组建而形成的。

作为基因工程理想的质粒载体必须具备以下几个条件：

①具有复制起点，在宿主细胞中能自主复制。这是质粒自我增殖所必不可少的基本条件，也是决定质粒拷贝数的重要元件。在一般情况下，一个质粒只含有一个复制起始点，构成一个独立的复制子。穿梭质粒含有两个复制子，一个是原核生物复制子，另一个是真核生物复制子，以确保其在两类细胞中均能得到扩增。

②带有尽可能多的单一限制性酶切位点，以供外源 DNA 片段定点插入。为了便于多种类型末端的 DNA 片段的克隆，在质粒克隆载体上组装一个含有多种限制性核酸内切酶识别序列的多克隆位点(multiple cloning site，MCS)。

③具有合适的选择标记基因,为宿主细胞提供易于检测的表型特征。一种理想的质粒克隆载体应该具有两种选择标记基因,并且在选择标记基因内有合适的克隆位点。当外源 DNA 片段插入克隆位点,标记基因失活,成为选择重组质粒的依据。常用的选择标记基因主要是抗生素的抗性基因,如四环素抗性(TetR 或 TcR)、氨苄青霉素抗性(AmpR 或 ApR)、卡那霉素抗性(KanR 或 KmR)、氯霉素抗性(CmLR 或 CmR)、链霉素抗性(StrR 或 SmR)等和 β-半乳糖苷酶基因。

④具有较小的相对分子质量和较高的拷贝数。较小相对分子质量的质粒容易操作,而且转化率高。当质粒大于 15 kb 时,将成为转化效率的制约因素。较小相对分子质量的质粒还意味着可承载较大的外源 DNA 片段。此外,对任何一种内切酶来说,较小相对分子质量的质粒,其多酶切位点的可能性小。质粒具有较高的拷贝数不仅有利于质粒 DNA 的制备,而且会给克隆基因提供剂量效应。

二、常用的质粒载体

(一)pBR322 载体

1977 年,F. Bolivar 和 R. L. Rodriguez 等构建了一个典型的用于基因克隆的通用质粒载体——pBR322 质粒载体。pBR322 质粒是按照标准的质粒载体命名法则命名的。"p"代表质粒,"BR"则分别取自该质粒的两位主要构建者姓氏的首字母,"322"是实验编号,区别于其他质粒载体如 pBR325、pBR327、pBR328 等。当然,"BR"恰好与"细菌抗药性"(bacterial resistance)两个词的第一个字母等同,所以有不少人认为 pBR322 中的"pBR"是"细菌抗药性质粒"的英文缩写。这显然是一种容易使人信以为真的猜想,而事实上只是一种有趣的巧合。

1. pBR322 载体的组成

它是由三个天然质粒 pSC101、ColE1(带有 pMB1 复制子)和 pSF2124 经过融合→转位→重排→缺失后构建而成。目前广泛使用的质粒载体几乎都是由此发展而来的。从 pBR322 质粒载体的基因组图谱(图 4-1)可见,pBR322 质粒 DNA 分子的长度为 4361 bp,包括:

①复制子 rep,主管质粒复制(来源于 pMB1 质粒)。

② rop 基因编码 Rop 蛋白,该蛋白质可以促进不稳定的 RNA I-RNA II 复合物向稳定复合物转化,还可降低拷贝数(来源于 pMB1 质粒)。

③ bla 基因,编码 β-内酰胺酶,对氨苄青霉素有抗性(来源于 pSF2124 质粒)。

④ tet 基因,编码四环素抗性蛋白(来源于 pSC101 质粒)。

该环状序列的碱基计数从 EcoR I 位点 GAATTC 的第一个 T(1)开始,然后依次沿着 tet 基因、pMB1 载体元件直到最后的 Tn3 区域。pBR322 质粒中重要的单

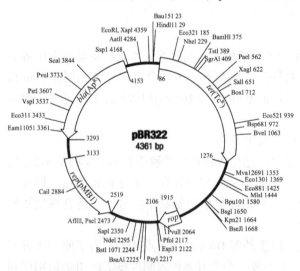

图 4-1　pBR322 载体图谱

一酶切位点分别密集分布在 AmpR 区、TcR 区，这些区提供了插入灭活和选择标记。

pBR322 DNA 分子中总共有 24 种内切核酸酶，只具有单一的酶切识别位点。其中 7 种内切核酸酶的识别位点在四环素抗性基因内部，2 种识别位点位于这个基因的启动区内，所以 9 个限制酶切位点插入外源片段可以导致 tetr 基因的失活；另外有 3 种限制酶在氨苄青霉素抗性基因有单一的识别位点。这种因 DNA 插入而导致基因失活的现象，称为插入失活效应。

2. pBR322 载体的优点

由 pBR322 质粒载体的结构可知，其具有以下优点。

①具有较小的分子质量。经验表明，为了避免在 DNA 的纯化过程中发生链的断裂，克隆载体的相对分子质量最好不要超过 10 kb。pBR322 质粒的这种特点，不仅易于自身 DNA 的纯化，而且可容纳较大的外源 DNA 片段。

②具有两种抗生素抗性基因可供作为转化子的选择标记，能指示载体或重组 DNA 分子是否进入宿主细胞，以及外源 DNA 分子是否插入载体分子形成了重组子。标记基因往往可以赋予宿主细胞一种新的表型，这种转化细胞可明显地区别于非转化细胞。当我们把一个 DNA 片段插入到某一个标记基因内时，该基因就失去了相应的功能。当把这种重组 DNA 分子转到宿主细胞后，该基因原来赋予的表型也就消失了。若是仍保留了原来表型的转化细胞，细胞内含有的 DNA 分子一定不是重组子。很显然，既要指示外源 DNA 是否进入宿主细胞，又要指示载体 DNA 分子是否插入外源 DNA 片段，那么这种载体必须至少具有两个标记基因。

③pBR322 质粒载体还具有较高的拷贝数，而且经过氯霉素扩增后，每个细胞中可积累 1000~3000 个拷贝，为重组体 DNA 的制备提供了极大的方便。

实践中为更加实用，人们对 pBR322 质粒进行了改良，得到许多 pBR322 质粒衍生质粒，它们各自具有不同的特点。

(二) pUC 系列（Lac 选择型质粒）

1987 年，美国加利福尼亚大学（University of California）的科学家 J. Messing 和 J. Viria 在 pBR322 质粒载体基础之上构建了一种广泛使用的新型质粒载体即 pUC 系列质粒载体。包括 pUC8/9、pUC18/19、pUC118/119 等（图 4-2）。pUC 系列的质粒载体通常是成对构建的，二者的差别仅在于多克隆位点的方向相反。设计这样一对质粒克隆载体，便于用限制性核酸内切酶切割产生的一个 DNA 片段以正、反两个方向插入克隆载体，保证 DNA 片段中基因的信息链与质粒克隆载体信息链连接，进行有效的表达。

1. pUC 系列载体的组成

一种典型的 pUC 系列质粒载体包括以下 4 个组成部分：

①pMB1 复制子 rep，主管质粒复制（来自 pBR322 质粒），pUC 质粒缺乏 rop 基因，在正常情况下，该基因

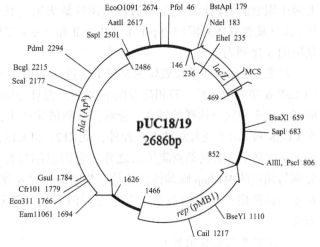

图 4-2　pCU18/19 载体图谱

紧靠 DNA 复制起点，与控制拷贝数有关。缺乏 rop 基因的结果是，这些质粒复制的拷贝数要比带有 pMB1（或 ColE1）复制起点的质粒高得多。因而在细菌培养物中无需加入氯霉素来提高其拷贝数。

②bla 基因，编码 β-内酰胺酶，对氨苄青霉素有抗性（来源于 pBR322 质粒），但其核苷酸序列已经发生了变化，不再含原来的限制性核酸内切酶切割位点。

③大肠杆菌 β-半乳糖苷酶基因（lacZ）的启动子及其编码 α-肽链的 DNA 序列，此结构特称为 lacZ' 基因。

④位于 lacZ' 基因中的靠近 5'端的一段多克隆位点（MCS）区段，但它的存在并不破坏该基因的功能。MCS 是含有多种限制酶的单识别位点的一段核苷酸序列，便于外源基因的插入。MCS 中，每个限制性酶切位点通常是唯一的，即它们在一个特定的载体质粒中只出现一次。

pUC 质粒载体具有来自大肠杆菌 Lac 操纵子 β-半乳糖苷酶基因（lacZ）的启动子和 N 端前 146 个氨基酸的编码序列（α 片段），这部分基因序列又特称为 lacZ' 基因。这种载体适用于可编码 β-半乳糖苷酶 C 段部分序列（ω 片段）的宿主细胞。宿主和载体各自编码的 α 片段和 ω 片段虽然都没有酶活性，但是当载体和宿主细胞同时表达时，产生的 α 片段和 ω 片段发生互补，可形成具有酶活性的 β-半乳糖苷酶。这种作用称为 α 互补（alpha complementation）。将 pUC 质粒克隆载体引入 lacZ' 基因互补的大肠杆菌，并在含 IPTG 和 X-Gal 的诱导培养基中培养时，产生蓝色菌落，因而易于识别。但当在多克隆位点插入外源 DNA 片段时，就会使 lacZ' 基因失活，产生无 α 互补能力的氨基端片段，使得带有重组质粒的细菌形成白色菌落。根据这一性质可以选出在克隆载体中已插入了外源 DNA 片段的重组子，这种重组子的筛选，又称为蓝白斑筛选。完整的 lacZ 基因长约为 3500 bp，这样会受到质粒载体插入的 DNA 大小的限制，而 α 片段仅约 450 bp，使互补作用不受载体容量的限制，检测较为方便。

pUC7 是最早构建的一种 pUC 质粒载体。它是由编码有 AmpR 基因的 pBR322 质粒的 EcoR I～Pvu II 片段以及大肠杆菌 lacZ 基因 α 序列内的 lacZ 操纵子的 Hae II 片段构成的。为了使在 lacZ 基因的 α 序列中能有几个完全有用的克隆位点，首先必须对 pBR322 质粒的这个片段进行改进，以便除去一些酶的识别位点。这些改进步骤包括引发体内突变，除去 pst I 和 Hinc II 两个限制酶的识别位点，然后再用体外缺失突变技术，除去 Acc I 限制酶识别位点，结果使 pUC7 质粒载体对限制酶 pst I，Hinc II 和 Acc I 都只具有唯一的克隆位点，且都位于 lacZ 基因的 α 序列内。

后来，在 pUC7 质粒载体的基础上又进一步构建了 pUC8 和 pUC9 两种质粒载体。在它们的 lacZ α 序列内，有一段相反取向的 MCS，而且分别同 M13mp8 和 M13mp9 噬菌体载体的相应部分完全相同。这样的特点，能够把双酶消化产生的限制片段以两种相反的取向分别克隆在 PUC8 和 pUC9 质粒载体上。此外，pUC12，pUC13，pUC18 及 pUC19 等质粒载体，除了在 lacZ α 序列上含有其他克隆位点之外，它们也都具有 pUC7 质粒类似的性质。这些质粒载体分别与相应的 M13mp 噬菌体载体具有相同的 lacZ α 序列。这两种载体系统之间在分子结构上存在的这种相互对应的关系，为在它们两者之间转移插入的外源 DNA 片段提供了很大的方便。

2. pUC 系列载体的优点

pUC 质粒载体具有的优越性使之成为目前基因工程中最广泛使用的质粒载体。以 pUC18

质粒载体为例,优越性有 3 个方面:

①具有更小的相对分子质量和更高的拷贝数。在 pBR322 基础上构建 pUC 质粒载体时,仅保留下其中的氨苄青霉素抗性基因及复制起点,使其分子大小相应地缩小了许多,如 pUC18 为 2686 bp。同时,由于偶然的原因,在操作过程中使 pBR322 质粒的复制起点内部发生了自发的突变,导致 rop 基因的缺失。由于该基因编码共 63 个氨基酸组成的 Rop 蛋白质,是控制质粒复制的特殊因子,因此它的缺失使得 pUC 质粒的拷贝数比带有 pMB1 或 ColE1 复制起点的质粒载体都要高得多,平均每个细胞即可达 500~700 个拷贝。所以由 pUC 质粒重组体转化的大肠杆菌细胞,可获得高产量的克隆 DNA 分子。

②适用于组织化学方法检测重组体。pUC18 质粒结构中具有来自大肠杆菌 lac 操纵子的 lac Z'基因,所编码的 α-肽链可参与 α-互补作用。因此,可用 X-Gal 显色的组织化学方法一步实现对重组体转化子克隆的鉴定,从而节省时间。

③具有 MCS 区段。pUC18 质粒载体具有与 M13mp8 噬菌体载体相同的多克隆位点 MCS 区段,它可以在这两类载体系列之间来回"穿梭"。因此,克隆在 MCS 当中的外源 DNA 片段,可以方便地从 pUC18 质粒载体转移到 M13mp8 载体上,进行克隆序列的核苷酸测序工作。同时,也正是由于具有 MCS 序列,可以使具两种不同黏性末端(如 EcoR I 和 BamH I)的外源 DNA 片段,无须借助其他操作而直接克隆到 pUC18 质粒载体上。

(三) pGEM-3Z(克隆 DNA 的体外转录)质粒载体

pGEM 质粒是由 pUC 系列质粒载体衍生而来的,它们是在 MCS 区附近插入噬菌体 RNA 聚合酶启动子的质粒载体,如 pGEM-3Z 和 pGEM-4Z 是一对长度为 2743 bp 的小分子质粒载体(图 4-3),在结构上的差别仅仅在于 SP6 和 T7 这两个启动子的位置互换、方向相反而已,与 pGEM-3Z/4Z 的主要差别是它们具有两个来自噬菌体的启动子,即该载体包含 T7 启动子和 SP6RNA 聚合酶启动子,为 RNA 聚合酶的附着作用提供了特异的识别位点。这两个启动子分子位于

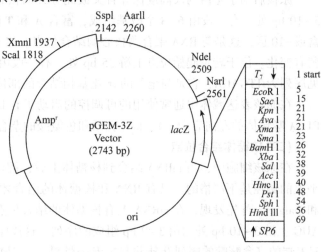

图 4-3　pGEM-3Z 质粒载体图谱

β-半乳糖苷酶的 α-肽编码区内多克隆位点的两侧,故可进行蓝白斑筛选实验。另外,在反应体系中加入纯化的 T7 或 SP6 RNA 聚合酶后,克隆的外源基因就会转录出相应的 mRNA,所合成的 RNA 转录本除了可作为杂交探针之外,在兔网织红细胞裂解物转译体系或在麦胚无细胞转译体系中进行体外蛋白质的合成。在反应混合物中加入 m^{7}GpppG,能形成 5'的帽子结构,进行有效的蛋白质合成。

pGEM-3Z 质粒载体的表达如下:

　　大小　　　　　　2743bp
　　抗性标记　　　　Ampr

用途	克隆外源 DNA 片段，制备探针
pGEM-3Z 的多克隆位点	13 个位点

第二节　表达载体

克隆的基因只有通过表达才能探索和研究基因的功能，以及基因表达调控的机理，要使克隆基因在宿主细胞中表达，就要将它放入带有基因表达所需要的各种调控元件的载体中，这种载体称为表达载体(expression vector)。表达载体的结构比克隆载体复杂，除了必须具备与克隆载体相同的复制原点、多克隆位点和筛选标记基因以外，还必须具备控制目的基因表达的调控序列，包括启动子、转录终止子等。对于不同的表达系统，需要构建不同的表达载体，根据表达所用的受体细胞，可将表达载体分为原核细胞表达载体和真核细胞表达载体。

一、原核表达载体

(一) 启动子

启动子位于转录起始点上游，是 DNA 链上一段能与 RNA 聚合酶结合并起始 RNA 合成的序列，它是基因表达不可缺少的重要调控序列。没有启动子，基因就不能转录。

原核启动子是由两段高度保守且又彼此分开的核苷酸序列组成。位于转录起始位点上游 5~10 bp 处，有一段由 6~8 个碱基组成，富含 A 和 T 的区域，称为 Pribnow box，又名 TATA 盒或-10 区，这是与 RNA 聚合酶核心酶结合位点。启动子来源不同，Pribnow box 的碱基序列稍有变化。位于转录起始位点上游 35 bp 处，有一段由 10 bp 组成的区域，故称为-35 区，常见序列为 TTGACA，它是与全酶的 σ 亚基相结合的部位。

在原核表达载体中通常使用的可调控的启动子有 lac(乳糖启动子)、trp(色氨酸启动子)、PL(λ 噬菌体的左向启动子)、tac(乳糖和色氨酸的杂合启动子)以及 T7 噬菌体启动子等。

(二) 核糖体结合位点

在原核细胞中，当 mRNA 结合到核糖体上后，翻译或多或少会自动发生，细菌在翻译水平上的调控是不严格的，只有 RNA 和核糖体的结合才是蛋白质合成的关键。1974 年，Shine 和 Dalgarno 首先发现，在 mRNA 上有核糖体的结合位点，它们是起始密码子 AUG 和一段位于 AUG 上游 3~10 bp 处的由 3~9 bp 组成的序列。这段序列富含嘌呤核苷酸，刚好与 16S rRNA 3′末端的富含嘧啶的序列互补并与之专一性结合，是核糖体 RNA 的识别与结合位点(徐洵，2004)。根据发现者的名字，将其命名为 Shine-Dalgarno 序列，简称 SD 序列。

mRNA 在细菌中的翻译效率除了依赖于有核糖体结合位点的存在外，还受制于 SD 序列与起始密码子 AUG 之间的距离，某些蛋白质与 SD 序列结合也会影响 mRNA 与核糖体的结合，从而影响蛋白质的翻译。另外，真核基因的第二个密码子必须紧接在 ATG 之后，才能产生一个完整的蛋白质。现在通常在构建载体时于启动子下游装上大肠杆菌核糖体结合位点序列，即转录后的前导区段内含有与 rRNA 3′-末端互补的 SD 序列，以促使二者特异互补结合定位起始。也有一些表达载体不含 SD 序列，以适合于带有自身 SD 序列的原核基因表达。

(三) 终止子

在一个基因的 3′末端或是一个操纵子的 3′末端往往有一段特定的核苷酸序列，具有终止转录功能，这一序列称为转录终止子，简称终止子（terminator）。终止子在结构上有一些共同的特点，即有一段富含 A/T 的区域和一段富含 G/C 的区域，G/C 富含区域又具有回文对称结构，这段终止子转录后形成的 RNA 具有茎环结构，并且有与 A/T 富含区对应的一串 U。根据转录终止作用类型，原核生物转录终止子可以分为两类：一类是不依赖蛋白质辅助因子而实现终止作用，又称"强终止子"；另一类是依赖蛋白质辅助因子才能实现终止作用，又称"弱终止子"，这种辅助因子常称为 ρ 因子（Rho fator）。在构建表达载体时，为了防止由于克隆的外源基因的表达干扰了载体系统的稳定性，一般都在多克隆位点的下游插入一段很强的核糖体 RNA 的转录终止子。

二、真核表达载体

当要将真核生物基因放入原核细胞中表达产生蛋白质时，原核系统就表现出许多缺陷，主要是因为在原核细胞中无法进行翻译后的加工修饰，如磷酸化、糖基化、二硫键的形成等。真核表达载体主要有 3 种类型：第一类是改造过的质粒载体，将真核启动子、终止子、polyA 信号等组装在盒式结构内，引入质粒载体。这种载体转染真核培养细胞，在细胞内只能进行瞬时表达。第二类是整合载体，把表达盒式结构整合到真核细胞染色体上，因只能整合一个拷贝，所以表达水平很低。第三类是病毒载体，是外源基因转移和表达的载体。病毒载体具有在宿主细胞内繁殖、表达自身基因和外源基因的能力。下面对真核表达载体的典型代表——酵母表达载体和哺乳动物细胞系表达载体作以简要介绍。

(一) 酵母表达载体

酵母是一种单细胞真核生物，在简单的培养基上就能快速生长，比较容易操作，而且像大肠杆菌一样，酵母细胞全基因组测序也已经完成，基因表达调控机理比较清楚，因此作为表达外源基因载体的宿主具有较多优势。

酵母质粒载体既可以在大肠杆菌中、又可以在酵母系统中进行复制与扩增，所以也称为穿梭载体。常见的酵母表达质粒载体根据其在酵母细胞中的复制形式、载体表达外源基因的方式以及载体的用途可分为 YIp、YRp、YEp 和 YCp。YIp（yeast integration plasmid）载体不含酵母的 DNA 复制起始区，不能在酵母内独立复制，但它可以重组到酵母基因组上，和染色体 DNA 一起复制。这类载体的特点是转化效率低，但转化子稳定，多用于遗传分析工作。YRp（yeast replicating plasmid）载体是一种独立复制型载体，具有转化效率高的特点，但这类载体在酵母细胞分裂时很难在母细胞与子代细胞间平均分配，子代细胞内的质粒会迅速减少，因此不适合用以获得大量目的蛋白为目标的表达载体。YEp（yeast episomal plasmid）是一种酵母附加型载体，具有高拷贝、较稳定、转化效率高等特点，它既可以作为质粒独立复制，也可以重组到酵母染色体 DNA 基因组上。YCp（yeast centromeric plasmid）载体在 YRp 质粒上插入了酵母染色体着丝粒的 DNA 序列，因此提高了在酵母细胞分裂过程中的稳定性。

巴斯德毕赤酵母作为新一代的酵母发酵表达系统，是近年来被公认为最有效的外源蛋白表达系统之一，得到了十分广泛的应用。巴斯德毕赤酵母能利用甲醇作为唯一碳源提供能量，故又称它们为嗜甲醇酵母或甲醇酵母。它有两个乙醇氧化酶基因 $AOX\ 1$ 和 $AOX\ 2$，两者序列相似。$AOX\ 1$ 的乙醇氧化酶活力很强。当以甲醇为唯一的生长碳源时，$AOX\ 1$ 基因的表达受甲醇严格调控，并被诱导到相当高的水平。

Invitrogen 公司已经构建了多种巴斯德毕赤酵母表达载体，如分泌表达的 pPIC9K 和胞内表达的 pPIC3.5K 等，目前已表达出了数以千计的具有生物学功能的外源蛋白或蛋白结构。

pPIC9K 载体的主要结构包括：5′AOX 1 启动子片段、多克隆位点（MCS）、转录终止和 polyA 形成基因序列（TT）、筛选标记（His4）、3′AOX 1 基因片段，作为一个能在大肠杆菌中繁殖扩增的穿梭质粒，它还有部分 pBR322 质粒（图 4-4）。

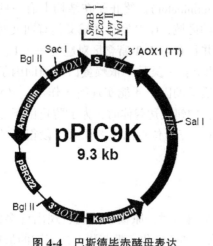

图 4-4　巴斯德毕赤酵母表达载体 pPIC9K 图谱

（引自袁婺洲，2010）

（二）哺乳动物细胞系表达载体

哺乳动物细胞表达系统，是指采用某种方式将外源基因导入细胞，在哺乳动物细胞中表达获得具有一定功能的蛋白质。哺乳动物细胞表达系统的优势在于能够指导蛋白质的正确折叠，提供复杂的 N 型糖基化和准确的 O 型糖基化等多种翻译后加工功能，因而表达产物在分子结构、理化特性和生物学功能方面最接近于天然的高等生物蛋白分子。

pcDNA3.1/His 表达载体是 Invitrogen 生命科技公司的产品，用于哺乳动物宿主中重组蛋白的高效表达、纯化和检测。pcDNA3.1/His 载体是一种穿梭质粒表达载体，采用人巨细胞病毒（cytomegalovirus，CMV）作为立即早期启动子，带有 pUC 质粒的复制原点和 amp^+ 基因，可以在大肠杆菌内扩增和选择重组转化子；同时，载体带有 SV40 的复制原点和新霉素抗性基因，

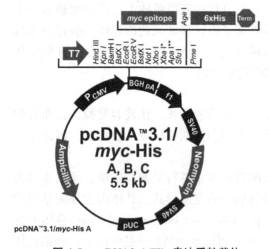

图 4-5　pcDNA3.1/His 表达质粒载体

可以在表达 SV40 T 抗原的细胞内复制并选择重组转化子（图 4-5）。

第三节　载体构建中的关键工具和步骤

在分子生物学研究中，分子克隆占有举足轻重的地位，其核心内容是对基因进行人工切割、连接组合、构建载体。因此，选择性地讨论载体构建中通用的一些关键工具，深入地理解载体构建的关键步骤，显得十分必要。

一、关键工具

载体构建操作中，将不同来源的 DNA 重新组合形成重组 DNA 分子的过程主要依赖两类酶的作用，即限制性内切酶和 DNA 连接酶。下面重点介绍这两类酶。

(一) 限制性内切酶

1. 限制性内切酶的类型

限制性内切酶是一类识别双链 DNA 内部特定核苷酸序列的 DNA 水解酶。它们以内切的方式水解 DNA。DNA 限制性内切酶可分为 3 类。Ⅰ型和Ⅲ型限制性内切酶在同一蛋白分子中兼有甲基化酶以及依赖于 ATP 的限制性内切酶活性。Ⅲ型酶在识别位点上切割 DNA，然后从底物上解离下来。Ⅰ型酶结合于特定的识别位点，但没有特定的切割位点，酶对其识别位点进行随机切割，很难形成稳定的、特异性切割末端，故Ⅰ、Ⅲ型酶在载体构建中基本不用。Ⅱ型限制性内切酶是载体构建中所用的主要工具酶。

2. 限制性内切酶的特征

Ⅱ型限制性内切酶具有 3 个基本特性：

(1) 识别并切割特异性核苷酸序列：不同的限制性内切酶识别的序列不同，而且识别的碱基数目也是不同的，通常识别序列为 4、5 或 6 个碱基对。

(2) 识别序列具有 180°旋转对称的回文结构。

(3) 切割后形成各种黏性末端或平整末端。

3. 影响限制性内切酶活性的因素

(1) 温度和时间：大部分限制性内切酶最适反应温度为 37 ℃，但也有例外，如 *Sma* Ⅰ 的反应温度为 25 ℃。限制性内切酶反应的时间通常为 1~1.5 h。

(2) 缓冲体系：限制性内切酶要求有稳定的 pH 环境，不同的限制性内切酶对反应体系的离子强度和 pH 值有不同的要求。限制性内切酶标准缓冲溶液的组成包括 $MgCl_2$、NaCl 或 KCl、Tris-HCl、β-巯基乙醇或二硫苏糖醇(DTT)、牛血清白蛋白(BSA)等。

二价阳离子是酶活性正常发挥的必需条件(通常是 Mg^{2+})，Tris-HCl 的作用在于维持反应体系 pH 值的稳定，巯基试剂有助于保持某些限制性内切酶的稳定性。

(3) 反应体积和甘油浓度：商品化的内切酶大多使用 50% 的甘油缓冲液作为保护剂。在进行酶切反应时，加酶的体积一般不超过总反应的 10%，若加酶的体积太大，甘油浓度过高，会影响酶切反应。

(4) DNA 的纯度和结构：DNA 样品中常见的一些污染物，如蛋白质、酚、氯仿、EDTA、SDS 和高浓度的盐离子等都可能抑制内切酶的活性。酶切的底物一般是双链 DNA，DNA 的甲基化位置会影响酶切反应。

(二) DNA 连接酶

用限制性内切酶切割不同来源的 DNA 分子，再重组时则需要用另一种酶来完成这些杂合分子的连接和封合，这种酶就是 DNA 连接酶。DNA 连接酶能将两段 DNA 相邻的 5′磷酸基和 3′羟基末端之间形成磷酸二酯键，以形成重组 DNA 分子。在基因工程中使用的连接酶主要是 T4 DNA 连接酶或大肠杆菌 DNA 连接酶。

1. T4 DNA 连接酶

T4 DNA 连接酶是一条相对分子质量为 60 kDa 的多肽链，其活性可被 0.2 mol/L 的 KCl 和精胺所抑制。T4 DNA 连接酶不但能把两个具有黏性末端的 DNA 分子连接在一起或把一个 DNA 分子的两个黏性末端连接起来使之呈环状，而且也能把平末端的 DNA 分子连接起来。连接两个 DNA 分子的先决条件是它们的末端必须靠拢在一起，所以连接黏性末端的分子比连接平末端分子的效率要高很多。

T4 DNA 连接酶要求的底物包括：①ds DNA 分子中一条链带有缺口；②两个不同片段的 dsDNA 之间存在互补性末端；③两个双链 DNA 分子的平末端；④RNA-DNA 杂合体中 RNA 链上的缺口，也可将 RNA 末端与 DNA 链连接。

2. 大肠杆菌 DNA 连接酶

大肠杆菌 DNA 连接酶由一条分子质量为 75 kDa 的多肽链构成，对胰蛋白酶敏感，可被其水解。它催化 DNA 片段连接反应的机制与 T4 DNA 连接酶相同。两者的不同在于大肠杆菌 DNA 连接酶的催化反应需要酰胺腺嘌呤二核苷酸(辅酶 I，即 NAD)的参加，而 T4 DNA 连接酶需要的是 ATP。另外，NH_4Cl 可以提高大肠杆菌 DNA 连接酶的催化速率，而对 T4 DNA 连接酶则无效。无论是 T4 DNA 连接酶，还是大肠杆菌 DNA 连接酶都不能催化两条游离的 DNA 链相连接。

大肠杆菌 DNA 连接酶对底物的要求有：①底物必须是双链 DNA；②被连接的片段具有互补的黏性末端；③酶催化同一 DNA 链上 5′-磷酸和相邻的 3′-羟基形成 3′,5′-磷酸二酯键。

大肠杆菌 DNA 连接酶在催化各种底物的连接反应时有一定限制。一些 T4 DNA 连接酶可以催化连接反应的底物，而大肠杆菌 DNA 连接酶对他们不能起作用。例如，DNA 片段间的平末端连接，RNA 链 5′-磷酸基和 DNA 链 3′-羟基间的连接，以及 RNA 链之间的连接等 (James, 1997)。所以在分子克隆中，大肠杆菌 DNA 连接酶的应用不如 T4 DNA 连接酶广泛。

二、关键步骤

(一)设计引物

引物是人工合成的两段寡核苷酸序列，一个引物与靶区域一端的一条 DNA 模板链互补，另一个引物与靶区域另一端的一条 DNA 模板链互补。PCR 引物设计的目的是找到一对合适的核苷酸片段，使其能有效地扩增模板 DNA 序列。因此，引物的优劣直接关系到 PCR 的特异性与成功与否。要设计引物首先要找到 DNA 序列的保守区。同时应预测将要扩增的片段单链是否形成二级结构。如这个区域单链能形成二级结构，就要避开它；如这一段不能形成二级结构，那就可以在这一区域设计引物。引物长度通常是 15~30 核苷酸长度，同时含有 40%~60% 的 G+C 内含物。因为每个 PCR 引物会与目标序列的不同单链互补结合，引物序列彼此不能相关。事实上，需要特别注意的是，引物序列不能形成聚合结构，或者形成发夹环。3′端一定要和目标配对，以有效启动多聚合作用。引物 5′端可能含有和目标序列并不互补的序列，如限制性内切酶酶切位点或者启动子也一起包含在 PCR 产物中。

DNA 双链中，一半分子呈单链而另一半分子呈双链时的温度，称为该复合物的 T_m。因为分子间存在大量的氢键，高 G+C 含量 DNA 具有比低 G+C 含量 DNA 高的 T_m。通常情况下，G+C 含量可单独用来预测 DNA 双链的 T_m，但是，具有相同 G+C 含量的 DNA 双链体也可能有不同的 T_m 值。

(二)PCR 扩增

PCR 是聚合酶链式反应的简称，是指在引物指导下由酶催化的对特定模板(克隆或基因组 DNA)的扩增反应，是模拟体内 DNA 复制过程，在体外特异性扩增 DNA 片段的一种技术，在分子生物学中有广泛的应用，包括用于 DNA 作图、DNA 测序、分子系统遗传学等。其基本原理是以单链 DNA 为模板，4 种 dNTP 为底物，在模板 3′末端有引物存在的情况下，用酶进行互补链的延伸，多次反复的循环能使微量的模板 DNA 得到极大程度的扩增。

在微量离心管中，加入与待扩增的 DNA 片段两端已知序列分别互补的两个引物、适量的缓冲液、微量的 DNA 模板、4 种 dNTP 溶液、耐热 Taq DNA 聚合酶、Mg^{2+} 等。反应时先将上述溶液加热，使模板 DNA 在高温下变性，双链解开为单链状态；然后降低溶液温度，使合成引物在低温下与其靶序列配对，形成部分双链，称为退火；再将温度升至合适温度，在 Taq DNA 聚合酶的催化下，以 dNTP 为原料，引物沿 5′→3′方向延伸，形成新的 DNA 片段，该片段又可作为下一轮反应的模板，如此重复改变温度，由高温变性、低温复性和适温延伸组成一个周期，反复循环，使目的基因得以迅速扩增。因此 PCR 循环过程由 3 部分构成：模板变性、引物退火、热稳定 DNA 聚合酶在适当温度下催化 DNA 链延伸合成。

（三）酶切

体外构建重组 DNA 分子，首先要了解目的基因的酶切图谱，选用的限制性核酸内切酶都不能在目的基因内部有专一的识别位点，即当用一种或两种限制性核酸内切酶切割外源供体 DNA 时，能得到完整的目的基因。其次，选择具有相应的单一酶切位点的质粒、噬菌体等载体分子作为克隆的载体。常用的酶切方法有双酶切法和单酶切法两种。

1. 双酶切法

如果只在要克隆的目的 DNA 两端具有不同的限制性核酸内切酶的识别位点，而目的基因内部没有响应的识别序列，可用这两种限制性核酸内切酶酶切，则目的 DNA 可产生两种不同的黏性末端。选择同样具有这两种限制性核酸内切酶识别位点的合适载体，酶切后，同样产生两个不同的黏性末端，当构建重组分子时，目的 DNA 片段可以一定的方向插入载体中，这样重组效率高，也利于重组子的筛选。

2. 单酶切法

如果目的 DNA 片段只能用一种限制性核酸内切酶切割，酶切后的片段两端将产生相同的黏性末端或平末端。选择具有同样限制性核酸内切酶识别位点的合适载体，在构建重组分子时，除了形成正常的重组子外，还可能会出现目的 DNA 片段以相反方向插入载体分子中，甚至出现载体分子自连，重新环化的现象，因此重组效率较低。如果没有很好的方法区分转化子中的重组子，筛选重组子会比用双酶切法构建重组 DNA 分子的工作量大很多。

3. 单酶切法和双酶切法的优缺点

单酶切法简单易行，但后期的筛选工作较复杂，如果有 pUC 载体和 JM 系列宿主菌的组合，区分重组子也很容易；双酶切法虽然重组率高，有利于重组子的筛选，但是前期的酶切操作过程复杂，若有一种酶的酶切反应不彻底，则易造成假阳性的结果。在实际操作时选择单酶切法还是双酶切法要根据具体情况确定。当然，如果用于基因文库的构建，则应首选组效率高的双酶切法。

各种限制性核酸内切酶都有其最佳的反应条件，其中最主要的因素是反应温度和缓冲液的组成。为了实验中的方便，根据离子强度可将各种酶的缓冲液分为 3 类：高盐、中盐和低盐离子强度缓冲液。一般在购买商品酶时，附带提供了该酶的最适反应温度和 10×的缓冲液，使用时 10 倍稀释即可。双酶切时，如果两种酶对盐离子的浓度和温度要求一致，原则上可以将这两种酶同时加入一个反应体系中进行同步酶切。如果不一致，则酶切反应最好分步进行，常用的酶切顺序是：先低盐后高盐，先低温后高温。

（四）连接

连接是指将质粒和目的基因的限制性片段与 T4 DNA 连接酶一起混合，一个酶切后的质粒分子与一个酶切后的 PCR 产物片段发生连接，环化形成一个新的重组的分子。T4 DNA 连接酶，可以催化粘端或平端双链 DNA 或 RNA 的 5′-P 末端和 3′-OH 末端之间以磷酸二酯键结合，该催化反应需 ATP 作为辅助因子。同时 T4 DNA 连接酶可以修补双链 DNA 或 DNA/RNA 杂合物上的单链缺刻，使之成为一个完整的 DNA 分子。通过调整实验条件，可以有利于形成这种新的重组体。在稀释溶液中，载体分子两个末端自连的概率高于两个不同分子之间。连接反应中可以提高 DNA 片段的浓度，通常与载体片段的分子比为 3∶1（加入载体分子数的 3 倍），来增加正确重组体形成的概率。

（五）转化

转化是指运载体重组子导入细菌的过程。其原理是细菌处于 0 ℃，$CaCl_2$ 低渗溶液中，细菌细胞膨胀成球形。转化混合物中的 DNA 形成抗 DNA 酶的羟基-钙磷酸复合物黏附于细胞表面，经 42 ℃ 短时间热激处理促进细胞吸收 DNA 复合物。将细菌放置于非选择性培养基中保温培养一段时间，促使在转化过程中获得新的表型得到表达，然后将此细菌培养物涂在含有氨苄青霉素的选择性培养基上培养观察。

外源 DNA 片段进入受体细胞后，通过复制和表达，实现遗传信息的转移，使受体细胞出现新的遗传性状，这种现象称为转化或转化作用（transformation）。它是微生物遗传、分子遗传、基因工程等研究领域的基本实验技术。转化现象普遍存在于原核生物中，菌株间能否转化，与菌株的生理状况和亲缘关系密切相关。能进行转化的受体细胞必须为感受态细胞（competence cell），即受体细胞最易接受外源 DNA 片段并实现转化的一种生理状态，它决定于受体菌的遗传特性，同时也与受体菌的菌龄、外界环境等因素有关。目前，常用的感受态细胞制备方法有 $CaCl_2$ 法和 RbCl（KCl）法。RbCl（KCl）法制备的细胞转化效率高，但 $CaCl_2$ 法简便易行，且转化效率完全可以满足一般实验要求，制备的感受态细胞暂不用时，加入终浓度为 15% 的无菌甘油，在 -70 ℃ 条件下可保存半年至一年。

转化作用又分为自然转化和人工转化。自然转化的发生涉及细菌染色体上几十个基因的功能及彼此间的相互协调，将吸附到细胞膜受体上的双链 DNA 的一条链降解，另一条单链则通过交换、取代和整合，与受体染色体形成一个杂合 DNA 区段，随染色体的复制，将新的遗传性状传给后代。自然转化的外源 DNA 片段与进入的受体菌多具有同源性，也有些菌株能吸收非同源 DNA 片段。人工转化是在自然转化基础上发展和建立的一种细菌基因重组手段，通过人为诱导的方法，使细胞具有摄取 DNA 的能力，或人为地将 DNA 导入细胞内，该过程与细菌自身的遗传控制无关。通常，质粒 DNA 的转化效率高于线状 DNA 分子。

（六）鉴定

重组 DNA 转化宿主细胞后，必须使用各种筛选与鉴定手段区分转化子（接纳载体或重组 DNA 分子的转化细胞）与非转化子（未接纳载体或重组 DNA 分子的转化细胞）。而转化子又分为含有重组 DNA 的转化子（重组子）和仅含有空载体分子的转化子（非重组子）。重组子所含的重组 DNA 分子中有期望重组子（含有目的基因的重组子）和非期望重组子（不含有目的基因的重组子）。

从转化的细胞群体中分离带有目的基因的转化子，工作的难易很大程度上取决于所采用的基因克隆方法。有多种方法可以从大量细胞中筛选出极少数含有重组载体的细胞，常用的方法有平板筛选法、电泳筛选法和核酸探针筛选法等。利用 α 互补现象进行筛选是目前最常用的一种鉴定方法。载体中具有一段大肠杆菌 β 半乳糖苷酶的启动子及其 α 肽链的 DNA 序列，此结构称为 LacZ 基因。LacZ 基因编码的 α 肽链是 β 半乳糖苷酶的氨基端的短片段（146个氨基酸）。宿主和质粒编码的片段都不具有酶活性，但它们可以通过片段互补的机制形成具有功能活性的 β 半乳糖苷酶分子。LacZ 基因编码的 α 肽链与失去了正常氨基端的 β 半乳糖苷酶突变体互补，这种现象称为 α 互补。由 α 互补而形成的有功能活性的 β 半乳糖苷酶，可以用 X-Gal（5-溴-4-氯-3-吲哚-β-D-半乳糖苷）显色出来，它能将无色的化合物 X-Gal 切割成半乳糖和深蓝色的底物 5-溴-4-靛蓝。因此，任何携带着 LacZ 基因的质粒载体转化了染色体基因组存在着此种 β 半乳糖苷酶突变的大肠杆菌细胞后，便会产生出有功能活性的 β 半乳糖苷酶，在 IPTG 异丙基硫代 β-D-半乳糖苷诱导后，在含有 X-Gal 的培养基平板上形成蓝色菌落。而当有外源 DNA 片段插入位于 LacZ 中的多克隆位点后，就会破坏 α 肽链的阅读框，从而不能合成与受体菌内突变的 β 半乳糖苷酶相互补的活性 α 肽，而导致不能形成有功能活性的 β 半乳糖苷酶，因此含有重组质粒载体的克隆往往是白色菌落。

（七）测序

在初步鉴定后，还需要对载体进行进一步的测序，以确定目的片段是否正确地插入载体中，以及是否发生点突变等。在过去 10 年中，传统测序方法已经被自动测序所取代。现代的自动测序是采用 4 种荧光染料，每一种针对一个 dNTP。带有 A 的终止链由一种荧光染料所标记，带有 T 的终止链由第二种染料标记，带有 G 的终止链由第三种染料标记，带有 C 的终止链由第四种染料标记。使用 4 种不同的荧光染料标记，在单管中它能出现 4 个测序反应，在聚丙烯酰胺凝胶中的一个泳道加入一种反应混合物。荧光检测器扫描分离的条带，4 个不同的荧光标记物之间辨别并翻译成为一个颜色可读的色谱峰：A 绿色，T 红色，G 黑色，C 蓝色。多数情况下，单次运行的自动测序在普通实验室的研究最多可读取约 600 bp。

第四节 载体构建的应用举例

岩藻糖基转移酶（fucosyltransferase）属于糖基转移酶的酶家族中的一类己糖基转移酶，催化岩藻糖基从核苷二磷酸岩藻糖转移至受体分子，通常是二磷酸鸟苷岩藻糖（GDP-岩藻糖）转移到包括寡糖、糖蛋白，以及糖脂的受体。α-1,2-岩藻糖基转移酶（α-1,2-fucosyltransferase，α1,2FT）在岩藻糖基转移酶中是占比最大的一种，它存在于 75% 的妇女乳汁中。α-1,2-岩藻糖基转移酶广泛地存在于脊椎动物、无脊椎动物、植物以及细菌中，但大多不能在细菌系统中以活性形式表达，极大限制了寡糖的大规模合成制备。利用 α-1,2-岩藻糖基转移酶合成人乳寡糖的研究报道较少，目前全球仅有 7 例成功合成，但均存在合成人乳寡糖得率不高及底物特异性的问题，因此获得高活性高表达量且对底物特异性广泛的新型岩藻糖基转移酶显得尤为重要。

一、实验材料

Tpα1,2FT（Treponema primitia alpha-1,2-fucosyltransferase；NCBI：WP_015706593.1）；*E-*

. coli DH5α、E. coli BL21(DE3); 质粒 pET15b; 酶切缓冲液(R buffer); 酶 FKP(Bacteroides fragilis NCTC9343 bifunctional L-fucokinase/GDP-fucose pyrophosphorylase); 酶 PmPpA(Pasteurella multocida inorganic pyrophosphorylase); 酵母提取物; 蛋白胨; DNA 相对分子质量标准; dNTP; Taq 酶; T4DNA 连接酶; 限制性内切酶(BamH I 和 Nde I); 氨苄青霉素钠盐(Amp); 异丙基-β-D-硫代半乳糖苷(IPTG); 蛋白质相对分子质量标准; 甲基乙二胺(TEMED)。

二、实验方法

(一)岩藻糖基转移酶目的基因扩增

α-1,2-岩藻糖基转移酶基因扩增引物设计如下:

Tpα1,2FT: 上游引物为 CATATGATATTATTTTGGTC, 下游引物为 GGATCCTTATTTATCAATAACGAAGG。

引物经合成后,以目的基因为模板,利用聚合酶链式反应(PCR)进行基因扩增。PCR 扩增条件为 94 ℃预变性 5 min 后开始以下循环: 94 ℃变性 1 min, 52 ℃退火 40 s, 72 ℃延伸反应 2.5 min, 进行 30 个循环, 最后 72 ℃反应 5 min, 4 ℃保温。PCR 反应体系为 10×Taq 酶 buffer 5 μL、2.5 mmol/L dNTP 1 μL、20 μmol/L 上游引物 1 μL、20 μmol/L 下游引物 1 μL、2.5 U/μL Taq 酶 0.5 μL、DNA 模板 1 μL、超纯水补足至 50 μL。

(二)重组表达载体构建

(1)将 PCR 产物进行琼脂糖凝胶电泳,并以凝胶回收试剂盒回收凝胶上的目的基因。

(2)将目的基因与质粒 pET15b 均用两种限制性内切酶(BamH I 和 Nde I)酶切。酶切体系为: 目的基因与质粒 pET15b 各 0.1 μL, Nde I 和 BamH I 酶各 0.5 μL, 酶切缓冲液(R buffer) 2 μL, 另加超纯水补足至 20 μL, 在 37 ℃下进行酶切。

(3)产物进行琼脂糖凝胶电泳, 再以试剂盒回收凝胶上的目的条带。

(4)将酶切过的目的基因与载体用 DNA 连接酶连接, 反应于金属浴中进行, 反应 7 h, 获得重组表达载体。

(5)吸取 50 μL 大肠杆菌 BL21(DE3)感受态细胞与 1 μL 的质粒(浓度 100 ng/mL)混合, 置于 42 ℃水浴中热激 1.5 min, 随后立即冰浴 2 min 冷却。

(6)随后加入 800 μL 的新鲜 LB 培养基, 于 37 ℃、100 r/min 条件下复苏培养 45 min。

(7)取 80 μL 菌液涂布于含有 100 μg/mL 氨苄青霉素(Amp$^+$)的 LB 固体培养基上, 挑取单菌落放入试管中培养(试管中加入 5 mL LB 培养基+氨苄青霉素), 于 37 ℃、130 r/min 条件下振荡 16 h。其中, 每一株菌挑取 8~10 个单菌落进行培养。

(8)取 1 mL 菌液置于 1.5 mL 灭菌离心管, 1000 r/min 离心 10 min, 去上清, 提取质粒。

(9)双酶切鉴定重组子。酶切体系为: 质粒 3 μL, Nde I 和 BamH I 酶各 0.5 μL, 酶切缓冲液(R buffer) 1 μL, 超纯水 5 μL, 在 37 ℃下反应 30~60 min 进行酶切。

(10)酶切后进行凝胶电泳, 经条带分析完成阳性克隆菌的筛选与鉴定。

第五章 细菌转化与细胞转染技术

第一节 大肠杆菌感受态细胞的制备

一、基本原理

在基因重组中,外源 DNA 片段和载体在体外成功连接后形成重组 DNA 分子,需导入合适的受体(或宿主)细胞进行后续的筛选、扩增和表达。自然条件下,重组质粒可以通过细菌接合作用自行转移至受体细胞内,而人工构建的质粒缺乏这种转移所需的 mob 基因,因此无法完成从一个细胞到另一个细胞的接合转移。若需将重组质粒转移进受体细胞,需诱导其产生一种短暂的感受态。所谓感受态,是指受体细胞处于最易接受外源 DNA 片段而不将其降解,并实现转化的一种生理状态。受体细胞通过一些特殊方法的处理后,细胞表面的正电荷增加,膜的通透性发生了暂时性的改变,成为能允许外源 DNA 片段进入的感受态细胞(competent cell)。

大肠杆菌遗传背景清晰,培养操作简单,为外源基因高效表达的首选体,广泛应用于基因工程研究,因此,用大肠杆菌作为受体细胞,简单迅速且重复性好。实验室制备大肠杆菌感受态细胞的常用方法为化学法(如 $CaCl_2$ 法),其原理为细菌处于 0 ℃、低浓度且低渗的 $CaCl_2$ 溶液中能诱发感受态。$CaCl_2$ 法操作简便,其转化率一般能达 $5×10^5 \sim 2×10^7$ 转化子/质粒 DNA,满足一般克隆需要,但耗时较长。目前已对此法加以改善,如在 $CaCl_2$ 中加入 $MgCl_2$、二甲亚砜(DMSO)或还原剂等,可使转化率提高 100~1000 倍(李明才,2005)。制备出的感受态细胞暂时不用时,可加入总体积 15% 的无菌甘油于 -70 ℃ 下保存半年。

二、操作流程

(一)实验材料

(1)材料:大肠杆菌(E. coli)DH5α 菌株。

(2)器材:超洁净工作台、冰箱、制冰机、微量移液枪、低温离心机、恒温水浴锅、恒温摇床、高压灭菌锅、离心管、量筒、玻璃试管、LB 平板等。

(二)试剂

(1)超纯水。

(2)LB 液体培养基。

(3)15% 无菌甘油:存于 4 ℃ 以下备用。

(4)0.1 mol/L $CaCl_2$ 溶液:在 50 mL 超纯水中溶解 1.11 g $CaCl_2$,定容至 100 mL,高压

灭菌。

(三)操作步骤

1. 受体菌的活化及培养

(1)在超洁净工作台上将冻存的受体菌在 LB 平板上交错划线,于 37 ℃ 培养 16~20 h,长出菌斑。

(2)从新活化的受体菌 LB 平板上挑取 2~3 mm 大小的单个菌落,接种于 5 mL LB 液体培养基(无抗生素)中,37 ℃ 振荡过夜(8~12 h)至对数期。

(3)次日,取 1 mL 上述菌液转入 50 mL LB 液体培养基(无抗生素)中,在 37 ℃ 下 300 r/min 振荡扩大培养 2.5~3 h,当培养液开始浑浊时,每 20~30 min 测一次 A_{600},当 A_{600} 为 0.2~0.4 (细胞浓度<$5×10^8$ 个/mL),即处于对数生长期时,取出冰浴 10~15 min。

2. 感受态细胞的制备

(1)取菌液于预冷的 50 mL 离心管中,4 ℃ 条件下 4000 r/min 离心 10 min。弃上清,收集菌体,吸干残存培养液,加入 10 mL 冰冷的 0.1 mol/L $CaCl_2$ 溶液到离心管中,振荡摇匀,悬浮细胞,冰浴 10 min。

(2)4 ℃ 条件下 4000 r/min 离心 10 min,弃上清,将离心管倒置于干滤纸上 1 min,吸干残存培养液。加入 4 mL 冰冷的 0.1 mol/L $CaCl_2$ 溶液,重悬细胞,于冰上放置 15 min,即制备成感受态细胞悬液。每管分装 2 mL 置于冰上备用,也可加入 15% 无菌甘油于 -70 ℃ 下保存。

第二节 重组质粒的连接、转化与筛选

一、基本原理

(一)重组质粒的连接

质粒在体外的连接重组本质为酶促反应过程。先用限制性核酸内切酶切割质粒 DNA 和目的 DNA 片段,后用 DNA 连接酶(常用 T4 噬菌体 DNA 连接酶)催化两个双链 DNA 片段的 3'-羟基和 5'-磷酸,相互作用形成磷酸二酯键,实现重组质粒的连接(王艳萍,2012)。本实验所用载体质粒为 pUC18,转化受体菌为大肠杆菌(*E. coli*) DH5α 菌株,质粒 pUC18 带有 Amp^r 和 *lacZ* 基因片段。

(二)质粒转化感受态细胞

在基因克隆中,转化指大肠杆菌细胞吸收并复制质粒 DNA 及其基因表达的过程。其原理为重组质粒与大肠杆菌感受态细胞接触,细胞膨胀成球状,并与重组质粒形成抗 DNase(DNA 酶)的羟基—钙磷酸复合物,复合物黏附于感受态细胞膜的外表面,之后进行 42 ℃ 短暂的热休克处理,细胞膜的液晶结构发生变化,出现许多间隙,促使细胞更好地吸收外源 DNA 复合物(田生礼,2014),在营养丰富的培养基上生长数小时后,球状细菌细胞复原,外源基因得以表达。

(三)重组子筛选

质粒转化进感受态细胞后,需进行重组子(recombinant)筛选,采用 Amp 初步抗性筛选和

α-互补现象筛选相结合的方法。由于载体质粒 pUC18 带有 Amp^r 基因而外源基因片段不含有，因此质粒转化感受态细胞后带有 pUC18 的转化子才能在含 Amp 的 LB 平板上存活，但大部分转化子为 DNA 自身环化形成，不足以筛选出含目的片段的转化子，为初步抗性筛选，需进一步采用 α-互补现象筛选。

质粒 pUC18 上带有 β-半乳糖苷酶基因（lacZ）的调控序列与 β-半乳糖苷酶 N 端 146 个氨基酸的编码序列，此编码区插入了一个多克隆位点，但未破坏 lacZ 的阅读框架，不影响其正常功能。大肠杆菌（E. coli）DH5α 菌株带有 β-半乳糖苷酶 C 端部分序列的编码基因。在各自独立情况下，质粒 pUC18 和 DH5α 编码的 β-半乳糖苷酶的片段均无酶活性，但当两者合为一体时可形成有酶活性的蛋白质。这种 lacZ 基因上缺失近操纵基因区段的突变体与带有完整的近操纵基因区段的 β-半乳糖苷酶阴性突变体之间实现互补的现象称为 α-互补。由 α-互补产生较易识别的 Lac^+ 细菌，它在生色底物 X-Gal（5-溴-4-氯-3-吲哚-β-D-半乳糖苷）存在下被 IPTG（异丙基硫代-β-D-半乳糖苷）诱导形成蓝色菌落。当外源片段插入质粒 pUC18 的多克隆位点上后会导致读码框架改变，表达蛋白失活，产生的氨基酸片段失去 α-互补能力。因此，在同等条件下含重组质粒的转化子在生色诱导培养基上只能形成白色菌落（王艳萍等，2012），可将重组质粒与自身环化的载体 DNA 分开，通过目测便能轻松筛选。

二、实验流程

（一）实验材料

1. 材料

目的 DNA 片段，载体 pUC18 质粒 DNA，大肠杆菌（E. coli）DH5α 菌株。

2. 器材

超洁净工作台、恒温摇床、恒温水浴锅、台式高速离心机、电热恒温培养箱、微量移液枪、移液器、EP 管。

3. 试剂

（1）T4 DNA 连接酶。

（2）10×T4 DNA 连接酶缓冲液。

（3）X-Gal 储存液（20 mg/mL）：二甲基甲酰胺溶解 X-Gal，配置成 20 mg/mL 储存液，用铝箔包装防光照破坏，于 -20 ℃储存。

（4）IPTG 储存液（200 mg/mL）：800 μL 蒸馏水溶解 200 mg IPTG 后，用蒸馏水定容至 1 mL，再用 0.22 μm 滤膜过滤除菌，分装于 EP 管，于 -20 ℃储存。

（5）氨苄青霉素（Amp）贮存液：配成 50 mg/mL 水溶液，于 -20 ℃储存备用。

（6）LB 固体培养基与 LB 液体培养基。

（二）操作步骤

1. 重组质粒的连接反应

（1）取灭菌后的 0.5 mL EP 管。

（2）将 0.1 μg 载体 pUC18 质粒 DNA 转移至无菌离心管中，加入等摩尔量（可稍多）的目的 DNA 片段。

（3）加入蒸馏水至体积为 8 μL，在 45 ℃下保温 5 min，使得重新退火的黏性末端解链，混合物冷却至 0 ℃。

（4）加入 10×T4 DNA 连接酶缓冲液 1 μL，T4 DNA 连接酶 0.5 μL。

（5）加样完毕，盖好盖子，手指轻弹 EP 管数次，用微量离心机将液体全部甩入管底，于 16 ℃保温 8～24 h。

2. 质粒转化

（1）将恒温水浴锅温度调至 42 ℃。

（2）加 10 μL 重组质粒到含 100 μL 感受态细胞的试管中，轻轻摇匀以混合内容物，在冰上放置 30 min。

（3）在恒温水浴锅中 42 ℃ 热激 90 s，过程中不摇动试管，然后迅速置于冰上冷却 3～5 min。

（4）加入 400 μL 预热（37 ℃）的 LB 液体培养基，于 37 ℃ 条件下 150 r/min 振荡培养 45～60 min，使细菌恢复正常状态，并表达质粒编码的抗生素抗性基因（Amp^r）。在 4 ℃ 条件下 5000 r/min 离心 1 min，弃去上清，留 100 μL 菌液，用移液器重新悬浮。

3. 重组子筛选

（1）将 LB 固体培养基高温高压后冷却至 50 ℃ 左右，加入 Amp 贮存液，使得终浓度为 50 μg/mL，摇匀后趁热铺板，每板约 20 mL，室温下凝固 10～15 min，制得含 Amp 的 LB 固体培养基。

（2）将 100 μL 菌液加入 1.5 mL 离心管内，加入 30 μL X-Gal 和 5 μL IPTG，混匀并均匀滴在含 Amp 的平板上，用无菌玻璃棒涂匀，于 37 ℃ 培养至液体被完全吸收。

（3）倒置培养皿，于 37 ℃ 培养 12～16 h，出现明显而不相互重叠的单菌落时拿出平板。

（4）于 4 ℃ 条件下放置数小时，使显色完全。不含有 pUC18 质粒 DNA 的细胞，因无 Amp 抗性，无法在含有 Amp 的 LB 固体培养基上存活。含有 pUC18 载体的转化子因具有 β-半乳糖苷酶活性，在 X-Gal 和 IPTG 培养基上为蓝色菌落；而带有重组质粒的转化子因丧失 β-半乳糖苷酶活性，在 X-Gal 和 IPTG 培养基上为白色菌落。

4. 酶切鉴定重组质粒

用无菌牙签挑取白色单菌落，接种于含有 Amp 50 μg/mL 的 5 mL LB 液体培养基中，37 ℃ 下振荡培养 12 h。碱裂解法提取质粒 DNA 直接电泳，同时以 pUC18 质粒做对照，有插入目的基因的重组质粒因相对分子质量较大，电泳迁移率与空载体相比更慢。后用与连接末端相对应的限制性内切酶进行进一步酶切检验，或通过 DNA 测序等方法鉴定重组质粒（熊丽等，2007；朱善元等，2010）。

第三节　细胞转染

一、基本原理

细胞转染（transfection）是指将外源分子如 DNA、RNA 片段整合到含有报告基因的载体上，后导入真核细胞从而获得新遗传性状的技术。转染在调控真核细胞基因表达、研究基因功能、蛋白质生产等生物学试验中应用广泛。常规细胞转染分为两大类，即瞬时转染（transient transfection)与稳定转染(stable transfection)。前者掺入的外源分子不与宿主染色体整合,因此宿主细胞可存在多个拷贝数进行高水平表达,但一般只能持续几天,可应用于启动子等调控元件的分析研究。其中,超螺旋质粒 DNA 转染效率高,常用绿色荧光蛋白、β-半乳糖苷酶等标记系统帮助检测和分析。后者外源分子能整合进宿主染色体中,或作为一种游离体(episome)存在。但外源分子整合进染色体中的概率仅为 $1/10^4$,需通过胸苷激酶(TK)、氨基糖苷磷酸转移酶(APH)、潮霉素 B 磷酸转移酶(HPT)等选择性标记进行反复筛选、传代,才能获得稳定转染的同源细胞系(白占涛,2015)。

目前,将外源基因导入靶细胞的方法主要有 4 种:病毒介导法、电穿孔法、脂质体介导法和磷酸钙沉淀法。病毒介导法利用了包装外源基因的病毒来感染并进入细胞,需考虑生物安全且前期准备繁琐复杂;电穿孔法是通过高压脉冲电压破坏细胞膜电位,在细胞膜上短时间暂时性的穿孔,让外源质粒进入,此法 DNA 用量较大,细胞的致死率较高。脂质体介导法和磷酸钙沉淀法简单有效,应用范围广泛,适用于不同类型细胞,不仅能用于外源 DNA 的顺时表达,且能用于通过筛选得到稳定表达的外源 DNA 细胞株。

脂质体介导法对贴壁细胞转染是最常用的方法。脂质体可作为载体介导外源物质进入细胞。通过静电作用,阳离子脂质体表面的正电荷与核酸的磷酸根结合,将 DNA 包裹入内形成 DNA-脂质体复合物。复合物被表面带负电荷的细胞膜吸附,通过膜融合和内吞作用进入细胞内并形成包涵体,包涵体中的阳离子脂质与游离在细胞中的阴离子脂质结合,此时,复合物中与阳离子脂质体结合的 DNA 游离出来,通过核孔进入细胞核,实现转录和表达。缓冲液的 pH 值、磷酸钙-DNA 复合沉淀物的大小和质量是影响转染效率的关键因素(丁明孝,2013)。

磷酸钙沉淀法中,磷酸钙可促进外源 DNA 与靶细胞表面结合,磷酸钙/DNA 复合物黏附到细胞膜并通过内吞作用导入真核细胞,被转染的 DNA 在细胞内既可以瞬时表达,也可以整合进靶细胞染色体中(郭振,2012)。

二、操作流程

(一)实验材料

(1)材料:HeLa 细胞,293T 细胞,含 GFP 报告基因的质粒(表达绿色荧光蛋白,便于观察)。

(2)器材:生物安全柜、荧光显微镜、倒置荧光显微镜、CO_2 培养箱、培养瓶、烧杯、灭菌离心管、24 孔培养板、微量加样器、移液器、EP 管等。

(3)试剂:DMEM 完全培养基(含双抗和不含双抗)、OPTI-MEM 培养液、脂质体(Lipofectamine 2 000)、无菌 PBS 缓冲液、胰蛋白酶、无水乙醇、2 mol/L $CaCl_2$ 溶液、D-Hanks 平衡液、0.1×TE 缓冲液、2×HBS 缓冲盐溶液(pH 7.0~7.05)等。

(二)操作步骤

1. 脂质体介导的细胞转染

(1)转染开始前一天将 HeLa 细胞接种于 24 孔培养板,加入 500 μL 不含抗生素的完全培养基,于 37 ℃,5% CO_2 下培养 24 h,保证第 2 天实验开始时细胞汇合率达 70% 以上。

(2)在 1.5 mL 灭菌离心管中加入 1 μg 含 GFP 报告基因的质粒和 50 μL OPTI-MEM 培养液,轻摇混匀。

(3)另取 1.5 mL 灭菌离心管,加入 2 μL 脂质体和 50 μL OPTI-MEM 培养液,轻摇混匀并在室温下孵育5 min。

(4)将(2)~(3)离心管内溶液轻摇混匀,并室温孵育20 min。

(5)吸去培养板中的培养基,加入PBS缓冲液润洗细胞两次。

(6)将总体积100 μL的混合物加入培养孔,前后轻摇培养板使其分布均匀,把24孔板放入CO_2培养箱培养5 h左右,更换含血清培养液,去除复合物。

(7)培养24 h后用荧光显微镜观察转入基因的表达状况。

2. 磷酸钙沉淀介导的细胞转染

(1)转染开始前一天,加入胰蛋白酶消化并收集HeLa细胞,用完全培养基以合适的细胞密度(约$2×10^5$细胞/cm^2)平铺细胞于培养板上,于37 ℃,5% CO_2下培养10~24 h,直至细胞完全贴壁并开始增殖,此时可以转染。

(2)在1.5 mL灭菌离心管中,加入10 μg质粒DNA和31 μL 2mol/L $CaCl_2$溶液,用0.1×TE缓冲液将体积补至250 μL,反复吹打混匀。后将2×HBS盐溶液逐滴加入,轻弹管壁,及时混匀,室温静置20 min,制得磷酸钙-DNA悬液。

(3)将磷酸钙-DNA悬液逐滴缓慢加入长有HeLa细胞的培养基中,轻摇混匀,放回37 ℃,5% CO_2下的培养箱孵育。

(4)孵育24 h后,用荧光显微镜观察细胞转染效率。

第六章 蛋白质的分离与纯化

蛋白质(protein)是组成生命的物质基础,机体的重要组成部分,是生命活动的主要承担者。生命体的一切代谢活动包括生长、发育和繁殖等都与蛋白质的活性和代谢息息相关。成千上万种不同结构与功能的蛋白质通过自主作用或相互作用来执行生命活动的某一过程。

目前关于蛋白质分离纯化的应用领域主要包括以下几方面:

①医药和保健产品领域,主要体现在生物药物和营养产品,目前临床上应用比较广泛的蛋白质有:从牛的胰脏中提取的胰岛素用来治疗糖尿病;从血液中提取免疫球蛋白来治疗和防御免疫功能失调;从动植物中提取血液凝集素用来治疗肿瘤、炎症。营养产品主要包括大豆蛋白、乳铁蛋白和金属硫蛋白等营养保健品生产运用上。

②食品工业领域,目前食品工业生产领域中运用较多的是通过纤维素酶和糖酵解相关的酶来分解纤维和食品的发酵生产。

③生命科学领域的研究,药物、活性成分的功能研究经常需要建立在分离纯化的单个蛋白的基础上进行该药物或活性成分在人体中达到某一功效的可能通路的研究。

第一节 生物材料的前处理

一、生物材料

生物材料主要包含两种:天然蛋白质的制备材料和重组蛋白质的制备材料。前者主要包括微生物、植物和动物,其中,对于微生物应注意它的生长期,在微生物的对数生长期,酶和核酸的含量较高,可以获得高产量。后者是一种通过重组 DNA 技术由原核细胞或真核细胞表达的外源蛋白质。对于胞内表达的蛋白质必须先破碎细胞,对于发酵罐中生长的细菌或酵母细胞应先浓缩,以提高细胞破碎的效率。

蛋白质是构成机体的主要成分,要提取和纯化生物体中某一蛋白质,首先需要将蛋白质从该生物的器官组织或细胞中,以溶解的状态释放出来,在提取的过程中需要保持所需蛋白的原有状态,且保持生物活性。因此,蛋白质获得的生物材料前处理中需要根据具体生物体或者根据蛋白质在该生物体中的位置来选择适当的方法处理。

动物材料的蛋白质大多分布于特定的组织中,所以在提取动物材料的蛋白质时需要先剔除结缔组织和脂肪组织,以免破碎细胞后干扰蛋白质的提取;植物材料因其丰富的纤维组织,需要先通过研磨进行均质化处理,才能进行细胞的破碎;种子材料尤其油料种子因其包含大量的油脂,所以在细胞或组织破碎时需要先通过低沸点的有机溶剂的脱脂。

二、蛋白质提取

蛋白质的释放主要是通过细胞破碎的方法实现。细胞破碎是指利用物理化学或机械方法等来破坏细胞壁或细胞膜，从而达到将胞内物质释放至周围环境的过程。目前关于细胞的破碎大致可分为机械法和非机械法两种。机械法主要通过机械压缩力或切力的作用使细胞破碎的方法，机械破碎具有处理量大、破碎效率高、速度快的特点。目前常用的机械方法主要包括：匀浆法、超声波处理法以及珠磨法等。非机械法主要通过温度、渗透、氯仿以及酶解等物理化学手段破碎细胞，常用的非机械方法主要包含酶解法、反复冻融法以及化学渗透法等。

(一) 匀浆法

匀浆法是利用固体剪切力破碎细胞壁或细胞膜，将胞内物质释放到周围环境的过程。根据生物量的多少选择不同的匀浆器，一般实验室对于量少的动物脏器组织可以用玻璃匀浆器，即将剪碎的组织置于管中，用研杆来回研磨，将细胞研碎。对于规模化的生产一般用高压匀浆器，主要通过高速剪切、碰撞以及高压到常压的变化造成细胞的破碎。

(二) 超声波处理法

超声波法利用超声波(10~15 kHz)的机械搅动而使细胞急剧振荡破裂。由于超声波发生时的波动作用，将使液体形成局部减压引起液体内部发生流动，漩涡形成与消失时，产生很大的压力使细胞破碎。此法多用于微生物实验。在运用超声波法时应注意及时采取降温手段以防超声过程中产生热量。

(三) 珠磨法

珠磨法是将细胞悬浮液与玻璃小珠、石英砂或氧化铝等研磨剂一起快速搅拌，使细胞获得破碎。

(四) 反复冻融法

反复冻融法主要是通过低温使胞内冰粒形成和剩余细胞液的盐溶度增高引起溶胀进而将细胞破碎。具体的步骤：将细胞放于-20 ℃冰箱或液氮中冻结，然后放置于4 ℃冰箱直至溶解，反复3次即可。该方法可进行大规模操作，成本低，但过程缓慢，试验中易引起胞内初级代谢产物的降解，不适合易发生降解蛋白的回收过程。

(五) 酶解法

指各种生物水解酶，如溶菌酶、纤维素酶、细胞壁分解酶等在一定条件下将细胞膜消化溶解、细胞壁分解，释放胞内蛋白质。酶解法很大程度上可以控制细胞的破碎程度，但因其溶酶价格高，而不适合蛋白质的大量提取。另外酶解法通用性差，不同菌种适合不同的酶。

(六) 化学渗透法

通过化学试剂渗透细胞壁和细胞膜来破坏细胞壁。主要采用如甲苯、丁醇和氯仿等有机溶剂和 Triton X-100 和 Tween-20 等表面活性剂。

除了以上列出的方法外，还可以用渗透冲击法和干燥法。细胞破碎后，选择适当的缓冲液把所需的蛋白质分离出来，并把细胞碎片等不溶物用离心或过滤的方法除去。离心分离通过借助离心机旋转产生的离心力，使不同大小、不同密度的物质分离的技术过程。离心分离法是除去细胞碎片和杂质常用的方法。不同的离心力下沉降的细胞组分是不同的，具体可见表6-1。根据这个原理，可以进行差速分离，具体如图6-1所示。

表 6-1 相对离心力及时间与沉降组分对照表

相对离心力($\times g$)	时间(min)	沉降的组分
1000	5	真核细胞
4000	10	叶绿体、细胞碎片、细胞核
15 000	20	线粒体、细菌
30 000	30	溶酶体、细菌细胞碎片
100 000	180~600	核糖体

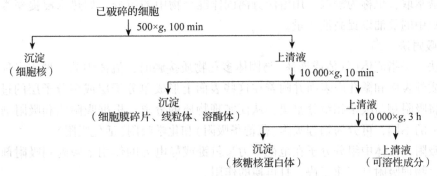

图 6-1 差速分离过程各细胞组分的分离

第二节 蛋白质分离与纯化的方法

一、蛋白质粗分级分离

经离心后的蛋白质提取液仍存在大量的杂质,需要进一步的分离和纯化。常见的初分离的方法包括沉淀分离法、萃取法、吸附法以及膜分离法等。蛋白质的分析间相互作用复杂,其溶解度变化往往可以生成不定型的沉淀颗粒。在相同的外界环境下,不同的蛋白质具有不同的溶解度。通过改变外界条件,或者加入某些物质来降低蛋白质混合物中某一目标成分的溶解度,使之沉淀,从而达到目标蛋白快速分离的目的。常用的蛋白质沉淀法包括盐析沉淀、等电点沉淀、有机溶剂沉淀、复合沉淀法、选择性变性沉淀法,见表 6-2。

表 6-2 蛋白质沉淀分离方法和原理

沉淀分离方法	分离原理
盐析沉淀法	利用不同蛋白质在不同的盐浓度条件下溶解度不同的特性,通过添加一定浓度的中性盐,使蛋白质或杂质从溶液中析出沉淀,从而使蛋白质与杂质分离
等电点沉淀法	利用两性电解质在等电点时溶解度最低,以及不同的两性电解质有不同的等电点这一特性,通过调节溶液的 pH 值,使蛋白质或杂质沉淀析出,从而使蛋白质与杂质分离
有机溶剂沉淀法	利用蛋白质与其他杂质在有机溶剂的溶解度不同,通过添加一定量的某种有机溶剂,使蛋白质或杂质沉淀析出,从而蛋白质与杂质分离
复合沉淀法	在蛋白质液中加入某些物质,使它与蛋白质形成复合物而沉淀,从而使蛋白质与杂质分离
选择性变性沉淀法	选择一定条件使蛋白液中存在的某些杂质变性沉淀,而不影响所需的蛋白质,从而使蛋白质与杂质分离

(一) 萃取法

萃取法，指利用化合物在两种互不相溶（或微溶）的溶剂中溶解度或分配系数的不同，使化合物从一种溶剂内转移到另外一种溶剂中。经过反复多次萃取，将绝大部分的化合物提取出来的方法。根据溶质的类型差异，可分为液—液萃取和固—液萃取两种。

液—液萃取，选定的溶剂分离液体混合物中某些组分，溶剂必须与被萃取的混合物液体不相容，具有选择性的溶解能力，通常具有较好的热稳定性和化学稳定性，并有小的毒性和腐蚀性。如用有机试剂分离石油中的烃类；用苯分离煤焦油中的酚等。

固—液萃取，也称为浸取，用溶液分离固体混合物中的组分，如热水浸提藻类多糖；乙醇浸取黄豆中的豆油以提高油产量。

(二) 吸附法

吸附法，是指流体（气体或液体）与固体多孔物质接触时，流体中的一种或多种组分传递到多孔物质外表面和微孔内表面并附着在这些表面上形成单分子层或多分子层的过程。通过吸附可以将吸附相与吸余相组分富集，从而实现物质的分离。根据吸附质和吸附剂表面之间相互作用力的不同，可分为物理吸附（范德华吸附）和化学吸附（活化吸附）。

物理吸附，流体中组分分子在范德华力、氢键或静电力的作用下吸附到吸附剂表面而形成分子层。物理吸附具有速度快，且可逆的作用。

化学吸附，吸附质与吸附剂的表面发生化学反应使之以化学键力结合的吸附过程。化学吸附只能形成不可逆的单分子层。

(三) 膜分离法

膜分离法，指原料在一定孔径的高分子薄膜以及膜两侧推动力（如浓度差、压力差或电压差等）作用下选择性地透过膜，实现原料的初步分离。根据膜孔径的大小可以分为微滤和超滤。蛋白质的分离一般是使用超滤，超滤的分子截留量为 $0.02 \sim 0.22~\mu m$ 的颗粒，相当于相对分子质量 $1\times10^3 \sim 5\times10^5$ Da。根据驱动力的不同，可分为反渗透、电渗析等膜分离方法。

二、蛋白质的纯化

经粗分级分离后，目的蛋白在一定程度上得到了初步的纯化，但根据目的蛋白的纯化度要求，应进一步纯化。通常采用色谱层析分离技术进行蛋白质的进一步分离纯化。经初步分级分离的蛋白质样品一般需要进行 2~4 步色谱层析分离来达到所需蛋白的纯度。常用的色谱层析分离技术包括吸附层析、分配层析、离子交换层析、凝胶层析、亲和层析和层析聚焦（表 6-3）等。其中最为常用的方法是离子交换层析和凝胶层析。在试验中，需要根据所需目的蛋白的理化性质选择相应的纯化方法。

以下通过离子交换层析和凝胶层析两个具体操作，学习蛋白质的高效分离纯化。

(一) 离子层析柱的分离纯化

离子交换层析（ion exchange chromatography，IEC）是以离子交换为固定相，依据流动相中的组分离子和交换剂上的平衡离子进行可逆交换时的结合力大小的差别而进行分离的一种层析方法。

1. 层析柱

离子交换层析是根据分离的样品量来选择合适的层析柱，常用的离子层析柱一般具有短

表 6-3 蛋白质纯化方法

层析方法	分离依据
吸附层析	利用吸附剂对不同物质的吸附力不同而使混合物分离
分配层析	利用各组分在两组中的分配系数不同，而使各组分分离
离子交换层析	利用离子交换剂上的可解离基团(活性基因)对各种离子的亲和力不同而达到分离目的
凝胶层析	以各种多孔凝胶为固定相，利用流动相中所含各种组分的相对分子质量不同而达到物质分离
亲和层析	利用生物分子与配基之间所具有的专一而又可逆的亲和力，使生物分子分离纯化
层析聚焦	将蛋白质等两性物质的等电点特性与离子交换层析的特性结合在一起，实现组分分离

而粗的特点，其中，直径和柱长的比例控制在 1∶50~1∶10。层析柱安装要垂直，装柱时应保持填料的平整性。装柱时应尽量一次性装柱，避免产生气泡。装柱后一般用超纯水进行洗脱 3~4 个柱体积，使填料的液面高度趋向于平稳，并达到平衡缓冲液的作用。

2. 洗脱液

离子交换层析法一般通过改变离子强度和 pH 值来进行梯度洗脱。梯度洗脱分有线性梯度洗脱、凹形梯度洗脱、凸形梯度洗脱，以及分级梯度洗脱。其中最常用的洗脱方式是线性梯度洗脱。在蛋白纯化过程中，因 pH 值对蛋白的稳定性具有很大的影响，所以在蛋白纯化中通常选择改变离子强度来达到成功分离各个蛋白组分的目的。改变离子强度通常是在洗脱过程中逐步增大离子的强度。

3. 上样

将柱子洗脱液面下降至接近填料的液面，用胶头滴管将样品液缓慢沿壁均匀加入层析柱，用适量洗脱液将液面加至一定高度。这过程应尽量避免气泡的产生，其中上样量一般控制在柱体积的 1%~5%。

4. 洗脱速率

洗脱液的流速很大程度影响了离子交换层析分离的效果，在纯化过程中应保持流速的一致性。实验室经常通过调节恒流泵的流速、恒流泵的管子粗细来控制洗脱速度。通常洗脱速度慢的分辨率高于洗脱速率快的分辨率，但过慢的洗脱速率容易造成洗脱样品分离时间过长，进而导致样品扩散、谱峰变宽以及分辨率降低等副作用。所以，在具体实验中应根据纯化的样品选择恰当的洗脱速率。在检测的结果中，如果存在两个峰重叠的情况，一般可以通过降低洗脱速率以及缩小洗脱液的梯度范围来解决；如果出现单峰，但峰宽较大，可以通过加快洗脱速率来改变峰宽。

5. 收集

将层析柱洗脱后流出的一端接入恒流泵，经由恒流泵流出进入收集器收集。经洗脱的样品的收集时间应根据具体实验进行设定，如果出来的谱图谱宽太大，可以通过加长收集时间来改善。通常流速的调整与收集时间都会对实验结果产生影响，所以在纯化试验中要借鉴相关材料的文献，根据文献的资料以及收集的结果进行调整。

6. 结果测定

查阅文献，根据文献资料的检测方法测定每一收集管，根据得到的结果作图，再根据得到的图调整纯化方案。

(二) 凝胶层析

凝胶层析(gel chromatography)是以多孔性凝胶为固定相,根据分子大小顺序分离样品中各个不同相对分子质量的组分,因此又称凝胶排阻层析(gel exclusion chromatography)、分子筛层析等。因其快速而简便的操作而广泛地用于蛋白质、酶、核酸以及多糖等生物分子的分离纯化。

纯化原理:凝胶是一种经过交联具有三维网状结构的球状颗粒物,每个颗粒具有相互连通的筛孔,小的分子可以进入凝胶网孔,而大的分子则排阻于颗粒之外。因此,待分离的混合物样品根据相对分子质量的大小先后流出凝胶柱得到分离。其中大分子沿凝胶颗粒间隙移动,流程短,移动速度快,先由层析柱洗脱出来,而小分子可以通过凝胶网孔,进入颗粒内部,再扩散出来,流程长,流出时间长。

1. 层析柱

凝胶层析一般选择细且长的层析柱进行分离,其中理想的层析柱柱长与直径的比例1:100~1:25。填料的高度应尽可能接近柱长,一般填料越长分离效果越好。

2. 洗脱缓冲液

凝胶层析的洗脱缓冲液是用同一溶液洗脱,一般是盐类的缓冲液或重蒸水。其他纯化步骤可参照离子交换层析。

第三节 SDS-聚丙烯酰胺凝胶电泳法测定蛋白质的相对分子质量

待分离的蛋白质混合液经过分离纯化后得到了纯度较高但相对分子质量不同、种类不同的蛋白质。分离纯化后需要测定蛋白质的相对分子质量、种类和数量。目前实验室关于蛋白质相对分子质量、种类和数量的测定分析的主要方法是SDS-聚丙烯酰胺凝胶电泳法(SDS-PAGE)。

一、实验原理

SDS-聚丙烯酰胺凝胶电泳技术是一种在实验室进行蛋白质相对分子质量、种类以及数量的研究中最常用的技术。实验通过阴离子去污剂十二烷基硫酸钠(sodium dodecyl sulfonate, SDS)将蛋白质大分子变性,并与之结合形成带负电荷的蛋白质-SDS复合体。在一定的电场作用下,蛋白质-SDS复合体沿着以聚乙烯酰胺凝胶形成的分子筛向电场的正极方向迁移,从而将蛋白质根据它们相对分子质量的大小分开。其中,相对分子质量小的蛋白质移动速度大于相对分子质量大的蛋白质,因此,在同一凝胶中,从上往下,蛋白质相对分子质量递减。蛋白质的相对分子质量的大小是根据标准相对分子质量蛋白来计算。在实验中,蛋白质分子移动的速度与电场作用大小、自身带电荷量以及凝胶的浓度等都有密切的联系。

二、实验步骤

(一) 溶液的配置

(1) 准备材料

80%(w/v) Acrylamide 溶液 1 L   1 L

| Acrylamide | 290 g |
| BIS | 10 g |

步骤：加入约 600 mL 的超纯水，充分搅拌溶解，加超纯水定容至 1 L，用 0.45 mm 滤膜去除杂质，于棕色瓶中 4 ℃ 保存。

> 注：丙烯酰胺具有很强的神经毒性，并可通过皮肤吸收，其作用具有积累性，配制时应戴手套等。聚丙烯胺无毒，但也应谨慎操作，因为有可能含有少量的未聚合成分。

(2) 10%(w/v) 过硫酸铵　　　　　　　　　　　　　　10 mL

称取 1 g 过硫酸铵，加入 10 mL 的超纯水后搅拌溶解，贮存于 4 ℃。

> 注：10% 过硫酸铵溶液在 4 ℃ 保存时可使用 2 周左右，超过期限会失去催化作用。

(3) 5×Tris-Glycine buffer (SDS-PAGE 电泳缓冲液)　　　1 L

Tis	15.1 g
Glycine	94 g
SDS	5.0 g

加入约 800 mL 的超纯水，搅拌溶解，加超纯水将溶液定容至 1L 后，室温保存。

(4) 5×SDS-PAGE Loading buffer　　　　　　　　　　5 mL

1 mol/L Tris-HCl (pH 6.8)	1.25 mL
SDS	0.5 g
BPB	25 mg
甘油	2.5 mL

加入超纯水溶解后定容至 5 mL，小份 (500 μL/份) 分装后，于室温保存。使用前将 25 mL 的 2-ME 加到每小份中，加入 2-ME 的 Loading buffer 可在室温下保存 1 个月左右。

(5) 考马斯亮蓝 R-250 染色液　　　　　　　　　　　1 L

考马斯亮蓝	1 g
异丙醇	250 mL
冰醋酸	100 mL

加入 650 mL 的超纯水，搅拌均匀，用滤纸除去颗粒物质后，室温保存。

(6) 考马斯亮蓝染色脱色液　　　　　　　　　　　　1 L

醋酸	100 mL
乙醇	50 mL
超纯水	850 mL

充分混合后使用。

(7) 胶固定液 (SDS-PAGE 银氨染色用)　　　　　　　100 mL

甲醇	50 mL
戊二醛	10 mL
超纯水	40 mL

均匀混匀后室温保存。

(8) 凝胶染色液 (SDS-PAGE 银氨染色用)　　　　　　100 mL

20%AgNO$_3$	2 mL
浓 NH$_3$·H$_2$O	1 mL
4%NaOH	1 mL
超纯水	96 mL

均匀混合，该溶液应为无色透明状。如氨水溶度过低时溶液会呈浑浊状，此时应补加浓氨水，直至透明。

注：本染色剂应现配，不宜保存。

(9) 显影液(SDS-PAGE 银氨染色用)　　　　　　1 L
　　　柠檬酸　　　　　　　　　　　　　　　　50 mg
　　　甲醛　　　　　　　　　　　　　　　　　0.2 mL

加入 1 L 超纯水后，摇动混合溶解，室温保存。

(二) 仪器

电泳仪、垂直板块电泳槽、移液枪、烧杯、染色盒。

(三) 蛋白质样品制备

(1) 培养 HepG-2 细胞，用预冷的 PBS 清洗细胞 2~3 遍。
(2) 往细胞培养皿中加入 1 mL PBS，将细胞轻轻刮下来，加入离心管。
(3) 10 000 r/min 离心 2 min，弃上清，得到沉淀细胞。
(4) 沉淀细胞中加入 200 μL 裂解液，冰上放置 20 min。
(5) 放入 −20 ℃ 冷冻，冻结后取出放于 4 ℃ 冰箱，反复操作 3 次。
(6) 13 000 r/min 离心 10 min，得到上清液，放置冰上 20 min，得到细胞蛋白。
(7) 加入 2 μL 5×SDS-PAGE Loading buffer，煮沸 5~10 min。

(四) 分离胶的制备

分离胶溶度为每组所配备的总用量根据所用的胶板大小而定，见表 6-4。

按 SDS-PAGE 分离胶配方表配 10%Gel 5 mL 胶液，充分混匀，迅速注入两块玻璃板的间隙中，至胶注面的玻璃板凹槽 3.5 cm 左右，随后用乙醇醇封，室温静置 26 min。

(五) 浓缩胶的制备

SDS-PAGE 浓缩胶配方见表 6-5。

操作方法：倒去分离胶的封液乙醇，并用移液器吸取超纯水清洗 2~3 次，按 SDS-PAGE 浓缩胶配方表配 2 mL 胶液，充分混匀，迅速注入浓缩胶，到达玻璃表面后插入"梳子"，放置 26 min。

(六) 进样

当浓缩胶完全聚合后，将进样器放入电泳槽，注满 1×Tris-Glycine buffer，轻轻地垂直拔出梳子，用移液器吸取缓冲液清洗样品槽，吸取 10 μL 样品加入样品槽。

(七) 电泳

当样品进样完成后，迅速装入电泳槽，并将电泳缓冲液加满上槽和下槽，迅速插上电源，注意上槽为负极，下槽为正极。打开电源，先将电压调整至 80 V 跑胶 10~15 min 直至样品跑成一条线，再将电压调至 110 V 进行分离胶的分离直至样品迁移到玻璃板的底部。

表 6-4 SDS-PAGE 分离胶配方表

组分名称		凝胶体积所对应的组分的取样量(mL)							
		5	10	15	20	25	30	40	50
6%Gel	H_2O	2.6	5.3	7.9	10.6	13.2	15.9	21.2	26.5
	30%Acrylamide	1.0	2.0	3.0	4.0	5.0	6.0	8.0	10.0
	1.5 mol/L Tris-HCl(pH 8.8)	1.3	2.5	3.8	5.0	6.3	7.5	10.0	12.5
	10%SDS	0.05	0.1	0.15	0.2	0.25	0.3	0.4	0.5
	10%过硫酸铵	0.05	0.1	0.15	0.2	0.25	0.3	0.4	0.5
	TEMED	0.004	0.008	0.012	0.016	0.02	0.024	0.032	0.04
8%Gel	H_2O	2.3	4.6	6.9	9.3	11.5	11.9	15.9	19.8
	30%Acrylamide	1.3	2.7	4.0	5.3	6.7	10.0	13.3	16.7
	1.5 mol/L Tris-HCl(pH 8.8)	1.3	2.5	3.8	5.0	6.3	7.5	10.0	12.5
	10%SDS	0.05	0.1	0.15	0.2	0.25	0.3	0.4	0.5
	10%过硫酸铵	0.05	0.1	0.15	0.2	0.25	0.3	0.4	0.5
	TEMED	0.003	0.006	0.009	0.012	0.01	0.012	0.016	0.02
10%Gel	H_2O	1.9	4.0	5.9	7.9	9.9	11.9	15.9	19.8
	30%Acrylamide	1.7	3.3	5.0	6.7	8.3	10.0	13.3	16.7
	1.5 mol/L Tris-HCl(pH 8.8)	1.3	2.5	3.8	5.0	6.3	7.5	10.0	12.5
	10%SDS	0.05	0.1	0.15	0.2	0.25	0.3	0.4	0.5
	10%过硫酸铵	0.05	0.1	0.15	0.2	0.25	0.3	0.4	0.5
	TEMED	0.002	0.004	0.006	0.008	0.01	0.012	0.016	0.02
12%Gel	H_2O	1.6	3.3	4.9	6.6	8.2	9.9	13.2	16.5
	30%Acrylamide	2.0	4.0	6.0	8.0	10.0	12.0	16.0	20.0
	1.5 mol/L Tris-HCl(pH 8.8)	1.3	2.5	3.8	5.0	6.3	7.5	10.0	12.5
	10%SDS	0.05	0.1	0.15	0.2	0.25	0.3	0.4	0.5
	10%过硫酸铵	0.05	0.1	0.15	0.2	0.25	0.3	0.4	0.5
	TEMED	0.002	0.004	0.006	0.008	0.01	0.012	0.016	0.02
15%Gel	H_2O	1.1	2.3	3.4	4.6	5.7	6.9	9.2	11.5
	30%Acrylamide	2.5	5.0	7.5	10.0	12.5	15.0	20.0	25.0
	1.5 mol/L Tris-HCl(pH 8.8)	1.3	2.5	3.8	5.0	6.3	7.5	10.0	12.5
	10%SDS	0.05	0.1	0.15	0.2	0.25	0.3	0.4	0.5
	10%过硫酸铵	0.05	0.1	0.15	0.2	0.25	0.3	0.4	0.5
	TEMED	0.002	0.004	0.006	0.008	0.01	0.012	0.016	0.02

注：TEMED 为凝胶催化剂，当所有成分加好后，最后加入 TEMED。

表 6-5 SDS-PAGE 浓缩胶配方表

组分名称	凝胶体积所对应的组分的取样量(mL)							
	1	2	3	4	5	6	8	10
H_2O	0.68	1.4	2.1	2.7	3.4	4.1	5.5	6.8
30%Acrylamide	0.17	0.33	0.5	0.67	0.83	1.0	1.3	1.7
1.0mol/L Tris-HCl(pH 6.8)	0.13	0.25	0.38	0.5	0.63	0.75	1.0	1.25
10%SDS	0.01	0.02	0.03	0.04	0.05	0.06	0.08	0.1
10%过硫酸铵	0.01	0.02	0.03	0.04	0.05	0.06	0.08	0.1
TEMED	0.001	0.002	0.003	0.004	0.005	0.006	0.008	0.01

注：TEMED 为凝胶催化剂，当所有成分加好后，最后加入 TEMED。

(八)染色和脱色

电泳结束后，切断电源，将有凝胶的玻璃板轻轻从电泳槽取出，然后取出玻璃板中的凝胶，切去凝胶的浓缩胶，将得到的分离胶放入装有染色液的染色盒中浸泡 30 min。染色结束后，倒出染色液(可重复使用)，随后，加入脱色液，放在室温下摇动，10 min 换一次脱色液，直至蛋白条带清晰可见。

(九)结果处理和分析

(1)将有蛋白质带的凝胶进行拍照保存。
(2)蛋白质相对分子质量的测定。
(3)根据胶中已知蛋白质相对分子质量的蛋白质带，对样品总的带区比较，估算相对分子质量。
(4)含蛋白质带区相对迁移率。
(5)相对迁移率=样品蛋白质迁移距离/染色迁移距离。

(十)注意事项

进样器加入电泳槽后要先加入缓冲液进行试漏，如果发现有泄漏的话要重新调整进样器或者将电泳槽加满缓冲液；拔梳子的时候要做到垂直拔出，不然很容易破坏加样槽，造成跑出的电泳不直。

第四节 非变性 PAGE

一、非变性 PAGE 的定义及原理

非变性 PAGE 的中文名为非变性聚丙烯酰胺凝胶电泳(Native-PAGE)，是指在不加 SDS 和巯基乙醇等变性剂的条件下，对保持活性的蛋白质进行聚丙烯酰胺凝胶电泳，常用于酶的鉴定、同工酶分析和提纯。

非变性 PAGE 是利用未加 SDS 的天然聚丙烯酰胺凝胶电泳可以使生物大分子在电泳过程中保持其天然的形状和电荷，分离原理是依据其电泳迁移率的不同和凝胶的分子筛作用，因而可以得到较高的分辨率，尤其是在电泳分离后仍能保持蛋白质和酶等生物大分子的生物活性，对于生物大分子的鉴定有重要意义，其方法是在凝胶上进行两份相同样品的电泳，电泳

后将凝胶切成两半,一半用于活性染色,对某个特定的生物大分子进行鉴定,另一半用于所有样品的染色,以分析样品中各种生物大分子的种类和含量(刘国栋,2017)。

二、非变性 PAGE 的分类

有三种常用的非变性聚丙烯酰胺凝胶电泳方法:Blue Native(BN-PAGE)、Clear Native(CN-PAGE)、Quantitative Preparative Native Continuous(QPNC-PAGE)。在一个典型的 Native PAGE 方法中,复合物被 CN-PAGE 或 BN-PAGE 分离。然后可以用其他分离方法如 SDS-PAGE 或等电聚焦做进一步分离。随后切割凝胶,蛋白复合物每一个部分都被分开。蛋白的每个条带可以消化后做肽链指纹图谱或重新测序。这样就可以提供一个蛋白复合物中单个蛋白的重要信息。

(一) Blue Native PAGE

Blue Native PAGE(BN-PAGE)电泳是 Schagger 等为了研究线粒体中的多亚基蛋白质复合物而建立的一种非变性电泳方法,该技术在分离蛋白质复合物的时候能够保持其生物学活性,常用于分离膜蛋白复合物,胶内活性检测和蛋白质相互作用等领域的研究。该方法的基本原理是使用温和的非离子型表面活性剂将蛋白质复合物与脂分离,考马斯亮蓝 G-250 利用其疏水的特性同蛋白质复合物结合,使复合物表面区域丧失疏水特性而呈现水溶性,同时复合物表面足够多的负电荷使其能够在电泳中向阳极泳动。此外,表面的负电荷使得膜蛋白之间发生聚集的能力被显著减弱并降低了被表面活性剂变性的风险。Blue Native PAGE 电泳之后,可以将所需的泳道切下来,转到第二向常规 SDS-PAGE 上分离复合物的组成部分。还可以将感兴趣的条带切下来,电洗脱其中的复合物然后进行双向电泳。

在蛋白质组学研究中 BN-PAGEE 经常得到成功的应用,特别是它能够同时比较不同生理时期的多种蛋白质复合物,但是需要注意的是在研究相互作用的时候需要同其他的多种技术如酵母双杂交、免疫共沉淀等综合使用才能够避免其中的一些假象。BN-PAGE 的缺点存在分辨率低、难以选择更好的表面活性剂,并且存在假象以及相对分子质量小于 100 kDa 的复合物无法很好地分离等问题。

(二) Clear Native PAGE

Clear Native PAGE(CN-PAGE)在丙烯酰胺梯度凝胶中分离酸性水溶性蛋白和膜蛋白(pI<7),其分辨率通常低于 Blue Native PAGE。迁移距离取决于蛋白质的本征电荷和梯度凝胶的孔径大小。与使用带负电荷的蛋白与染料考马斯亮蓝结合的方法对蛋白质施加电荷转移的 BN-PAGE 相比,这使得估算相对分子质量和寡聚状态变得复杂。因此,标准分析通常使用 BN-PAGE 而不是 CN-PAGE。然而,当考马斯亮蓝干扰进一步分析天然复合物所需的技术时,CN-PAGE 提供了优势,例如,测定线粒体 ATP 合酶的催化活性,或高效的膜蛋白复合物微尺度分离用于荧光共振能量转移(FRET)分析。CN-PAGE 比 BN-PAGE 更温和。再而用 CN-PAGE 测定洋地黄皂苷时,可以保留不稳定的膜蛋白复合物超分子组装,但是在如果使用 BN-PAGE 的情况下,该复合物会被分解。一般线粒体 ATP 合酶的酶活性低聚态也只能由 CN-PAGE 鉴定。

(三) Quantitative Preparative Native Continuous PAGE

定量制备天然连续聚丙烯酰胺凝胶电泳(QPNC-PAGE)是一种应用于生物化学和生物无机

化学等电点定量分离蛋白质的生物分析、高分辨率、高精度的技术。这种标准的原生凝胶电泳变体被生物学家用来分离溶液中的生物大分子,QPNC 的应用对象为相对分子质量 6~200 kDa 的酸性、碱性和中性金属蛋白。在测定血液或其他临床样品中独立的金属蛋白结构和功能关系方面具有重要应用,因为不正确的金属陪伴蛋白的折叠。例如超氧化物歧化酶(SOD)的铜陪伴蛋白出现在这些基质中或许预示着神经病变疾病如肌萎侧索硬化病等。QPNC-PAGE、SEC、ICP-MS 和 NMR 等技术的应用可以得到病人或潜在的病人液体基质中相关金属蛋白的生理状态的结构。这一技术可以提高蛋白质错误折叠相关疾病的诊断和治疗水平。

三、Native-PAGE 实验方法

非变性聚丙烯酰胺凝胶和变性 SDS-PAGE 电泳在操作上基本上是相同的,只是非变性聚丙烯酰胺凝胶的配制和电泳缓冲液中不能含有变性剂如 SDS 等。

一般蛋白进行非变性凝胶电泳要先分清是碱性还是酸性蛋白。分离碱性蛋白时候,要利用低 pH 凝胶系统,分离酸性蛋白时候,要利用高 pH 凝胶系统。酸性蛋白通常在非变性凝胶电泳中采用的 pH 8.8 的缓冲系统,蛋白会带负电荷,蛋白会向阳极移动;而碱性蛋白通常电泳是在微酸性环境下进行,蛋白带正电荷,这时候需要将阴极和阳极倒置才可以电泳分离酸性蛋白。

(一)分离酸性蛋白

(1)40% 胶贮液(Acr∶Bis=29∶1)。

(2)4×分离胶 buffer(1.5 mol/L Tris-HCl pH 8.8):18.2 g Trisbase 溶于 80 mL 水,用浓 HCl 调 pH 8.8 加水定容到 100 mL,4 ℃贮存。

(3)4×浓缩胶 buffer(0.5 mol/L Tris-HCl pH 6.8):6 g Trisbase 溶于 80 mL 水,用浓 HCl 调 pH 6.8 加水定容到 100 mL,4 ℃贮存。

(4)10×电泳 buffer(pH 8.8 Tris-Gly):30.3 g Trisbase 144 g 甘氨酸,加水定容到 1 L,4 ℃贮存。

(5)2×溴酚蓝上样 buffer:1.25 mL pH 6.8,0.5 mol/L Tris-HCl 3.0 mL 甘油,0.2 mL 0.5% 溴酚蓝,5.5 mL H_2O;-20 ℃贮存。

(6)10%(APS)过硫酸铵:0.1 g 过硫酸铵溶入 1.0 mL 超纯水,使用前新鲜配制。

(7)0.25% 考马斯亮蓝染色液:Coomassie red R-250 2.5g 甲醇 450 mL、HAc 100 mL、超纯水 450 mL。

(8)考马斯亮蓝脱色液:100 mL 甲醇、100 mL 冰醋酸、800 mL 超纯水。

Native-PAGE 电泳:将玻璃板、胶垫、梳子用超纯水洗干净,用 75% 乙醇棉球擦拭,将电泳槽安装好,配制分离胶和浓缩胶(表 6-6)。过硫酸铵和 TEMED 最后加入,加入后聚合即开始,应立即混匀倒入两块玻璃板之间。分离胶倒入两块玻璃板间,应该留下适合的高度,使点样孔前端离分离胶有 2.5 cm 左右的距离,在胶顶部缓缓加入约 0.5 cm 高的超纯水,待分离胶聚合完全后,倾去上层的超纯水,用超纯水清洗凝胶顶层,用吸水纸吸去残余的水滴。将浓缩胶倒入玻璃板夹层,插上梳子,待浓缩胶聚合完全后,拔去梳子,立即用超纯水清洗点样孔。加入电极缓冲液,将样品用微量进样器点入点样孔底部,200 V 电泳。当溴酚蓝到达分离胶时,电压改为 250 V,继续电泳至溴酚蓝到达凝胶底部,整个过程约 80 min。将凝胶

剥下，浸泡在 100 mL 的底物液中，染色 1 h，待胶带显色后立即照相。然后将凝胶进行常规的考马斯亮蓝染色。0.25%考马斯亮蓝染色液中染色约 30 min，倾出染色液，加入考马斯亮蓝脱色液，缓慢摇动，注意更换脱色液，直至胶板干净清晰背景。也可以用银染或者活性染色（黄瑶等，2017）。

表 6-6 非变性 PAGE 配方

分离胶(mL)		浓缩胶(mL)	
H_2O	6.6	H_2O	6.8
30%丙烯酰胺溶液	8.0	30%丙烯酰胺溶液	1.7
1.5 mol/L Tris(pH 8.8)	5.0	1.5mol/L Tris(pH 6.8)	1.25
10%过硫酸铵	0.2	10%过硫酸铵	0.1
TEMED	0.015	TEMED	0.001

注：TEMED 为凝胶催化剂，当所有成分加好后，最后加入 TEMED。

（二）分离碱性蛋白

要用低 pH 凝胶系统，并使用以下缓冲液体系：

（1）分离胶：0.06 mol/L KOH 0.376 mol/L Ac pH 4.3(7.7% T，2.67%C)。

（2）堆积胶：0.06 mol/L KOH，0.063 mol/L Ac，pH 6.8(3.125% T，25%C)。

（3）电泳缓冲液：0.14 mol/L 丙氨酸、0.35 mol/L Ac pH 4.5 将正负电极倒置、用甲基绿(0.002%)为示踪剂实验操作同分离酸性蛋白。

（三）回收

Native-PAGE 结束以后，采用电泳的方法进行回收，方法如下：

电泳结束以后，切取部分染色，然后根据染色结果切取含有蛋白质的胶带装入处理过的透析袋中，加入适量的缓冲液，最后把透析袋放入普通的核酸电泳槽中，并在电泳槽中加入适量的缓冲液（和透析袋中的缓冲液相同），低温电泳 2~3 h 即可。回收蛋白所用的缓冲液一般和电泳所用的缓冲液相同。

（四）Native-PAGE 注意事项

（1）非变性聚丙烯酰胺凝胶电泳的过程中，蛋白质的迁移率不仅和蛋白质的等电点有关，还和蛋白质的相对分子质量以及分子形状有关，其中蛋白质的等电点是最重要的影响因子，要根据蛋白质的等电点来选择对应的电泳缓冲系统。

（2）非变性聚丙烯酰胺凝胶电泳的过程中，要注意电压过高引起发热而导致蛋白质变性，所以最好在电泳槽外面放置冰块以降低温度。

（3）蛋白质的相对分子质量较大，则电泳时间可以适当延长，以使目的蛋白质有足够的迁移率和其他的蛋白质分开，反之亦然。

（4）变性样品的离子强度不能太高($I<0.1$ mmol/L)。调整样品的 pH 值在 4.0 左右，这对于能否做好非变性样品非常重要。上样 buffer 中没有 SDS 之外，加入样品后不能加热。

四、Native-PAGE 和 SDS-PAGE 的比较

非变性凝胶电泳，也称为天然凝胶电泳，与非变性凝胶电泳最大的区别就在于蛋白在电

泳过程中和电泳后都不会变性(图6-2)。最主要的有以下几点：

(1)凝胶的配置中非变性凝胶不能加入SDS，而变性凝胶的有SDS。

(2)电泳载样缓冲液中非变性凝胶的不仅没有SDS，也没有巯基乙醇。

(3)在非变性凝胶中蛋白质的分离取决于它所带的电荷以及分子大小，不像SDS-PAGE电泳中蛋白质分离只与其相对分子质量有关。

(4)非变性凝胶电泳中，酸性蛋白和碱性蛋白的分离是完全不同的，不像SDS-PAGE中所有蛋白都朝正极泳动。非变性凝胶电泳中碱性蛋白通常是在微酸性环境下进行，蛋白带正电荷，需要将阴极和阳极倒置才可以电泳。

(5)因为是非变性凝胶电泳，电泳时电流不能太大，以免产生的热量太多导致蛋白变性，而且所有步骤都要在0~4 ℃的条件下进行，这样才可以保持蛋白质的活性，也可以降低蛋白质的水解作用。这点跟变性电泳也不一样。

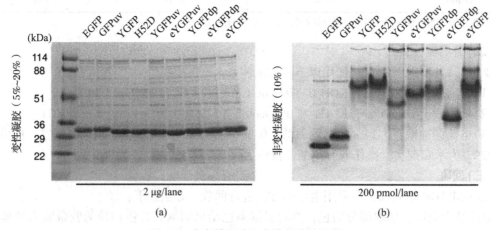

图6-2 非变性凝胶和变性凝胶的比较

Shimizu A, Shiratori I, Horii K, et al., 2017. Molecular evolution of versatile derivatives from a gfp-like protein in the marine copepod chiridius poppei[J]. *Plos One*, 12(7), e0181186.

所以，与SDS-PAGE电泳相比，非变性凝胶大大降低了蛋白质变性发生的概率。

第五节 Western印迹法检测表达蛋白

一、Western印迹法检测表达蛋白的意义及原理

Western印迹法检测表达蛋白又称Western Blot。其首先利用SDS-PAGB对蛋白质样品进行分离，然后转移到固相载体(例如PVDF膜，PVDF转移膜；PVDF是一种高强度、耐腐蚀的物质，通常是用来制造水管的。PVDF膜可以结合蛋白质，而且可以分离小片段的蛋白质，最初是将它用于蛋白质的序列测定，因为硝酸纤维素膜在Edman试剂中会降解，所以就寻找了PDVF作为替代品，虽然PDVF膜结合蛋白的效率没有硝酸纤维素膜高，但由于它的稳定、耐腐蚀使它成为蛋白测序理想的用品，一直沿用至今。PVDF膜与硝酸纤维素膜一样，可以进行各种染色和化学发光检测，也有很广的适用范围。这种PVDF膜，灵敏度、分辨率和蛋

白亲和力在精细工艺下比常规的膜都要高，非常适合于低相对分子质量蛋白的检测。但 PVDF 膜在使用之前必须用纯甲醇进行浸泡饱和 1~5 s。固相载体以非共价键形式吸附蛋白质，且能保持电泳分离的多肽类型及其生物学活性不变。转移后的 PVDF 膜就称为一个印迹（blot），用于对蛋白质的进一步检测。印迹首先用蛋白溶液（如 5% 的 BSA 或脱脂奶粉溶液）处理以封闭 PVDF 膜上剩余的疏水结合位点，而后用所要研究的蛋白质的抗体（一抗）处理，印迹中只有待研究的蛋白质与一抗特异结合形成抗原抗体复合物，而其他的蛋白质不能与一抗结合，这样清洗除去未结合的一抗后，印迹中只有待研究的蛋白质的位置上结合着一抗。处理过的印迹进一步用适当标记的二抗处理，二抗是指一抗的抗体。处理后，带有标记的二抗与一抗结合形成抗体复合物可以指示一抗的位置，即待研究的蛋白质的位置。印迹用酶抗处理后，再用适当的底物溶液处理，当酶催化底物生成有颜色的产物时，就会产生可见的区带，指示所要研究的蛋白质位置。该技术主要应用于检测蛋白水平的表达。

二、Western 印迹法检测表达蛋白实验步骤

1. 总蛋白提取

按照试剂盒说明进行，注意裂解液用量，宁浓不稀。

2. 样品前处理

BCA 法测蛋白浓度，按照上样量目标（如 20 μg/10 μL，推荐上样量 30~50 μg，上样体积含缓冲液 10~15 μL）调整蛋白浓度一致（以裂解液或 PBS 稀释），将蛋白样品装入离心管中，加入样品液 1/4 体积的 5×SDS 蛋白上样缓冲液（-20 ℃储存），使其终浓度为 1×，封口膜封口后，将离心管置于沸水中煮 5 min 使蛋白质充分变性即可。

3. SDS-PAGE 电泳

清洗玻璃板，并在玻璃板湿润状态下夹紧避免玻璃打滑。

4. 灌胶与上样

将玻璃板对齐放入夹中卡紧，使两玻璃底部对齐，在塑料槽上卡好避免漏胶。按表 6-7，配制分离胶，加入 TEMED 后立即轻摇混匀即可灌胶。沿玻璃板加入以免产生气泡，并加 0.5 mL 无水乙醇或超纯水水封。在水与胶之间形成折射线 5 min 后倒去胶上层液体并在倾倒

表 6-7 分离胶配比

试剂	分离胶浓度											
	8%	10%	12%	15%	18%	20%	8%	10%	12%	15%	18%	20%
H_2O(mL)	4.63	4	3.3	2.3	1.3	0.63	6.9	5.9	4.9	3.4	1.9	0.9
30%丙烯酰胺(29:1)(mL)	2.67	3.3	4	5	6	6.67	4	5	6	7.5	9	10
1.5M Tris-HCl(pH 8.8)(mL)	2.5	2.5	2.5	2.5	2.5	2.5	3.8	3.8	3.8	3.8	3.8	3.8
10%SDS(mL)	0.1	0.1	0.1	0.1	0.1	0.1	0.15	0.15	0.15	0.15	0.15	0.15
10% APS(mL)	0.1	0.1	0.1	0.1	0.1	0.1	0.15	0.15	0.15	0.15	0.15	0.15
TEMED(μL)	5	5	5	5	5	5	7.5	7.5	7.5	7.5	7.5	7.5
总体积(mL)	10						15					

注：丙烯酰胺存放于 4 ℃，其余常温，APS 在 4 ℃可保存两周。配胶液可加入除 TEMED 外试剂提前制好备用。

处用吸水纸吸去剩余液体。8%分离胶可分离至 30 kDa，10%分离胶可分离至 25 kDa，12%分离胶可分离至 12 kDa，根据所用 marker 选择。分离胶灌胶量约 4 mL，至玻璃夹上部绿杠高度即可。

Tris 15.1 g，Glycine 94 g，SDS 5.0 g，以超纯水定容至 1 L。使用时取 200 mL 母液以水稀释至 1 L 即可使用，产生泡沫是正常现象，静置后会慢慢消失。甘氨酸(Glycine)151.1 g，Tris 30.3 g，以超纯水定容至 1 L。使用时取 100 mL 母液，加 700 mL 水稀释，再加入 200 mL 甲醇即可，溶液会轻微发热并产生一定量沉淀，是正常现象。

5. 配胶

按前面方法配 5%的浓缩胶(一玻璃板约需近 2 mL)，加入 TEMED 后立即摇匀即可灌胶。将剩余空间灌满浓缩胶然后将梳子插入浓缩胶中，梳子插入时略微倾斜可排出气泡。约 30 min 胶干，拔梳子时均匀快速用力，将玻璃板放入电泳槽，大玻璃向外，小玻璃向内，确保小玻璃板卡紧内部小槽，避免短路。

6. 上样电泳

往内槽加满 1×RB 电泳液清除加样孔中气泡后上样，准备电泳。按照外缓冲中 marker 内样品的顺序上样，两侧第一个孔加等同上样体积的 1×上样缓冲液抵消电场扭曲，样品两侧各一孔彩色预染 marker，中间上样，保证上样蛋白质量和上样体积一致，其余空孔以 1×蛋白缓冲液补缺。10 孔胶板最大支持一次 30 μL 上样量，一般不超过 20 μL 避免溢出。补满内槽电泳液，并根据玻璃板数量在外槽倒入电泳液至指示线，盖上盖子开始电泳。浓缩胶电压 80 V，分离胶用 100 V 或 120 V，电泳至溴酚蓝刚跑出浓缩胶胶底端即可切换电压，marker 完全展开后或溴酚蓝即将跑出分离胶底部终止电泳，进行转膜。避免分离电泳途中多次变换电压导致条带变形。回收 RB 时舍弃内槽电泳液即可，若电泳液泡沫过多且较浑浊，或电泳时内槽过分浑浊，应更换电泳液。

7. 转膜(小于 20 kDa 的蛋白请使用 0.22 μm 的 PVDF 膜)

(1)每板准备 6 张 7 cm×9 cm 的滤纸(根据滤纸厚度调整数量)和一张大小适中的 PVDF 膜(比胶略大)，PVDF 膜在使用之前要先在甲醇中浸泡活化 30 s。PVDF 膜以剪刀在一角做标记以辨认正背面和方向。膜活化后，需全程保持湿润至曝光完毕，一旦干燥将形成极高的背景。

(2)盆里放入转膜用的夹子，两块海绵垫，一支玻棒或滚筒，滤纸和经过活化的 PVDF 膜。注意，稀释 10×TB 缓冲液实际为稀释 8 倍，还需加 20%甲醇至 1×，且 TB 中出现白色沉淀为正常现象。

(3)将夹子打开使黑的一面保持水平，在垫子上垫海绵、三层滤纸，加入 1×TB 至没过滤纸。

(4)以小塑料片撬开玻璃板，切去浓缩胶、底部溴酚蓝和两侧不必要部分，小心剥下分离胶，在 1×TB 中平衡一会，再取出盖在滤纸上，将膜盖于胶上，以滚筒清除气泡。在膜上盖三张滤纸再次除气泡，最后盖上另一个海绵垫，合上盖子，放入转移槽，对准电极方向。

8. 转膜条件(湿转)

快转。夹子放入转移槽中，加足量 1×TB 缓冲液至没过滤纸，放入加冰袋的水槽中散热，30~150 kDa 相对分子质量的蛋白以 200 mA 恒流转膜 2 h 即可。若蛋白小于 30 kDa，则转膜

75 min，若蛋白大于 150 kDa，则转膜 2 个 0.5 h 到 3 h，时间过长将导致低相对分子质量蛋白过转丢失。

9. 免疫反应

(1) 将转好的膜在脱色摇床上用 1×TBST 洗涤 2~5 min 除去残余转膜液后，于脱色摇床上用 Western 封闭液封闭 1 h（若为 quickblock 封闭液需时较短为 20 min）。封闭时注意条带蛋白面至少在摇动时被封闭液没过，避免封闭不充分。封闭液可使用 3~5 次，视情况回收。TBST 洗涤液不回收，适量使用。

(2) 对照 marker 位置，根据目标条带相对分子质量切割条带并以剪刀标记，准备进行一抗孵育。切割好的条带上下应预留一定的空间以应对条带的漂移现象。正式实验每一板均需有内参进行对比。

(3) 将一抗稀释到合适的浓度。以自封袋或塑封膜（推荐）制作小孵育袋，放入条带，加入足量一抗稀释液，排除气泡后封口。建议 4 ℃ 冰箱孵育过夜，效果较好，亦可 37 ℃ 孵育抗体 3 h。条带蛋白面不要紧贴孵育袋，且应隔着一层抗体液避免孵育不充分。

(4) 回收一抗，用 TBST 在室温下脱色摇床上洗 3 次，每次 10 min，吸去或甩掉多余洗涤液。回收的抗体不常用则放在 −20 ℃，若常用则放在 4 ℃。洗涤时注意条带蛋白面必须被洗涤液没过避免洗涤不充分。

(5) 根据一抗种类选择二抗。以二抗稀释液稀释二抗，以自封袋或塑封膜制作小孵育袋，放入条带，加入二抗，室温下孵育 1~2 h 或 37 ℃ 孵育 40 min（孵育过度会造成条带非特异染色，孵育不足会导致条带不完整），回收二抗，用 TBST 在室温下脱色摇床上洗 3 次，每次 10 min，吸干多余洗涤液后立刻放入显影液中成像。二抗孵育过度会影响背景或过度曝光需注意。

10. 化学发光（荧光法）

取 ECLA 和 ECLB 两种试剂各 1~2 mL 等体积混合，加入合适容器（如自封袋）或直接滴加在膜表面，将 PVDF 膜的蛋白面与此混合液充分接触，1~2 min 后，去掉残液，即可放入荧光成像设备中曝光，根据所用试剂曝光时试剂选项应注意选择 ECL（普通）或 ECL PLUS INTENCE（超敏）等。曝光时间 10 s~1 min 自行摸索。若条带同时曝光时，部分条带过亮导致其他条带不能充分曝光，应分离曝光或缩短曝光时间。

11. 凝胶图像分析

用专门软件处理系统分析目标带的光密度值，具体操作方法后附。将照片存档，PhotoShop 整理去除不必要部分。

12. 常见内参相对分子质量

GAPDH 为 36 kDa，β-actin 为 43 kDa，注意，目标组织来源若有糖代谢紊乱则不可使用 GAPDH 内参。其他目的蛋白相对分子质量根据抗体生产厂家有较大的区别，以说明书为准。

三、Western 印迹法检测表达蛋白实验注意事项

(一) 制胶

若制胶时胶体凝固较慢（超过 45 min），应检查试剂是否劣化。不论是否只做一板，都应制两个玻璃板的胶，使电泳槽可以卡合封闭。

(二) 抗体选择

一抗应选择有目标种属交叉反应性的抗体，如小鼠组织应用有 mouse 交叉反应性的抗体，大鼠为 rat，避免条带无响应，选择错误多数情况下没有结果。推荐选择非目标种属来源抗体，如小鼠组织使用兔源抗体响应性会较好。单克隆抗体条带单一清晰，但会有一定概率出现无响应，多克隆抗体响应性好，容易出结果但可能会有杂带，根据情况选择。若抗体支持 IHC 但未说明支持 WB，可尝试使用。部分抗体的目标相对分子质量和内参在相近区域，若实在无法分开，则分为两板同时做，但应保证条件一致。二抗应根据一抗类型选择鼠抗或兔抗，避免条带无响应。

(三) 转膜方向

蛋白会以类似印鉴的方式反印到膜上，且胶不分正反面而膜分正反面，因此应考虑镜像对称性，调整胶的面向，使转膜后的排列次序与预期一致，避免条带反向影响分析。

(四) 其他封闭液

封闭液使用脱脂牛奶自行配置时，封闭后需洗涤。

(五) 缓冲液回收

RB 及 TB 一般可使用 5 次，若 RB 每次只弃去内槽液时只需添补不足，当发现缓冲液效果变差或浑浊时应及时更新。注意，TB 有一定的沉淀是正常的。

(六) 洗涤

为避免互相覆盖导致封闭、洗涤效果变差，应尽量给每个条带单独准备一个槽位，相互隔离，推荐使用孵育盒洗涤。

(七) 素材有效期

变性前的样本在 -20 ℃ 可保存 2~3 月。变性后样本在 -20 ℃ 可保存半年以上，但在 4 ℃ 保存 2 周后会进入快速降解期，请尽量在 2 周内完成实验或更换新的样本液。一抗、二抗均可在 4 ℃ 保存 1 个月，但使用 5 次之后效果快速下降请及时更新。

(八) 孵育时的摇床使用

孵育时可不使用摇床，或者使用低速慢摇，避免过度摇晃产生气泡影响孵育。若使用摇床应注意排除新生气泡，避免气泡堆积挤走抗体。

(九) 纤维素膜干燥

显色后纤维素膜即可干燥，若显色中因干燥而降低显色效果，则放入显色液中重新显色，若显色效果不佳则 TBST 漂洗后显色，条带当日有效。

四、Western 印迹法检测表达蛋白实验常见问题

(一) 条带无响应

检查抗体是否使用错误，一抗应有交叉反应性，二抗应和一抗对应。若抗体使用无误，检查是否为过度电泳或过度转膜导致蛋白丢失。若抗体和转膜均无误，则扩大两个范围的 marker 区间进行广域检测，避免蛋白变种或漂移导致不在目标区域。若均无结果，则考虑是否该蛋白不表达，或转化为其他形式无法检测。

(二) 条带响应弱

若内参表达高且均匀，则为目标蛋白含量低，可选择提高上样量或延长曝光时间来弥补。

若内参表达变低且发生不均匀现象，则为蛋白样品降解，应重制样品。

(三) 条带过亮

降低上样量或缩短曝光时间或减少二抗浓度或孵育时间。

(四) 条带缺损不全

考虑孵育时间不足导致的抗体孵育不全或气泡未排尽导致的区域性缺损。部分蛋白不是必定表达或其表达量极低，在确定其他条件无误的情况下，应认为其未表达或含量极少难以检测。

(五) 非特异性条带或双条带

若条带十分接近且重复实验不变，首先考虑蛋白降解或变种，选相对分子质量较高或亮度更高的一个为结果。若产生多重条带，考虑非特异性染色，可通过延长封闭时间或降低抗体浓度和孵育时间来调节，若无法解决，无法确定真实条带，则考虑更换一抗。

(六) 条带拖影

蛋白浓度过高，降低上样量。

(七) 条带变形弯曲或形态差异较大

电泳操作有错漏导致电泳失衡，检查是否玻璃未卡紧或内槽缓冲液不足或设备接触不良导致短路、电场不均衡等导致的电泳时蛋白受力不均。

(八) 高背景

首先考虑条带显色前 PVDF 膜干燥问题，而后考虑过度孵育问题，再考虑是否抗体质量问题。零散水渍状高背景或区域性浅黄褐色背景多为膜干燥引起。条带之外的点状显色多为洗涤不充分或干燥等操作问题引起。白亮式高背景与抗体孵育相关，考虑孵育过度或抗体质量问题。

(九) 内参不均

调整上样量重制条带使内参误差在 10% 以内。

(十) 转膜模糊

检查 TB 是否有加入甲醇，转膜电极是否搞错，转膜时间是否过度，转膜结束后是否泡在转膜液中过久导致弥散。

(十一) 电泳不均

电泳时溴酚蓝应为较为规整的一条线或一道较宽横条，若出现明显弯曲应调整设备，若上样量一致时，仍出现中央峰状溴酚蓝则调整设备，若上样量不一致则调整上样量一致，使各孔电泳受力均匀。若出现一侧倾斜，考虑漏电短路。marker 会出现上宽下窄状态，并随时间逐步展开一致，是正常现象，若出现不一致和扭曲，应调整设备。

(十二) 正常电泳及转膜参数

电泳时，80 V 下最终功率一般不超过 5 W，过高应更换电泳液或检查电泳槽是否短路。转膜时，若为 200 mA 恒流，电压一般不超过 80 V (未冰袋降温前)，最终功率不超过 20 W，若过高，检查是否短路或转膜液质量下降。

五、荧光成像设备的使用

(一) 拍照

开启电脑和成像仪电源，打开电脑上的 GeneSys 软件，选择 Blots，选择 Chemi Blot

(series)。选择所用试剂为 ECL revelblot intense(假设使用的是碧云天 ECL 超敏)，勾选 visible marker(若为肉眼可见 marker)，点箭头→，设定曝光时间，右下角进入下一步。打开照明，观察暗室情况，调整条带位置到摄像头中央，点击下一步，进入曝光阶段。曝光结束，根据情况调整对比度至满意，右下角可保存拍照原始文件及导出 PNG 图像，亦可点 analysis 直接进入分析软件。

（二）GeneTool 分析

由拍照软件进入或直接打开存储的原始文件，进入 GeneTool。选择 Manual Band Quantification 及 Fluorescence 进入分析界面，切换圈选模式为矩形 rectangle，将所有要定量的条带分别圈选住，点 Spots 菜单中的 Background correction，选择 automatic 校正背景，选中作为基准的条带，比如内参的第一格，点击 Quantity，设定数值为 100，即可在下方 results 看到该基准条带亮度为 100 时，其他选中条带的相对亮度，进行定量计算。

（三）回看

打开 GeneSys，右下角可打开之前的拍照文件，重新进行调整和导出(图 6-3)。

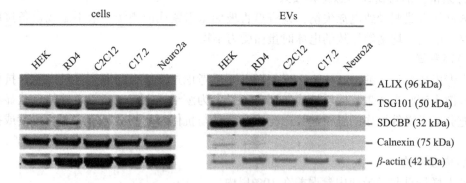

图 6-3　Western blot 结果图(引自 Helena 等)
区别蛋白的类型可以依据相对分子质量大小的不同

第六节　免疫共沉淀技术

一、免疫共沉淀技术简介

免疫沉淀(immunoprecipitation)是利用抗体可与抗原特异性结合的特性，将抗原(常为靶蛋白)从混合体系沉淀下来，初步分离靶蛋白的一种方法。免疫共沉淀(coimmunoprecipitation)是一种在体外探测两个蛋白分子间是否存在特异性相互作用的一种方法。如图 6-4 所示，其原理是如果两个蛋白在体外体系能够发生特异性相互作用的话，那么当用一种蛋白的抗体进行免疫沉淀时，另一个蛋白也会被同时沉淀下来。免疫共沉淀技术所利用的是抗原和抗体间的免疫反应，是一种基于体外非细胞的环境中研究蛋白质与蛋白质的相互作用的方法。不难看出，免疫共沉淀与免疫沉淀技术所使用的原理与方法大致相似，所不同的是，在免疫共沉淀中，对靶蛋白的结合与沉淀由另一个与之发生相互作用的蛋白替代。在免疫共沉淀或免疫沉淀的基础上，通过进一步与其他技术的结合，如 SDS-PAGE 及 Western blot 分析，还可进一

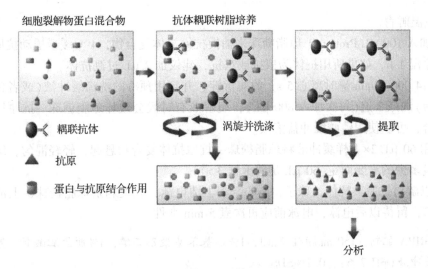

图 6-4 免疫共沉淀原理图

步对靶蛋白的相对分子质量等特性进行鉴定(李瑞林等,2019)。

二、免疫共沉淀技术实验方法

(一)免疫共沉淀蛋白

(1)用预冷的磷酸缓冲液洗涤细胞两次,最后一次吸干磷酸缓冲液。

(2)加入预冷的裂解液(1 mL/10^7 个细胞、10 cm 培养皿或 150 cm² 培养瓶)。

(3)用预冷的细胞刮子将细胞从培养皿或培养瓶上刮离,把悬液转移到干净的 1.5 mL EP 管中。并置于低速摇床,4 ℃条件下缓慢晃动 15 min(EP 管插冰上,置于水平摇床上)。

(4) 4 ℃条件下 14 000 r/min 离心 15 min,立即将上清液转移到一个新的离心管中。

(5) Protein A/G 琼脂糖珠用磷酸缓冲盐溶液洗两遍,用磷酸缓冲盐溶液配制成 50%的 Protein A/G 琼脂糖珠工作液,建议剪掉枪尖部分,避免在涉及琼脂糖珠的操作中破坏琼脂糖珠。

(6)在样品中以每 1 mL 中加 100 μL 的比例,加入 50%的 Protein A/G 琼脂糖珠工作液。水平摇床 4 ℃条件下摇动 10 min(EP 管插冰上,置于水平摇床上),该步骤的目的是去除非特异性结合的蛋白。

(7) 4 ℃条件下 14 000 r/min 离心 15 min,将上清液转移到一个新的离心管中,去除 Protein A/G 琼脂糖珠。

(8)做蛋白标准曲线(Bradford 法),测定蛋白浓度,测前将总蛋白至少稀释 1:10 倍以上,以减少细胞裂解液中去垢剂的影响(定量,分装后,可以在-20 ℃保存 1 个月)。

(9)用磷酸缓冲液将总蛋白稀释到 1 μg/μL 以降低裂解液中去垢剂的浓度。如果觉得你的目的蛋白的浓度低了,可以将总蛋白浓度提高到 10 μg/μL(假设浓度足够)。

(10)加入一定体积的抗体到 500 μL 总蛋白中,抗体的稀释比例因与它有作用的蛋白在不同细胞系中的多少而异。

(11) 4 ℃条件下缓慢摇动抗原抗体混合物过夜或室温 2 h;激酶或磷酸酯酶活性分析建

议用2 h室温孵育。

(12)加入100 μL Protein A琼脂糖珠来捕捉抗原抗体复合物,4 ℃缓慢摇动抗原抗体混合物过夜或室温1 h,如果所用抗体为鼠抗或鸡抗,建议加2 μL过渡抗体。

(13)14 000 r/min瞬时离心5 s,收集沉淀,并且用预冷的洗涤缓冲液(或者预冷的磷酸缓冲盐溶液)洗涤3遍(每次加入800 μL),裂解液有时候会破坏琼脂糖珠—抗原抗体复合物内部的结合,可以使用磷酸缓冲盐溶液。

(14)用60 μL 2×上样缓冲液将琼脂糖珠—抗原抗体复合物悬起,轻轻混匀,缓冲液的量依据上样量多少的需要而定(60 μL足够上样3道)。

(15)以游离抗原,抗体,珠子,离心,将上清电泳,收集剩余琼脂糖珠,上清也可以暂时冻-20 ℃,留待以后电泳,电泳前应再次煮5 min变性。

注:RIPA配制:150 mmol/L NaCl,1%乙基苯基聚乙二醇,1%脱氧胆酸钠,25 mmol/L Tris-HC缓冲液(pH 7.6),0.1%SDS。

(二)通过免疫共沉淀确定未知结合蛋白

该实验的思路为:先通过免疫共沉淀实验,得到结合蛋白,随后对得到的结合蛋白进行测序。

(1)用磷酸盐缓冲液洗30块10 cm培养板上的适宜细胞。刮去每块板上的细胞到1 mL冰冷的裂解缓冲液中。

(2)将每毫升细胞悬液转移到微量离心管中,在微量离心机上4 ℃条件下以最大速度离心15 min。

(3)收集上清液(约30 mL)并加入30 μg的适当抗体,4 ℃摇动免疫沉淀物1 h。

(4)加入0.9 mL的琼脂糖蛋白A悬液,4 ℃摇动免疫沉淀物30 min。

(5)用含900 mmol/L NaCl的NETN洗琼脂糖蛋白A混合物,再重复洗5次。最后,用NETN洗1次。

(6)吸出混合物的液体部分。加入800 μL的1×SDS胶加样缓冲液到球珠中,煮沸4 min。

(7)将样品加入到大孔的不连续SDS-PAGE梯度胶中,在10 mA的恒定电流下电泳过夜。

(8)通过考马斯亮蓝染色观察蛋白质泳带。

(9)从胶上切下目标带,将其放到微量离心管中,用1 mL 50%乙腈洗两次,每次3 min。

(10)用胰蛋白酶消化胶中的蛋白质,再进行电洗脱。

(11)通过高效液相色谱分离肽,将收集的肽进行Edman降解测序。

(三)免疫共沉淀技术实验注意事项

(1)该实验一般有三种反应顺序:①样本+抗体先反应,然后加磁珠;②抗体+磁珠先反应,然后放入样本中;③样本+抗体+磁珠同时反应。推荐使用第一种和第二种,差别不大。不推荐用第三种,第三种方式虽然可减少反应时间,但有实验表明同时加入三个组分的方式会使最终的结果变差。

(2)细胞裂解采用温和的裂解条件,不能破坏细胞内存在的所有蛋白质—蛋白质相互作用,多采用非离子变性剂(NP-40或Triton-X-100),每种细胞的裂解条件是不一样的,通过经验确定。

(3) 不能用高浓度的变性剂(0.2%SDS)，细胞裂解液中要加各种酶抑制剂。

(4) 使用对照抗体、单克隆抗体、正常小鼠的 IgG 或另一类单抗兔多克隆抗体、正常兔 IgG。

(5) 确保共沉淀的蛋白是由所加入的抗体沉淀得到的，而并非外源非特异蛋白，单克隆抗体的使用有助于避免污染的发生。

(6) 要确保抗体的特异性，即在不表达抗原的细胞溶解物中添加抗体后不会引起共沉淀。

(7) 确定蛋白间的相互作用是发生在细胞中，而不是由于细胞的溶解才发生的，这需要进行蛋白质的定位来确定。

(8) 若抗体浓度高，则降低抗体浓度；若抗体特异性不好，则换抗体；若 PCR 污染，则重新配置缓冲溶液。

(9) 以下为高背景产生的原因和处理方法。

①非特异蛋白结合，处理方法：在无血清培养液中裂解细胞；在免疫沉淀前用 protein (G/A) 珠子预洗免疫沉淀后增加漂洗次数和严谨度(高盐或去垢剂)。

②裂解液严谨度太低，处理方法：改用高严谨度裂解液。

③实验仪器或液体被污染，处理方法：使用洁净的仪器或液体转移膜。

④膜上的非特异吸附。处理方法：戴手套，用镊子夹取，不要接触膜转移面。

(10) 样品可能会被蛋白酶降解，可以添加蛋白酶抑制剂，并且所有操作保持 4 ℃以下冰上操作并防止冻融。

(11) 实验的失败还存在以下几点原因：

①抗体浓度太低，处理方法：调整 P 和/或 IB 抗体浓度，必要时设立浓度梯度，摸索最佳浓度。

②抗体亲和力太低，处理方法：选用适合于 IP 和/或 1B 的相应抗体。

③IP 抗体未与 agarose 珠子结合，处理方法：选用适合于 IP 的相应珠子，正确保存防止变质或干燥。

④Tag 未暴露在融合蛋白构象的表面，处理方法：改变 tag 融合表达部位。

⑤裂解液严谨度太高，处理方法：降低去污剂浓度，使用低盐缓冲液或者优化裂解条件缩短裂解时间。

第七章 核酸分子杂交

第一节 核酸分子杂交基本原理

核酸分子杂交技术是基因工程中重要的研究手段,是目前生物化学、分子生物学和细胞生物学研究中应用最广泛的技术之一。也是现阶段定性、定量和定位检测 DNA 与 RNA 序列片段必须掌握的基本技术与方法(尹和平等,1992)。

核酸分子杂交技术的基本原理是两条不同来源的核酸链,如果具有互补碱基序列,就能够特异地结合,形成双链的杂交体(陈添胜等,1998)。所以可用已知的 DNA 或 RNA 片段检测未知的核酸样品。在碱性环境加热或加入变性剂等条件下,杂交体双链 DNA 之间的氢键被破坏,解链成两条单链(或单链的 RNA)。这时如果加入已知标记的 RNA 或 DNA 序列片段,在一定的离子强度或温度下保温,标记的 DNA 与相应的 cDNA 或相应的 RNA;标记的 RNA 与相应的 RNA 和相应的 cDNA,可以重新形成稳定的 DNA-cDNA、DNA-RNA、RNA-RNA 或 RNA-cDNA 的异质性双链分子。此技术即为核酸分子杂交技术。它广泛地应用于某些核酸的检测与鉴定。在医学领域已用于某些病毒病病原的诊断。

随着对环境微生物研究的深入(童英林,2011),核酸分子杂交技术在环境科学领域中的应用日益广泛,大大扩展了环境微生物学的研究空间,包括环境微生物种群监测、分类和微生物治理污染尤其是环境微生物功能的研究等。核酸分子杂交技术直接在样品和微生物群落、生理功能特征两者间构建信息桥梁,除了能够弥补传统方法对于难以培养环境微生物研究的瓶颈外,还能更为客观地反映微生物在自然或人工系统中的状况,为环境监测和污染治理提供更具实际应用价值的参考信息,对于深入、完整地进行环境微生物研究具有重要的理论和现实意义。

第二节 探针的种类及标记

一、核酸探针的定义

放射性同位素、生物素或荧光染料进行标记的已知序列的核酸片段,即为探针(probe)(缪为民,1992)。探针可用于分子杂交,杂交后通过放射自显影、荧光检测或显色技术,使杂交区带显现出来。

探针的大小不同,最小的只有十几个核苷酸,大的有几百乃至几千个核苷酸。要检测未知样品,核酸探针必须具有某些可供检测的特性,否则就无法判定探针与被检测核酸片段是否结合以及杂交体的含量。

稳定性同位素核酸探针技术 DNA-SIP(DNA-based stable isotope probing),是采用稳定性同位素示踪复杂环境中微生物基因组 DNA 的分子生态学技术。2000 年,英国 J. Colin Murrell 教授采用 C-甲醇培养森林土壤,成功获得 C-DNA,发现甲基营养微生物以及酸性细菌具有同化甲醇的能力,开拓了稳定性同位素示踪环境微生物基因组 DNA 的研究领域。过去 10 年来,DNA-SIP 技术在微生物生态学和生物技术领域得到广泛关注和应用,是耦合微生物遗传多样性与代谢多样性最有力的工具之一。然而,DNA-SIP 技术仍处于一种定性描述阶段,有效分离稳定性同位素标记 DNA、定量判定其标记程度仍是主要技术难点。

二、核酸探针种类

根据探针标记物不同可粗分为放射性探针和非放射性探针两大类;根据探针的来源及核酸性质不同又可分为 DNA 探针、RNA 探针、cDNA 探针和寡核苷酸探针等。

(一) DNA 探针

DNA 探针是最常用的核酸探针,指长度在几百碱基对以上的双链 DNA 或单链 DNA 探针。现已获得 DNA 探针数量很多,有细菌、病毒、原虫、真菌、动物和人类细胞 DNA 探针。这类探针多为某一基因的全部或部分序列,或某一非编码序列。基因组 DNA 探针制备可通过酶切或聚合酶链反应(PCR)从基因组中获得特异的 DNA 后将其克隆到质粒或噬菌体载体中,随着质粒的复制或噬菌体的增殖而获得大量高纯度的 DNA 探针。

DNA 探针的获得有赖于分子克隆技术的发展和应用。以细菌为例,目前分子杂交技术用于细菌的分类和菌种鉴定比之 G+C 百分比值准确,是细菌分类学的一个发展方向。加之分子杂交技术的高敏感性,分子杂交在临床微生物诊断上具有广阔的前景。

(二) cDNA 探针

cDNA(complementary DNA)探针是指互补于 mRNA 的 DNA 分子,将 RNA 进行反转录,所获得的产物即为 cDNA。cDNA 探针适用于 RNA 病毒的检测,cDNA 探针序列也可克隆到质粒或噬菌体中,以便大量制备。cDNA 是由逆转录酶催化而产生的,该酶以 RNA 为模板,根据碱基配对原则,按照 RNA 的核苷酸顺序合成 DNA(其中 U 与 A 配对)。cDNA 探针是目前应用最为广泛的一种探针。

DNA 探针与 cDNA 探针的共同优点:

(1) 这类探针多克隆在质粒载体中,可以无限繁殖,取之不尽,制备方法简便。

(2) 不易降解(相对 RNA 而言),一般能有效抑制 DNA 酶活性。

(3) DNA 探针的标记方法较成熟,有多种方法可供选择,如缺口平移,随机引物法等,能用于同位素和非同位素标记。

(三) RNA 探针

RNA 探针是一类很有前途的核酸探针,由于 RNA 是单链分子,所以它与靶序列的杂交反应效率极高。早期采用的 RNA 探针是细胞 mRNA 探针和病毒 RNA 探针,这些 RNA 是在细胞基因转录或病毒复制过程中得到标记的,标记效率往往不高,且受到多种因素的制约。将信使 RNA(mRNA)标记也可作为核酸分子杂交的探针。但由于来源极不方便,且 RNA 极易被环境中大量存在的核酸酶所降解,操作不便,因此应用较少。这类 RNA 探针主要用于研究目的,而不是用于检测。

前述三种探针均是可克隆的,一般情况下,只要有克隆的探针,就不用寡核苷酸探针。在 DNA 序列未知而必须首先进行克隆以便绘制酶谱和测序时,也常应用克隆。

克隆探针的优点:

(1)特异性强,从统计学角度而言,较长的序列复杂度高,随机碰撞互补序列的机会较短序列少。

(2)可获得较强的杂交信号,因为克隆探针较寡核苷酸探针掺入的可检测标记基因更多。

(四)寡核酸探针

根据已知的核酸序列,采用 DNA 合成仪合成一定长度的寡核苷酸片段,亦可作为探针使用。若不知核酸序列,可根据蛋白质的氨基酸顺序推导出核酸顺序,但要考虑到密码子的兼并性。多用于克隆筛选和点突变分析。用人工合成的寡聚核苷酸片段作为核酸杂交探针应用十分广泛,可根据需要随心所欲合成相应的序列,可合成仅有几十个 bp 的探针序列,对于检测点突变和小段碱基的缺失或插入尤为适用。

人工合成的寡核酸探针有下述优点:

(1)短的探针比长探针杂交速度快,特异性。

(2)可以在短时间内大量制备。

(3)在合成中进行标记制成探针。

(4)可合成单链探针,避免了用双链 DNA 探针在杂交中自我复性,提高杂交效率。

(5)寡核苷酸探针可以检测小 DNA 片段,在严格的杂交条件下,可用于检测在序列中单碱基对的错配。

筛选寡核苷酸针的原则:

(1)长 18~50 bp,较长探针杂交时间较长,合成量低;较短探针特异性会差些。

(2)碱基成分:G+C 含量为 40%~60%,超出此范围则会增加非特异杂交。

(3)探针分子内不应存在互补区,否则会出现抑制探针杂交的"发夹"状结构。

(4)避免单一碱基的重复出现(不能多于 4 个),如-CCCCC-。

(5)一旦选定某序列更符合上述标准,最好将序列与核酸库中核酸序列比较,探针序列应与含靶序列的核酸杂交,而与非靶区域的同源性不能超过 70%或有连续 8 个或更多的碱基的同源,否则,该探针不能用。

目前基因检测方法中以同位素标记(^{32}P、^{35}S 等)DNA 探针灵敏度最高,但由于放射性污染、半衰期短、需要特别的安全防护条件等,限制了同位素标记探针的广泛应用。因此,非同位素标记探针的研制引起重视。

三、标记物

传统的核酸探针标记物为放射性同位素,其优点是具有较高的灵敏度,但它的保存期较短、对人体有害、造成环境污染等缺点妨碍其进一步推广应用。非同位素标记核酸探针是在核酸链上共价连接半抗原、生物素或荧光素等化学基团,核酸分子杂交后,通过酶底物显色或荧光计检测。这类探针较稳定,保存期长,对人体无危害,对环境无放射性污染,而且操作简便,因而具有更广泛的应用前景。

(一) 放射性核素

核酸探针传统的标记物是用放射性同位素,常用的有:^{32}P dNTP、^{3}H dNTP、^{35}S dNTP。

1. 放射性同位素标记核酸的优点

(1) 灵敏性高:一般可达到 0.5~5 pg 或更低浓度核酸的检测水平,可以检测极少量或拷贝数少的基因组(可延长曝光时间或增敏屏增敏)。

(2) 特异性高:用放射自显影法,样品中存在的无关核酸或非核酸成分不会干扰检测结果,准确率高,假阳性率低。

(3) 方法简便。

2. 放射性同位素标记技术的缺点

(1) 半衰期短,必须经常标记探针:如^{32}P、半衰期只有 13~14 d,放射强度逐日变化。^{35}S 的半衰期可达 88 d,但衰变能量只有^{32}P 的 1/10,灵敏度较低,只能用于多拷贝基因的检测。^{3}H 的半衰期虽长达 12~26 年,但衰变能低,灵敏度太低。

(2) 费用高:α-^{32}P 标记的 dATP(400 Ci/mmol),需要进口试剂,价格高。

(3) 检测时间长:用放射自显影需要较长的曝光时间(1~15 d)。

(4) 其他:放射性同位素对人体有害,实验室和环境易被污染,放射性废物处理困难。因此,推广使用受到限制。

(二) 非放射性标记物

非放射性标记物的优点:①无放射性污染;②稳定性好。缺点:灵敏度及特异性不高。

(1) 半抗原:生物素、地高辛,利用半抗原的抗体进行免疫学检测。生物素是一种小分子水溶性维生素,对亲和素有独特的亲和力,两者能形成稳定的复合物,通过连接在亲和素或抗生物素蛋白上的显色物质(如酶、荧光素等)进行检测。地高辛是一种类固醇半抗原分子,可利用其抗体进行免疫检测,原理类似于生物素的检测。地高辛标记核酸探针的检测灵敏度可与放射性同位素标记的相当,而特异性优于生物素标记,其应用日趋广泛。

(2) 配体:生物素还是一种抗生物素蛋白 avidin 和链亲和素 streptavidin 的配体。

(3) 荧光素:异硫氰酸荧光素和罗丹明,可被紫外线激发出荧光而被检测到。

(4) 光密度或电子密度标记物:金、银。

四、根据标记物及检测系统分类

传统的核酸探针标记物为放射性同位素,其优点是具有较高的灵敏度,但它的保存其较短、对人体有害、造成环境污染等缺点妨碍其进一步推广应用。非同位素标记核酸探针是在核酸链上共价连接半抗原、生物素或荧光素等化学基团,核酸分子杂交后,通过酶底物显色或荧光计检测。这类探针较稳定,保存期长,对人体无危害,对环境无放射性污染,而且操作简便,因而具有更广泛的应用前景。非同位素标记核酸探针可分为如下 4 种类型(许曼波,1997):

(一) 生物素标记

生物素标记的核苷酸是最广泛使用的一种,如生物素-11-dUTP,可用缺口平移或末端加尾标记法。实验发现生物素可共价连接在嘧啶环的 5 位上,合成 TTP 或 UTP 的类似物。生物素标记为最早使用的非同位素标记探针,它利用生物素(biotin)可与亲和素(avidin)特异性结合，形成稳定的复合物，将生物素引入待标记的核酸链上，DNA 杂交反应后，加入亲和素—酶(过氧化物酶或碱性酸酶)，通过酶底物显色反应来了解核酸探针与靶核酸的杂交情况。生物素探针易保存，操作简便，其检测灵敏度可达到几十皮克，较同位素探针差。有一定非特异性本底显色是其主要缺点。

(二) 免疫核酸探针

用半抗原基团标记的具有免疫原性的核酸探针，它与靶核酸序列杂交后，用抗原抗体的免疫反应来检测。这类探针以地高辛配基标记探针应用最为广泛，地高辛(Digoxi-genin 简写 Dig-)又称异羟基洋地黄毒苷配基，这种类固醇半抗原仅限于洋地黄类植物，其抗体与其他任何固醇类似物如人体中的性激素等无交叉反应。先将地高辛通过一手臂连接至 dUTP 上，生成地高辛配基(Dig-dUTP)，再用随机引物法将地高辛配基掺入 DNA 制成探针。然后用抗地高辛抗体与碱性磷酸酶的复合物和 NBT-BCIP 底物显色检测，灵敏度达 0.1 pg DNA。此种探针有高度的灵敏性和特异性，安全稳定，操作简便，可避免内源性干扰，是一种很有推广价值的非放射性标记探针。

它通过随机引物法或其他酶反应将地高辛(Digoxi-genin)配基——11-dUTP 引入待标记核酸，制成 DIG 探针，与靶 DNA 杂交后，DIG 半抗原基团与 DIG 抗体—碱性磷酸酶复合物结合，通过碱性磷酸酶底物 BNT(四唑氮蓝)和 BCIP(5-溴-4-氯-3-吲哚磷酸盐)反应而显色。DIG 标记探针的灵敏度高，可检测小于 0.1 pg DNA，达到同位素标记探针的检测水平，同时，由于生物体内无内源性的 DIG，抗 DIG 抗体与其他类固醇亦无交叉反应，且 DIG 标记探针不产生空间位阻，故其杂交背景清晰、灵敏度高、特异性强。

(三) 化学方法连接的核酸探针

将碱性磷环酶、过氧化物酶或半乳糖苷酶通过交联剂共价连接在 DNA 分子点，杂交反应后，加入酶底物发生化学反应而显色。这类探针操作简单，敏感度也较高。

(四) 化学发光标记核酸探针

化学发光是在特定化学反应过程中，激发态分子弛豫至基态时发射光的现象。化学发光标记包括用化学发光试剂或者用参与某一化学发光反应的其他物质(主要是酶)直接或间接地与核酸分子相连接。用化学发光试剂标记的核酸探针在核酸分子杂交后，加入发光反应的辅助剂，立即发生发光反应，通过光子检测进行靶基因的定量。而对于非化学发光试剂(酶)标记探针，可与化学反应偶联而检测杂交核酸。啶酯是化学发光物质中最灵敏、效果最好的标记物，它被氢氧化钠和 H_2O_2 的混合物氧化而发光。化学发生标记操作简便快速、标记和纯化少于 2 h；杂交速度快、预杂交、杂交等全过程少于 4 h。这类探针安全无毒、保存期长、灵敏度高，被认为最有希望完全取代同位素标记的一种新的非同位素标记技术(周宜开等，1996)。

五、核酸探针的标记方法

(一) 放射性标记

1. 缺口平移法

(1) 在适当的浓度的 DNase 作用下在一双链 DNA 上制造一些缺口。

(2) 利用大肠杆菌 DNA 聚合酶 1 的 5′→3′外切酶活性依次切除缺口下游的核酸序列。

(3) 利用 DNA 聚合酶 1 的 5′→3′聚合活性逐个加入新的核苷酸(其中一种用放射性标记)，此法也适用于探针的非放射性标记。

2. 随机引物延伸

这是以单链 DNA 或 RNA 模板合成高比活性^{32}P 标记探针所选用的方法。原理是使长 6~8 bp 的寡核苷酸片段与变性的 DNA 或 RNA 模板退火，在 DNA 聚合酶 I 或反转录酶的作用下，以每一个退火到模板上的寡核苷酸片段为引物引发 DNA 链的合成，在反应时将[α-^{32}P]dNTP 掺入合成链，即得到标记。变性处理后，新合成链(探针片段)与模板解离，即得到无数各种大小的探针 DNA。因为所用寡核苷酸片段很短，在低温条件下可与模板 DNA 随机发生退火反应，因此被称为随机引物(random primer)。这种随机引物可用小牛胸腺 DNA 或鱼精 DNA 制备。

3. 5′末端标记法

在大肠杆菌 T4 噬菌体多聚核苷酸激酶(T4PNK)的催化下，将 y-^{32}P-ATP 上的磷酸连接到寡核苷酸的 5′末端上。要求标记的寡核苷酸 5′端必须带羟基。此法适用于标记合成的寡核苷酸探针。

4. 3′-末端填充标记法

利用 Klenow 片段可以填补由限制酶消解 DNA 所产生的 3′凹陷末端。因此，用这种方法可以标记双链 DNA 的凹陷 3′末端。用 Klenow 片段标记末端一般只用一种[α-^{32}P]dNTP，加入反应的[α-^{32}P]dNTP 取决于 DNA 末端延伸的 5′末端序列，例如，用 *EcoR* I 切割 DNA 所产生的末端用[α-^{32}P]dATP 标记。

(二) 非放射性标记

放射性标记核酸探针在使用中的限制，促使非放射性标记核酸探针的研制迅速发展，在许多方面已代替放射性标记，推动分子杂交技术的广泛应用。目前已形成两大类非放射标记核酸技术，即酶促反应标记法和化学修饰标记法。

1. 酶促反应标记法

将标记物预先标记在核苷酸分子上，然后利用酶促反应将核苷酸分子掺入到探针分子中去。

(1) 标记物-dUTP 的生成：如 Bio-11-dUTP、Dig-11-dUTP。

(2) 通过缺口平移法、末端加尾标记和随机引物延伸法将标记物-dUTP 作为大肠杆菌多聚酶 I(DNA 酶 I)的底物掺入 DNA 分子中。

2. 化学修饰标记法

利用标记物分子上的活性基团与探针分子上的基团发生的化学反应将标记物直接结合到探针分子上。如可通过连接臂将一个光敏基团连接于生物素成为光敏生物素，在可见光的作用下，与核酸形成稳定的交联，从而得到光敏生物素探针。

六、杂交信号检测

(一) 放射自显影

利用放射线在 X 光底片上成影作用来检测杂交信号，称为放射自显影。

(二)非放射性核素探针的检测

1. 耦联反应

(1)半抗原：通过抗原—抗体反应与显色体系耦联。

(2)配体—亲和法与显色体系耦联：抗生物素—生物素—蛋白酶复合(Avidin-Biotin-Enzyme-Complex，ABC)。

2. 显色反应

通过连接在抗体或生物素蛋白的显色物质如酶、荧光素等进行杂交信号的检测。

(1)酶学检测：是最常用的检测方法，通过酶促反应使底物形成有色产物。最常用的酶是辣根过氧化物酶和碱性磷酸酶，也有使用酸性磷酸酶和 β-半乳糖苷酶。

(2)辣根过氧化物酶(HRP)检测体系：AKP 灵敏度和分辨率较 HRP 高约 10 倍，但 HRP 的优点为价廉、稳定。

(3)荧光检测：常用的有异硫氰酸荧光素(FITC)和罗丹明，可被紫外线激发出荧光而被检测到。主要用于原位杂交。

(4)化学发光法：指在化学反应过程中伴随的发光反应。目前常用的是辣根过氧化物酶(HRP)催化鲁米诺(luminol)伴随的发光反应，适合于 Southern、Northern 及斑点杂交。

(5)电子密度标记：利用重金属的高电子密度，在电子显微镜下进行检测，适合于细胞原位杂交。

七、核酸分子杂交实验因素的优化

(一)探针的选择

根据不同的杂交实验要求，应选择不同的核酸探针。在大多数情况下，可以选择克隆的 DNA 或 cDNA 双链探针。但是在有些情况下，必须选用其他类型的探针如寡核苷酸探针和 RNA 探针。

(1)检测靶序列上的单个碱基改变时应选用寡核苷酸探针。

(2)在检测单链靶序列时应选用与其互补的 DNA 单链探针(通过克隆人 M13 噬菌体 DNA 获得)或 RNA 探针，寡核苷酸探针也可。

(3)检测复杂的靶核苷酸序列和病原体应选用特异性较强的长的双链 DNA 探针。

(4)组织原位杂交应选用寡核苷酸探针和短的 PCR 标记探针(80~150 bp)，因为它易透过细胞膜进入胞内或核内。

(二)探针的标记方法

在选择探针类型的同时，还需要选择标记方法。探针的标记方法很多，选择什么标记方法主要视个人的习惯和可利用条件而定。但在选择标记方法时，还应考虑实验的要求，如灵敏度和显示方法等。一般认为放射性探针比非放射性探针的灵敏度高。

放射性探针的实际灵敏度依赖于所采用的标记方法，如随机引物延伸法往往得到比缺口平移法更高的比活性。在检测单拷贝基因序列时，应选用标记效率高、显示灵敏的探针标记方法。在对灵敏要求不高时，可采用保存时间长的生物素探针技术和比较稳定的碱性磷酸酶显示系统。

(三)探针的浓度

随探针浓度增加，杂交率也增加。在较窄的范围内，随探针浓度增加，敏感性增加。要获得较满意的敏感性，膜杂交中 ^{32}P 标记探针与非放射性标记探针的用量分别为 5~10 ng/mL 和 25~1000 ng/mL，而原位杂交中，无论应用何种标记探针，其用量均为 0.5~5.0 μg/mL。探针的任何内在物理特性均不影响其使用浓度，但受不同类型标记物的固相支持物的非特异结合特性的影响。

(四) 杂交率

传统杂交率分析主要用于 DNA 复性研究，在这种情况下，探针和靶链在溶液中的浓度相同。现代杂交实验无论在液相杂交还是固相杂交均在探针过剩的条件下进行，此外，固相杂交中靶序列不在液相，故其浓度不能精确计算。

(五) 杂交最适温度

杂交技术最重要的因素之一是选择最适的杂交反应温度。若反应温度低于 T_m 的 10~15 ℃，碱基顺序高度同源的互补链可形成稳定的双链，错配对减少。若反应温度再低 ($T_m = 30$ ℃)，虽然互补链之间也可形成稳定的双链，但互补碱基配对减少，错配对增多、氢键结合的更弱。如两个同源性在 50% 左右或更低些的 DNA，调整杂交温度可使它们之间的杂交率变化 10 倍，因此，在实验前必须首先确定杂交温度。

(六) 杂交的严格性

影响杂交体稳定性的因素决定着杂交条件的严格性。一般认为在低于杂交体 T_m 值 25 ℃ 时杂交最佳，所以首先要根据公式计算杂交体 T_m 值。通过调节盐浓度、甲酰胺浓度和杂交温度来控制所需的严格性。

(七) 杂交反应时间

在条件都得到满足的情况下，杂交的成败就取决于保温时间。时间短了，杂交反应不完全；时间长了也无益，会引起非特异结合增多。一般杂交反应要进行 20 h 左右。

(八) 杂交促进剂

杂交促进剂可用来促进 250 个碱基以上的探针的杂交率。对单链探针可增加 3 倍，而对双链探针、随机剪切或随机引物标记的探针可增加高达 100 倍。而短探针不需用促进剂，因其复杂度低和相对分子质量小，短探针本身的杂交率就高。

第三节 Southern 印迹杂交

Southern 印迹杂交 (Southern blot) 是 1975 年由英国人 Southern 创建 (朱华晨等，2004)，是研究 DNA 图谱的基本技术，在遗传病诊断、DNA 图谱分析及 PCR 产物分析等方面有重要价值。

一、Southern 印迹杂交基本原理

Southern 印迹杂交是进行基因组 DNA 特定序列定位的通用方法。其基本原理是：具有一定同源性的两条核酸单链在一定的条件下，可按碱基互补的原则特异性地杂交形成双链。一般利用琼脂糖凝胶电泳分离经限制性内切酶消化的 DNA 片段，将胶上的 DNA 变性并在原位将单链 DNA 片段转移至尼龙膜或其他固相支持物上，经干烤或者紫外线照射固定，再与相对应结构的标记探针进行杂交，用放射自显影或酶反应显色，从而检测特定 DNA 分子的含量。

由于核酸分子的高度特异性及检测方法的灵敏性，综合凝胶电泳和核酸内切限制酶分析的结果，便可绘制出 DNA 分子的限制图谱。但为了进一步构建出 DNA 分子的遗传图，或进行目的基因序列的测定以满足基因克隆的特殊要求，还必须掌握 DNA 分子中基因编码区的大小和位置。有关这类数据资料可应用 Southern 印迹杂交技术获得。

二、Southern 印迹杂交技术主要过程

将待测定核酸分子通过一定的方法转移并结合到一定的固相支持物（硝酸纤维素膜或尼龙膜）上，即印迹（blotting）；固定于膜上的核酸与同位素标记的探针在一定的温度和离子强度下退火，即分子杂交过程。该技术是 1975 年英国爱丁堡大学的 E. M. Southern 首创的，Southern 印迹杂交故因此而得名。

Southern 印迹杂交原理流程图早期的 Southern 印迹是将凝胶中的 DNA 变性后，经毛细管的虹吸作用，转移到硝酸纤维膜上。印迹方法如电转法、真空转移法；滤膜发展了尼龙膜、化学活化膜（如 APT、ABM 纤维素膜）等。利用 Southern 印迹法可进行克隆基因的酶切、图谱分析、基因组中某一基因的定性及定量分析、基因突变分析及限制性片段长度多态性分析（RFLP）等。

Southern 印迹杂交是分子生物学中一种常用的关键性 DNA 检测技术，又称凝胶电泳压印杂交技术，是 Southern 于 1975 年建立的一种 DNA 转移方法。该法利用硝酸纤维素膜（或经特殊处理的滤纸或尼龙膜）具有吸附 DNA 的功能，先以限制性内切酶消化待测的 DNA 片段，然后进行琼脂糖凝胶电泳，电泳完毕后，将凝胶放入碱性液中使 DNA 变性，解离为两条单链，再在凝胶上贴盖硝酸纤维素膜，使凝胶上的单链 DNA 区带按原来的位置吸印到膜上。然后直接在膜上进行同位素标记的核酸探针与被测样品之间的杂交，再通过放射自显影对杂交结果进行检测。此方法比较准确地保持了特异 DNA 序列在电泳图谱中的位置，它巧妙地将电泳技术与杂交技术结合起来，不仅可以定位地确定 DNA 中的特异序列，而且可根据 DNA 片段在凝胶中的泳动距离，确定特异 DNA 片段相对分子质量的大小（崔学强等，2015；郭兴中，1999）。

周长发等（2009）为检测转基因抗虫棉中的 Bt Cry1A 基因的表达，采用地高辛随机引物法标记探针、化学发光检测的 Southern 杂交技术，通过纯化探针、使用最适探针浓度、优化真空转印、杂交及免疫检测方法等一系列优化过程，最终得到背景低、信号强的 Southern 杂交结果。刘禄以转基因小麦和野生型小麦 DNA 为材料，对利用地高辛标记对小麦基因组 DNA 进行 Southern 杂交分析的影响因素进行了优化研究。崔学强对甘蔗 Southern 杂交体系的优化，旨为转基因甘蔗 Southern 杂交鉴定分析提供参考。

三、Southern 印迹杂交的基本步骤

以哺乳动物基因组 DNA 为例，介绍 Southern 印迹杂交的基本步骤。

（一）待测核酸样品的制备

1. 制备待测 DNA

基因组 DNA 是从动物组织（或）细胞制备。①采用适当的化学试剂裂解细胞，或者用组织匀浆器研磨破碎组织中的细胞；②用蛋白酶和 RNA 酶消化大部分蛋白质和 RNA；③用有

机试剂(酚/氯仿)抽提方法去除蛋白质。

2. DNA 限制酶消化

基因组 DNA 很长，需要将其切割成大小不同的片段之后才能用于杂交分析，通常用限制酶消化 DNA。一般选择一种限制酶来切割 DNA 分子，但有时为了某些特殊的目的，分别用不同的限制酶消化基因组 DNA。切割 DNA 的条件可根据不同目的设定，有时可采用部分和充分消化相结合的方法获得一些具有交叉顺序的 DNA 片段。消化 DNA 后，加入 EDTA，65 ℃ 加热灭活限制酶，样品即可直接进行电泳分离，必要时可进行乙醇沉淀，浓缩 DNA 样品后再进行电泳分离。

(二) 琼脂糖凝胶电泳分离待测 DNA 样品

1. 基本原理

Southern 印迹杂交是先将 DNA 样品(含不同大小的 DNA 片段)先按片段长短进行分离，然后进行杂交。这样可确定杂交靶分子的大小。因此，制备 DNA 样品后需要进行电泳分离。在恒定电压下，将 DNA 样品放在 0.8%~1.0% 琼脂糖凝胶中进行电泳，标准的琼脂糖凝胶电泳可分辨 70~80 000 bp 的 DNA 片段，故可对 DNA 片段进行分离。但需要用不同的胶浓度来分辨这个范围内的不同的 DNA 片段。原则是分辨大片段的 DNA 需要用浓度较低的胶，分辨小片段的 DNA 则需要浓度较高的胶。经过一段时间电泳后，DNA 按相对分子质量大小在凝胶中形成许多条带，大小相同的分子处于同一条带位置。另外，为了便于测定待测 DNA 相对分子质量的大小或是所处的分子大小范围，往往同时在样品邻近的泳道中加入已知相对分子质量的 DNA 样品即标准相对分子质量 DNA(DNA marker)进行电泳。DNA marker 可以用放射性核素进行末端标记，通过这种方式，杂交后的标准相对分子质量 DNA 也能显影出条带。

2. 基本步骤

(1)制备琼脂糖凝胶，尽可能薄。DNA 样品与上样缓冲液混匀，上样。一般而言，对地高辛杂交系统，所需 DNA 样品的浓度较低，每道加 2.5~5 μg 人类基因组 DNA；如果基因组比人类 DNA 更复杂(如植物 DNA)则上样量可达 10 μg；每道上质粒 DNA<1 ng。

(2)相对分子质量标志物(DIG 标记)上样。

(3)电泳，使 DNA 条带很好地分离。

(4)评价靶 DNA 的质量。在电泳结束后，0.25~0.50 μg/mL EB 染色 15~30 min，紫外灯下观察凝胶。

(三) 电泳凝胶预处理

1. 原理

DNA 样品在制备和电泳过程中始终保持双链结构。为了有效地进行 Southern 印迹转移，对电泳凝胶做预处理十分必要。相对分子质量超过 10 kb 的较大的 DNA 片段与较短的小相对分子质量 DNA 相比，需要更长的转移时间。所以为了使 DNA 片段在合理的时间内从凝胶中移动出来，必须将最长的 DNA 片段控制在大约 2 kb 以下。DNA 的大片段必须被打成缺口以缩短其长度。因此，通常是将电泳凝胶浸泡在 0.25 mol/L 的 HCl 溶液短暂的脱嘌呤处理之后，移至于碱性溶液中浸泡，使 DNA 变性并断裂形成较短的单链 DNA 片段，再用中性 pH 值的缓冲液中和凝胶中的缓冲液。这样，DNA 片段经过碱变性作用，亦会使之保持单链状态而易于同探针分子发生杂交作用。

2. 基本步骤

(1) 如果靶序列>5 kb，则需进行脱嘌呤处理。把凝胶浸在 0.25 mol/L HCl 中，室温轻轻晃动，直到溴酚蓝从蓝变黄。把凝胶浸在灭菌超纯水中。

> 注：处理人类基因组 DNA≤10 min；处理植物基因组 DNA≤20 min。

(2) 如果靶序列<5 kb，则直接进行下面的步骤

(3) 把凝胶浸在变性液(0.5 mol/L NaOH, 1.5 mol/L NaCl)中，室温 2×15 min，轻轻晃动。

(4) 把凝胶浸在灭菌超纯水中。

(5) 把凝胶浸在中和液中(0.5 mol/L Tris-HCl，pH 7.5, 1.5 mol/L NaCl)，室温 2×15 min。

(6) 在 20×SSC 中平衡凝胶至少 10 min。

(四) 转膜

即将凝胶中的单链 DNA 片段转移到固相支持物上。而此过程最重要的是保持各 DNA 片段的相对位置不变。DNA 是沿与凝胶平面垂直的方向移出并转移到膜上，因此，凝胶中的 DNA 片段虽然在碱变性过程已经变性成单链并已断裂，转移后各个 DNA 片段在膜上的相对位置与在凝胶中的相对位置仍然一样，故而称为印迹(blotting)。用于转膜的固相支持物有多种，包括硝酸纤维素膜(NC 膜)、尼龙(Nylon)膜、化学活化膜和滤纸等，转膜时可根据不同需要选择不同的固相支持物用于杂交。其中常用的是硝酸纤维素膜和尼龙膜。各种膜的性能和使用情况比较见各种尼龙膜性能及使用情况比较表。

(五) 探针标记

用于 Southern 印迹杂交的探针可以是纯化的 DNA 片段或寡核苷酸片段。探针可以用放射性物质标记或用地高辛标记，放射性标记灵敏度高，效果好；地高辛标记没有半衰期，安全性好。人工合成的短寡核苷酸可以用 T4 多聚核苷酸激酶进行末端标记。探针标记的方法有随机引物法、切口平移法和末端标记法。

(六) 预杂交

将固定于膜上的 DNA 片段与探针进行杂交之前，必须先进行一个预杂交的过程。因为能结合 DNA 片段的膜同样能够结合探针 DNA，在进行杂交前，必须将膜上所有能与 DNA 结合的位点全部封闭，这就是预杂交的目的。预杂交是将转印后的滤膜置于一个浸泡在水浴摇床的封闭塑料袋中进行，袋中装有预杂交液，使预杂交液不断在膜上流动。预杂交液实际上就是不含探针的杂交液，可以自制或从公司购买，不同的杂交液配方相差较大，杂交温度也不同。但其中主要含有鲑鱼精子 DNA(该 DNA 与哺乳动物的同源性极低，不会与 DNA 探针 DNA 杂交)、牛血清等，这些大分子可以封闭膜上所有非特异性吸附位点。

具体步骤如下：

(1) 配制预杂交液：6×SSC，5×Denhardt's 试剂，0.5%SDS，50%(v/v)甲酰胺，超纯水，100 μg/mL 鲑鱼精 DNA 变性后加入。

注：①每平方硝酸纤维素膜需预杂交液 0.2 mL。②预杂交液制备时可用或不用 poly(A)RNA。③当使用 ^{32}P 标记的 cDNA 作探针时，可以在预杂交液或杂交液中加入 poly(A)RNA 以避免探针同真核生物 DNA 中普遍存在的富含胸腺嘧啶的序列结合。④按照探针、靶基因和杂交液的特性确定合适的杂交温度（Thyb）（如果使用标准杂交液，靶序列 DNA GC 含量为 40%，则 Thyb 为 42 ℃）。

(2) 把预杂交液放在灭菌的塑料瓶中，在水浴中预热至杂交温度。

(3) 将表面带有目的 DNA 的硝酸纤维素滤膜放入一个稍宽于滤膜的塑料袋，用 5~10 mL 2×SSC 浸湿滤膜。

(4) 将鲑鱼精 DNA 置沸水浴中 10 min，迅速置冰上冷却 1~2 min，使 DNA 变性。

(5) 从塑料袋中除净 2×SSC，加入预杂交液，按每平方滤膜加 0.2 mL。

(6) 加入变性的鲑鱼精 DNA 最终浓度 200 μg/mL。

(7) 尽可能除净袋中的空气，用热封口器封住袋口，上下颠倒数次使其混匀，置于 42 ℃ 水浴中温育 4 h。

(七) Southern 杂交

1. 原理

转印后的滤膜在预杂交液中温育 4~6 h，即可加入标记的探针 DNA（探针 DNA 预先经加热变性成为单链 DNA 分子），即可进行杂交反应。杂交是在相对高离子强度的缓冲盐溶液中进行。杂交过夜，然后在较高温度下用盐溶液洗膜。离子强度越低，温度越高，杂交的严格程度越高，也就是说，只有探针和待测顺序之间有非常高的同源性时，才能在低盐高温的杂交条件下结合。

2. 步骤

(1) 将标记的 DNA 探针置沸水浴 10 min，迅速置冰上冷却 1~2 min，使 DNA 变性。

(2) 从水浴中取出含有滤膜和预杂交液的塑料袋，剪开一角，将变性的 DNA 探针加到预杂交液中。

(3) 尽可能除去袋中的空气，封住袋口，滞留在袋中的气泡要尽可能地少，为避免同位素污染水浴，将封好的杂交袋再封入另一个未污染的塑料袋内。

(4) 置 42 ℃ 水浴温育过夜（至少 18 h）。

(八) 洗膜

取出 NC 膜，在 2×SSC 溶液中漂洗 5 min，然后按照下列条件洗膜：2×SSC/0.1% SDS，42 ℃，10 min；1S×SCC/0.1% SDS，42 ℃，10 min；0.5S×SCC/0.1% SDS，42 ℃，10 min；0.2×SSC/0.1% SDS，56 ℃，10 min；0.1×SSC/0.1% SDS，56 ℃，10 min。采用核素标记的探针或发光剂标记的探针进行杂交还需注意的关键一步就是洗膜。在洗膜过程中，要不断振荡，不断用放射性检测仪探测膜上的放射强度。当放射强度指示数值较环境背景高 1~2 倍时，即停止洗膜。洗完的膜浸入 2×SSC 中 2 min，取出膜，用滤纸吸干膜表面的水分，并用保鲜膜包裹。注意保鲜膜与 NC 膜之间不能有气泡。

(九) 放射性自显影检测

(1) 将滤膜正面向上，放入暗盒中（加双侧增感屏）。

(2) 在暗室内，将 2 张 X 光底片放入曝光暗盒，并用透明胶带固定，合上暗盒。

(3) 将暗盒置 -70 ℃ 低温冰箱中使滤膜对 X 光底片曝光 (根据信号强弱决定曝光时间，一般在 1~3 d)。

(4) 从冰箱中取出暗盒，置室温 1~2 h，使其温度上升至室温，然后冲洗 X 光底片 (洗片时先洗一张，若感光偏弱，则再多加 2 d 曝光时间，再洗第二张片子)。

(十) 注意事项

在膜上阳性反应呈带状。实验中应注意以下问题：转膜必须充分，要保证 DNA 已转到膜上。杂交条件及漂洗是保证阳性结果和背景反差对比好的关键。洗膜不充分会导致背景太深，洗膜过度又可能导致假阴性。若用到有毒物质，必须注意环保及安全。

(十一) 主要应用

Southern 印迹杂交在科学实验中主要用于遗传病诊断、DNA 图谱分析、检测样品中的 DNA 及其含量、PCR 产物分析。

第四节　Northern 印迹杂交

一、Northern 印迹杂交基本原理

Northern 印迹杂交 (Northern blot) 是一种将 RNA 从琼脂糖凝胶中转印到硝酸纤维素膜上的方法。DNA 印迹技术由 Southern 于 1975 年创建，称为 Southern 印迹技术，RNA 印迹技术正好与 DNA 相对应，故被称为 Northern 印迹杂交，与此原理相似的蛋白质印迹技术则被称为 Western blot。

整合到植物染色体上的外源基因如果能正常表达，则转化植株细胞内有其转录产物——特异 mRNA 的生成。将提取的植物总 RNA 或 mRNA 用变性凝胶电泳分离，则不同的 RNA 分子将按分子质量大小依次排布在凝胶上；将他们原位转移到固定膜上；在适宜的离子强度及温度条件下，用探针与膜杂交；然后通过探针的标记性质检测出杂交体。若经杂交，样品无杂交带出现，表明外源基因已经整合到植物细胞染色体上，但在该取材部位及生理状态下该基因并未有效表达。

Northern 印迹杂交的 RNA 吸印与 Southern 印迹杂交的 DNA 吸印方法类似，只是在上样前用甲基氢氧化银、乙二醛或甲醛使 RNA 变性，而不用 NaOH，因为它会水解 RNA 的 2′-羟基基团。RNA 变性后有利于在转印过程中与硝酸纤维素膜结合，它同样可在高盐中进行转印，但在烘烤前与膜结合得并不牢固，所以在转印后用低盐缓冲液洗脱，否则 RNA 会被洗脱。在胶中不能加 EB，因为它会影响 RNA 与硝酸纤维素膜的结合。为测定片段大小，可在同一块胶上加相对分子质量标记物一同电泳，之后将标记物切下、上色、照相，样品胶则进行 Northern 转印。标记物胶上色的方法是在暗室中将其浸在含 5 μg/mL EB 的 0.1 mol/L 醋酸铵中 10 min，光在水中就可脱色，在紫外光下用一次成像相机拍照时，上色的 RNA 胶要尽可能少接触紫外光，若接触太多或在白炽灯下暴露过久，会使 RNA 信号降低。

琼脂糖凝胶中分离功能完整的 mRNA 时，甲基氢氧化银是一种强力、可逆变性剂，但是有毒，因而许多人喜用甲醛作为变性剂。所有操作均应避免 RNase 的污染。

Alwine 发明的 Northern 印迹法被广泛用于检测 mRNA 的大小和丰度,但由于其降解酶 RNase 广泛存在,且理化性质稳定,故在实际操作中,尤其是从组织中提取总 RNA 进行 Northern 印迹,对那些设备不是很完善的实验室来说,得到一个比较理想的杂交结果比较困难。郭兴中(1999)等对 Northern 印迹的几个主要环节:RNA 的提取转移及 RNA 转移至尼龙膜后的杂交方法进行了改进,使之更加经济简便。胡盛平等(2004)简化 Northern 印迹的操作步骤,建立安全无毒的 RNA 凝胶电泳方法。RNA 经变性处理后在不含任何化学物质的中性琼脂糖凝胶上电泳,然后用 0.05 mol/L NaOH 溶液转印 3 h 至转印膜上,相继与特异核酸探针杂交,检测不同表达丰度的基因,放射自显影成像。

二、RNA 甲醛凝胶电泳和吸印方法

(一)试剂

(1) 10×MSE 缓冲液:0.2 mol/L 吗啉代丙烷磺酸(MOPS),pH 7.0,50 mmol/L 醋酸钠,1 mmol/L EDTA pH 8.0。

(2) 5×载样缓冲液:50%甘油,1 mmol/L EDTA,0.4%溴酚蓝。

(3) 甲醛:用水配成 37%浓度(12.3 mol/L),应在通风柜中操作,pH 值高于 4.0。

(4) 20×SSC。

(5) 去离子甲酰胺。

(6) 50 mmol/L NaOH(含 10 mmol/L NaCl)。

(7) 0.1 mol/L Tris,pH 7.5。

(二)步骤

(1) 40 mL 水中加 7 g 琼脂糖,煮沸溶解,冷却到 60 ℃,加 7 mL 10×MSE 缓冲液,11.5 mL 甲醛,加水定容至 70 mL,混匀后倒入盛胶槽。

(2) 等胶凝固后,去掉梳子和胶布,将盛胶槽放入 1×MSE 缓冲液的电泳槽。

(3) 使 RNA 变性(最多 20 μg),RNA 4.5 mL,10×MSE 缓冲液 20 mL,甲醛 3.5 mL,去离子甲酰胺 10 mL。

(4) 55 ℃加热 15 min,冰浴冷却。

(5) 加 2 mL 5×载样缓冲液。

(6) 上样,同时加 RNA 标记物[同位素(^{32}P)dCTP]。

(7) 60 V 电泳过夜。

(8) 取出凝胶,在水中浸泡 2 次,每次 5 min。

(9) 室温下将胶浸到 50 mmol/L NaOH 和 10 mmol/L NaCl 中 45 min,水解高分子 RNA,以增强转印。

(10) 室温下将胶浸到 0.1 mmol/L Tris HCl(pH 7.5)中 45 min,使胶中和。

(11) 20×SSC 洗胶 1 h。

(12) 20×SSC 中过夜转印到硝酸纤维素膜上。

(13) 取出硝酸纤维素膜,80 ℃真空烘烤 2 h。

(三)注意事项

(1) 严格遵守试验规则,务必准确。

(2) 实验中的药品具有毒性,注意实验安全及防护。

第八章 动物实验技术与方法

第一节 动物实验的常用方法

一、实验动物基本伦理规范

根据《实验动物——动物实验通用要求》(GB/T 35823—2018)、《实验动物——福利伦理审查指南》(GB/T 35892—2018)、《欧洲联盟动物管理规范》(86/009/EEC)标准,并借鉴美国联邦政府《动物福利法案》等法规标准,科研人员在进行动物实验时应遵循以下基本原则:

(1)动物实验应以科学研究、教学、检定以及其他科学实验为目的展开。

(2)动物实验应由经过培训的有相关技能的人员进行具体操作。

(3)动物实验开启前应提交动物实验方案向所属机构的实验动物管理委员会进行申请,经批准同意后方可进行。

(4)动物实验应于专用的动物实验室进行,并保证其清洁度。

(5)实验动物的饲养、使用和任何伤害性的实验项目应有充分的科学意义和必须实施的理由为前提,禁止无意义滥养、滥用、滥杀实验动物,禁止无意义的重复性实验。

(6)对确有必要进行的项目,应遵循替代、减少、优化的"3R"原则,善待实验动物,给予人道保护,在不影响实验结果科学性的前提下尽可能采取替代方法、减少不必要的动物数量、降低动物伤害频率和危害程度。

(7)尽可能保证善待实验动物,尽可能保证实验动物免于饥渴、不适、痛苦、伤害、疾病、恐惧和焦虑的自由,以及表达主要天性的自由,各类实验动物的管理和处置要符合该类实验动物规范的操作技术流程,防止或减少不必要的应激、痛苦和伤害,确定仁慈终点,并采取痛苦最少的方法处置动物。

(8)开展动物实验所产生的污水、废弃物、动物尸体等应按照《实验动物 遗传质量控制》(GB 14925—2010)的要求进行处理。

(9)动物实验相关记录和档案应规范记录,妥善保存。

(一)实验动物

应从具有相应资格的实验动物的基本管理机构购买或获赠,妥善安置在合适的饲养空间中,根据种属配给相应的饲料、垫料、饮水,并保证动物饲养期间所有供应物清洁无污染,并索要动物的合格证以及饲料的配方或营养成分表。

实验开始前一周进行动物房的打扫与消毒,调整室内温度、湿度、开启通风。应清洁并消毒所用物品,包括饲养笼、饮水瓶、垫板等实验所需各项工具。平时应做好动物房的防虫和清洁工作，传递物品尽量通过传递窗，人员出入时按照洁净间出入规则进行，不同时打开所有通道门，动物实验结束后应及时清洗消毒灭菌。

上一批实验者剩余的饲料应观察是否变质，再考虑投入使用，若发现饲料颜色变绿或受潮等情况，则不能再使用。一般来说，饲料在购买后应在2个月内使用，逾期视为变质。

为维护实验动物生理状态正常，原则上应保证足量的饮水、饲料供应，定期更换垫料维持生存环境整洁，每日12 h交替开关灯模拟昼夜变化，恒定温湿度，保持通风，且每个饲养装置内不放入过多动物以保证足够的生存空间。

以大鼠、小鼠的饲养为例，如无特殊需求，应控制湿度在40%~70%，温度在22~26 ℃，8:00~20:00采光，每日清扫动物房，保证足量食水供应，饲料为标准杀菌饲料，饮水为蒸馏水，垫料为玉米芯颗粒或经充分暴晒的木屑，并每周更换2次以上。

饲养于洁净动物房的清洁级以上小鼠、大鼠等啮齿类动物一般不携带传染病原体，包括狂犬病等，因此被大小鼠咬伤之后只要及时进行伤口的清洗、消毒，并涂抹碘伏进行伤口处理即可，如创伤较严重可进行抗病毒接种，若目标动物有严重感染症状，再进行多重治疗检测。

(二) 实验动物的分组和标记

为保证足够的生存空间，以及方便后续数据测量及标记，推荐大饲养笼约10只小鼠或5只大鼠一组，小饲养笼约5只小鼠一组，并至少应配置空白组、模型组、给药组，推荐配备阳性对照组。

开始正式实验给药前，应于给药前三日或更早对进行适应化的动物随机分组并做标记，分组后组间平均体重应较为接近，且尽量避免相差过于悬殊的个体。

以专用染剂为实验动物染色，一般使用黄色染剂，配方为3%苦味酸，也可使用0.5%中性红或品红染红色，煤焦油的乙醇溶液染黑色，2%硝酸银溶液染咖啡色。具体标记方法较多，现提供几种作为参考：

(1) 单倍法：若每笼动物数量在6只以内，则在四肢及头部、臀部标记，即1~6；若为10只以内，亦可在两侧腰部及背中标记，加上一个无标记小鼠，最多可标记10个目标(图8-1)。

(2) 四倍法：若动物为4的倍数，如8只或12只，则设头或尾部为附加标记，四肢标记为1~4，头加四肢为5~8，臀加四肢为9~12。

(3) 五倍法：若动物为10只，可以四肢、头为1~5，尾加四肢、头为6~10。

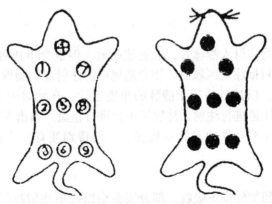

图8-1 大小鼠可标记区域图示

(4) 双色法：若动物为 8~12 只，可分为不同色的两部分，对四肢头尾染色。

(5) 多色法：若动物超过 12 只，则应使用复合标记，进行双重染色，请尽量避免每笼动物数量过多压缩生存空间。

标记的方法可根据个人理解调整，能清晰稳定辨别即可。染色之后经过一段时间可能褪色，此时应进行补充染色，避免标记无法辨别。若标记无法稳定着色，请更换其他染剂。

(三) 实验动物的给药方法

在动物实验中，为了观察药物对机体功能、代谢及组织形态的影响，通常需要进行给药。给药的途径有多种，主要有服食、注射、外用三种形式。其中，服食有口服、灌胃等方法，注射有静脉注射、腹腔注射、皮下注射、皮内注射、肌肉注射等多种，外用有呼吸道吸入、局部涂抹等方式。以下将分别介绍各种给药方法，并作简略操作说明。

(四) 服食给药

服食给药主要有口服和灌胃两种，主要考察药物经胃肠道吸收的功能表现及生效机制。

1. 口服法

口服法主要是通过把药物混入饲料、饮水之中，让动物自由摄取，但存在剂量不稳定，个体差异大的缺陷，且部分不易服食的药物必须手动辅助吞咽，不适合需要稳定剂量计算的实验。

2. 灌胃法

在定量给药和急性实验中常使用灌胃法。灌胃法是使用专门的灌胃针，将药物定量灌注到动物胃中。不同的动物使用不同规格的灌胃针，并在操作上有一定的区别，但总体原理都是绕过咽喉直接在食道释放药物，快速进入胃内，达到保证剂量稳定和避免动物拒绝口服的情况。

对于小型动物，如大小鼠等，具体操作方法为：左手固定动物，防止头部乱动，右手持灌胃器，插入动物口中，绕开舌头从侧面进针，并与食道呈一直线，沿咽后壁慢慢插入食道，同时感觉无阻力，再进行药液输入。一般灌胃针插入深度为 3~4 cm 左右，符合灌胃针规格，灌胃量小鼠为 0.2~1.0 mL，大鼠 1~4 mL，豚鼠 1~5 mL，请尽量选择较小的安全剂量，避免事故损伤。

(五) 注射给药

注射给药分皮下注射、皮内注射、腹腔注射、肌肉注射、静脉注射等多种，目的是绕过胃肠道的作用直接进入体内，或直接于目标注射区域生效，吸收效率普遍较好，但操作上有一定的要求。

1. 静脉注射

静脉注射直接将药物注射入静脉管，能迅速起效，但也会迅速被代谢排出。具体操作方法是用 75% 乙醇棉消毒目标注射区域后，用合适规格的注射器，吸取药液并彻底排出气泡后，压迫静脉两侧使之充盈，以接近平行于静脉的角度进针，开始时少量缓注检查是否有阻力，如无阻力则可解除一侧压迫进行注射，注射结束后进行止血。如出现皮丘，则注射位置错误，必须调整后重新穿刺。小型动物的静脉壁较脆，必须特别注意，注射量控制在每 10 g 体重 0.1~0.2 mL 以内。

2. 皮下注射

皮下注射主要用于药物的皮下吸收，部分实验会以皮下注射进行实体植入，如部分肿瘤实验。皮下注射的部位，小鼠一般选择背部或者前肢腋下，大鼠在背部或侧下腹部，豚鼠在背部或后大腿内侧，兔在背部或耳根。注射时，用左手拇指及食指轻轻捏起皮肤，右手持注射器将针头刺入皮下空隙，确认位置正确后即可进行注射。注射后，目标区域可能鼓起皮丘。

3. 皮内注射

皮内注射一般用于观察皮内反应及血管通透性变化等。注射前，将目标区域的毛除去并进行消毒，而后用皮试针头紧贴皮肤皮层刺入皮内，稍微往上调整角度后再继续刺入一小段，即可注射药液。注射后目标区域会鼓起皮丘。

4. 腹腔注射

腹腔注射一般用于利用腹腔内膜高效吸收药物或进行腹水实验等。注射前，需固定动物，并在进针区域消毒，而后从左侧或右侧腹部（推荐左下腹）先将针头刺入皮下，往前推进一小段距离，而后45°往下穿透腹肌刺入腹腔，此时有空荡感，回抽无肠液、尿液等，注射无阻力，而后可完成注射。

5. 肌肉注射

当药物不溶于水而混悬于油或其他溶剂时，常采用肌肉注射进行给药。肌肉注射一般选用肌肉发达、无大血管经过的区域，如臀部或大腿外侧。注射时，针头要垂直快速刺入肌肉，且无回血现象，方可注入药液。小型动物，如大小鼠，一般选择大腿外侧进行注射。

(六) 外用给药

外用给药主要包括呼吸道吸入给药和局部涂抹给药。

1. 呼吸道吸入给药

一般用于气体、雾状、粉尘型药物或其他物质的给药，如吸入式麻醉和呼吸道疾病造模等。将一个密闭容器中充入需要吸入的物质后，将动物放入并封闭容器，等待动物自由呼吸后吸入，一段时间后取出即可。注意，应控制吸入时间，避免过度吸入或窒息的风险。

2. 局部涂抹给药

一般用于皮肤给药，将药物或其他物质涂抹在目标区域，通过吸收、致敏、光感或其他局部作用达成目标。给药方法是将药物涂抹在目标区域等待吸收，若是毛较多的动物，应先对目标区域进行除毛消毒。

(七) 实验动物的麻醉

按照实验动物福利，为尽可能减少实验动物在部分实验中的痛苦，应选择麻醉后进行操作。

实验动物的麻醉是通过给药让动物吸收麻醉剂来达成的，因此麻醉操作手法与给药手法相似。为保证麻醉剂的快速吸收和生效，一般采用效率较高的注射法及吸入法，对应所采用的麻醉剂也有所区别。

常用的全身麻醉药从物理性质上可分为挥发性麻醉剂，如乙醚、氟烷、甲氧氟烷等；非挥发性麻醉剂，如巴比妥类、氯胺酮、水合氯醛、安定和一些复合麻醉剂，如速眠新、速麻安等。从麻醉途径上可分为吸入性麻醉剂，主要为上述的挥发性麻醉剂，通过密闭容器呼吸吸入达成麻醉效果；静脉注射麻醉剂，如戊巴比妥钠、氯胺酮、水合氯醛等，主要通过静脉注射或腹腔注射达成麻醉效果；肌内注射麻醉剂，如速眠新、速麻安、安定等，效力较低，一般配合其他麻醉方式进行，多通过肌肉注射完成初步麻醉后视情况加以静脉注射麻醉。

对于小型动物，小鼠、大鼠、豚鼠等多通过吸入麻醉或腹腔注射进行麻醉，兔类较大的动物可直接进行静脉注射，体型大的动物应先进行肌肉注射消除反抗力后再视情况进行静脉注射麻醉。

麻醉时，应控制剂量，避免过度麻醉导致呼吸肌麻痹而窒息死亡。吸入性麻醉剂根据吸入时间来计算剂量，注射性麻醉剂则通过调整麻醉剂的浓度和注射量来控制剂量。需要注意的是，麻醉过度时必须通过紧急的加快通风和心肺按压进行抢救，吸入性麻醉较容易完成抢救，注射性麻醉则相对困难，应控制好麻醉剂量。

根据动物体重、药物浓度，仔细计算所需的药物剂量。为计算方便，将戊巴比妥钠以无菌生理盐水配成3%的溶液，即可将常用剂量30 mg/kg体重换算为1mL/kg体重。盐酸氯胺酮按1：5稀释成10 mg/mL，使用剂量为1mL/kg体重。在静脉注射麻醉时，不可将药物一次性快速推入，而是间歇性地缓慢推进，在注射到预定剂量3/4后，更要减慢推进速度，并一边注射，一边观察动物的角膜反射、肌松程度和疼痛反应，达到实验所需麻醉状态时，立即停止药物的注射（王元占等，2004）。为了防止麻醉后的动物因呼吸道阻塞而窒息死亡，应监控呼吸情况，保持其呼吸道通畅，并尽可能随时监控动物的血压、脉搏情况。

（八）实验动物的处死方法

实验动物的处死方法很多，应根据动物实验目的、实验动物品种以及需要采集标本的部位等因素，选择不同的处死方法。无论采用哪一种方法，都应遵循安死术的原则（王月等，2010；瞿叶清等，2007）。

安死术是指在不影响动物实验结果的前提下，使实验动物短时间无痛苦地死亡。处死实验动物时要保证实验人员的安全，并确认实验动物已经死亡，还要妥善处理好尸体。

安死术的常用方法有断髓、血循环障碍、化学药物致死等。其中，断髓包括颈椎脱位、断头等方法，血循环障碍有急性失血、空气栓塞等，化学药物致死包括过量麻醉、致死物质摄入等。一般来说，推荐颈椎脱位、麻醉后急性失血致死和化学药物致死等几种。

1. 颈椎脱位法

此方法适用于小型动物，常用于大鼠和小鼠。右手抓住小鼠尾巴，将小鼠放在实验台上，左手按住小鼠头颈部，右手用力向后上方拉尾，感觉小鼠脊柱断开，小鼠便立即死亡，死后可能仍有一定抽搐，是正常现象，但若其他部位特别是头部仍可活动则未处死成功。

2. 断头法

此方法由于容易给实验者带来较大心理阴影，不推荐使用。实验者戴上棉纱手套，将大鼠头部放入断头器，一手握住背部，露出颈部，而后用断头器在鼠颈部迅速切断鼠头。

3. 空气栓塞法

常用于体型较大的动物，向动物静脉内注入一定量的空气，使之发生栓塞而死。当空气注入静脉后，可在右心随着心脏的跳动使空气与血液相混致血液成泡沫状，随血液循环到全身。如进入肺动脉，可阻塞其分支，进入心脏冠状动脉，造成冠状动脉阻塞，发生严重的血液循环障碍，动物很快致死。一般兔、猫等静脉内注入20~40 mL空气即可致死。每条犬由前肢或后肢皮下静脉注入80~150 mL空气，可很快致死。由于应用此法后，动物死于急性循环衰竭，所以各脏器淤血十分明显。

4. 急性失血法

大鼠和小鼠可采用眼眶动脉和静脉急性大量失血方法使鼠立即死亡。可以采用摘眼球法，在鼠右侧或左侧眼球根部将眼球摘去，使其大量失血致死。如果是犬、猫或兔等稍大型动物应先使动物麻醉、暴露股三角区或腹腔，再切断股动脉或腹主动脉，迅速放血。动物在3~5 min内即可死亡。采用急性失血法动物十分安静，对动物的脏器无损害，但器官贫血比较明显，若采集组织标本制作病理切片时可用此法。

5. 化学致死法

化学药物致死常用安乐死药物有：吸入式麻醉剂（包括二氧化碳、CO、乙醚、三氯甲烷等）、氯化钾、巴比妥类麻醉剂、二氯二苯三氯乙（DDT）等，通过药物吸入或者药物注射的方法注入体内。将动物装笼后放入透明塑料袋内，封好，慢慢充入二氧化碳，动物很快死亡。静脉内注入一定量的氯化钾溶液，使动物心肌失去收缩能力，心脏急性扩张，致心脏迟缓性停跳而死亡，10%氯化钾家兔耳缘静脉注入5~10 mL，犬前肢或后肢下静脉注入20~30 mL，即刻动物发生死亡。将大鼠或小鼠放进浸透乙醚的密闭的容器内，盖紧，数分钟后动物因麻醉过度而死亡；也可给大鼠或小鼠腹腔注射戊巴比妥（90 mg/kg），动物很快死亡。

（九）实验动物样品收集

常用的实验动物样品有血液、内脏、肌肉、脂肪、骨、肠道内容物、肿瘤、粪便等，物种之间虽有一定差异，但哺乳动物由于身体结构相似，操作方法也大致相似。以下样品收集方法以小鼠为例。

1. 血液采集

实验动物采血一般选择主静脉非致死性采血或者主动脉致死性采血。采血之前需断食6 h以上。

小鼠主静脉采血主要是眼眶静脉血。准备好毛细管及1%肝素钠溶液（生理盐水溶解），建议配置乙醚或戊巴比妥类、水合氯醛等用于麻醉。于培养皿中倒入一定量的肝素钠溶液，并将毛细管浸泡在其中，可根据需求调整毛细管长度，取血时须用非折断的一端进行穿刺避免碎渣残留。取一中大型烧杯或其他可密封容器，放入抹布或其他布条，倒入乙醚浸湿，作为麻醉室。将目标小鼠放入麻醉室，封口或倒扣烧杯进行麻醉，观察，待小鼠进入麻醉状态5~10 s，取出小鼠，进入采血流程。若使用水合氯醛则腹腔注射3%戊巴比妥钠0.01 mL/10 g或5%水合氯醛0.1 mL/10 g，生效较慢，需耐心等待，请勿过量麻醉。采血前应观察小鼠是否麻醉过度停止呼吸，若停止呼吸应及时抢救，以手对准小鼠口鼻快速扇风并按压胸口进行复苏，避免麻醉过度导致小鼠死亡。具体采血手法为，将小鼠置于桌面上，单手压制，手掌压身，两手指间露出头部，并以手指固定避免挣扎乱动，另一只手以乙醇消毒眼眶周边后，持毛细管，从小鼠眼球旁边插入小鼠下眼眶或上眼眶，稍微旋转，调整位置，可观察到血液从毛细管流出，助手持采血管进行接血，接血时避免血液沾染到毛发导致溶血。抓取时请勿过度用力压迫，导致小鼠窒息或内出血死亡。采血完毕后，拔出毛细管，以棉花轻按小鼠眼部帮助止血。

主动脉致死性取血一般采用眼球取血，方法同摘眼球法急性失血致死。麻醉后，剪去胡须并消毒，在鼠一侧眼球根部用镊子将眼球摘去，此时动脉破裂，大量血液从眼眶中溢出，助手应提前等待及时接取血液。眼球取血有致死性，因此无采血量限制，但仍推荐采血致死后补充一次颈椎脱位致死，保证动物彻底死亡。

根据经验，血清的出率约为20%~25%，因此非致死性取血若无大量需求则以取血0.3~

0.5 mL为宜，大鼠为1~2 mL以内，失血过多可能导致动物死亡，请谨慎取血。原则上，所有动物应同侧取血，虽然失明率不高，但仍应避免双眼同时取血，以免双目失明而死。采集好的血液应正立静置在架子上，室温静置2~4 h后，放入4 ℃冰箱30~60 min使血清析出，而后于约3500 r/min离心5~10 min（转速过高可能破坏蛋白质），使血清与血浆分离，并用移液枪小心转移血清至新容器储存，同时避免吸入血浆，若需保存血浆，则将多余的血清全部吸去。血清和血浆分离后，应保存于-20 ℃，储藏期约为3个月，在指标测试的前一天或前8 h应将样品提前从-20 ℃转移至4 ℃储存，4 ℃下储存期限约为4 d。血液每次采集之间间隔应不小于3 d，最好一周，避免小鼠贫血死亡。

2. 内脏采集

哺乳动物的内脏分布大致相似，主要内脏包括心脏、肝脏、脾脏、肺脏、肾脏、消化道、胸腺、胰腺等。注意，除特殊实验需要外，内脏采集应在处死动物后进行。

除取脑需要开颅外，其他器官的采集都需要先打开腹腔。将动物麻醉处死后，置于解剖台，固定住四肢，胸腹部朝上，以乙醇擦拭胸腹部进行消毒和毛发固定。一只手持镊子或止血钳夹起皮肤，另一只手以专用手术剪将外皮沿中线剪开，并往两侧扩展，露出腹肌。而后，用另一把专用手术剪剪开腹肌，暴露出内脏，并在肋骨附近往两侧扩展，使内脏完全暴露，如需打开胸腔，则继续剪开膈膜，还有肋骨的两侧，即可打开肋骨，对胸腔内进行操作。

对于心脏、肝脏、脾脏、肺脏、肾脏的采集，方法较为相似，先剪断连接着的大血管，而后剪开包裹固定内脏的内腹膜，分开连接着的其他脏器，确保内脏脱离全部连接固定处后，以镊子等夹出。此时，由于没有固定，内脏的取出非常容易，若发现有连接处未剪断，则继续除去所有连接点。注意，取出肝脏时应注意除去胆囊。

消化道的采集根据部位而定。消化道可采集部位包括食道、胃、十二指肠、空肠、回肠、大肠等。

食道、胃较容易分辨，肠道的分辨有一定的难度。十二指肠为肠道起始段，最为接近胃部。空肠上连十二指肠，下连回肠，空肠与回肠无明显界限，一般较为空荡，内容物少。大肠包括盲肠、阑尾、结肠、直肠等，是肠道菌群和粪便的聚集场所，盲肠是大肠上一段显著膨胀的区域，一般含有大量内容物，结肠有明显的节段状，也较容易辨别，直肠则是大肠的末端。消化道采集时需注意与其他区段区分开来，避免采集错误。

胸腺大致位于肺部上方，具体位于胸骨柄后方的前纵隔上部，腺体后面附于心包及大血管前面，由不对称的左、右两叶而成，其形状不一，与肺脏、心脏有较明显的颜色区别，偏白、黄色，质地脆弱。取胸腺时，避免用力撕扯，应以小剪刀剪开周围连接处后以镊子小心夹出。

胰腺位于胃部下方，大致呈连接至周围脏器的网状，其与胃、十二指肠、脾脏等相连，大致呈黄色，取样时，剪开与胃、十二指肠、脾脏的连接，成片取出，避免撕扯导致结构损伤。

膀胱位于腹腔最下方，一般是一个明显的球泡，内含尿液，取时需剪开连接处，并避免剪破膀胱造成尿液污染。如不需要取膀胱，也要注意不要剪破膀胱造成不必要的污染。

采集的内脏，如需制作组织切片等，应放置在4%多聚甲醛或10%福尔马林中浸泡，且应使用足量的多聚甲醛或福尔马林，并保存于4 ℃。若需进行PCR或蛋白检测，则直接装入冻存管，放在液氮中速冻后，于干冰中进行短暂保存，而后转移到-80 ℃进行长期保存。

3. 肌肉采集

肌肉的采集一般选择肌肉发达的后肢，剪取股四头肌、腓肠肌、比目鱼肌、趾长伸肌等，建议剪取大腿外侧的股四头肌肌肉。对目标区域进行消毒后，以剪刀剪开外皮后，寻找整块的肌肉，从两侧肌腱处剪断，而后分离其他连接处，即可将肌肉整段取下。如需制作组织切片等，应放置在4%多聚甲醛或10%福尔马林中浸泡，且应使用足量的多聚甲醛或福尔马林，并保存于4 ℃。若需进行PCR或蛋白检测，则直接装入冻存管，放在液氮中进行速冻后，于干冰中进行短暂保存，而后转移到-80 ℃进行长期保存。

4. 脂肪采集

大小鼠的脂肪采集，常用皮下脂肪或附睾脂肪，这些脂肪分类上属于白色脂肪。由于大小鼠体型小，皮下脂肪采集困难，因此一般选择附睾脂肪进行采集。处死小鼠后打开腹腔，在腹部最下端可见大量脂肪层，用镊子夹着脂肪层轻轻向小鼠头部方向牵引，可以看到睾丸被牵出，用剪刀分离脂肪即可得附睾脂肪。附睾脂肪一般对称分布，故单侧取样即可。如需制作组织切片等，应放置在4%多聚甲醛或10%福尔马林中浸泡，于4 ℃下保存。

5. 骨采集

骨采集需将动物目标区域整体卸下后，剥掉皮肤，剔除肌肉，留存骨骼。如无特殊需要，可用0.4%~0.8%氢氧化钠浸泡，使肌肉溶解分离，而后剔除剩余的碎肉、筋等，若不可使用化学试剂浸泡，则应完全手工剔除肌肉包裹。

6. 肠道内容物采集

肠道内容物一般采取盲肠内容物，在肠道上寻找到膨胀的盲肠，剪断两侧其他肠道，分离盲肠，而后剪开一端，用镊子挤压，使内容物被挤压到容器之中即可。肠道内容物的保存一般-20 ℃，避免菌群死亡，故而保存时间较短，在几个月以内，需尽快进行处理。

7. 肿瘤剥取

肿瘤是一种赘生物，因此在机体上会和正常组织有较为明显的分界。剥取肿瘤时，固定周围区域，剪开外皮，使目标区域暴露，但肿瘤在皮下时不需要把皮剪下操作，反而会带来困难。在成瘤区域找到肿瘤，其形状不固定，可能是球状也可能是长条状，但会与周围组织明显不同。肿瘤与皮肉并非紧密相连，类似粘连物，找到肿瘤的边界，以剪刀不断剪开粘连处，即可剥离肿瘤。肿瘤周边有时会附带脓液，剥离时应将其作为肿瘤的一部分，尽量保留脓液，以作为肿瘤重量的一部分，否则会导致数据一定程度的失真。剥离后的肿瘤进行拍照称重，如需制作组织切片等，应放置在4%多聚甲醛或10%福尔马林中浸泡，且应使用足量的多聚甲醛或福尔马林，并于4 ℃下保存。若需进行PCR或蛋白检测，则直接装入冻存管，放在液氮中进行速冻后，于干冰中进行短暂保存，而后转移到-80 ℃进行长期保存。

8. 粪便收集

以小鼠为例，取对应数量的空笼子，每笼单独放置一只小鼠，一段时间后，以镊子收集粪便，尽量保证采集量1g以上(5粒)，置于EP管等容器中，存放于-20 ℃。需注意以下几点，一是小鼠有较为集中的排便时间，采集粪便较为容易；二是抓取和灌胃的操作如果不熟练容易导致小鼠受惊提前排便，降低采集量，如无把握可错开进行；三是可利用小鼠受惊排便的心理，将小鼠轻轻丢入采集笼，不会造成损伤，同时可催便；四是笼子中残留的其他小鼠气息可催使小鼠排泄，因而不必对前组小鼠的尿液清理得很干净，只需要清除粪便残留即可。

9. 取脑

若单纯需要取脑，则先颈椎脱臼处死小鼠，用左手握住小鼠头部，拉紧头皮，用剪刀从正中剪开皮肤，在人字缝那里横向剪得稍微深一点，把颅骨剪开，然后用小镊子把颅骨一点儿一点儿地掰掉，当脑组织全部暴露出来的时候，就可以轻轻地取出来了。

若需做免疫组化，由于脑组织含水量多，需要先灌注。先麻醉小鼠，剪开胸腔，找到心脏，从心尖入针，剪开右心耳，用生理盐水灌注直到从心耳流出来的水清亮了，再改用固定液（一般是 4% 多聚甲醛）灌注至小鼠四肢僵硬，然后就按先前的取脑步骤取出来，泡在固定液里即可。

（十）常用动物实验手术方法

实验操作过程为减轻动物的疼痛及紧迫，常需给予止痛或麻醉。适当的麻醉不但能减轻动物的痛苦，也能减少研究人员承受过多的精神压力。

实验动物的手术可分为存活手术和不存活手术两类。前者指麻醉后或所有手术结束后动物继续生存，后者指麻醉后或所有手术结束后动物即给予安乐死。进行存活手术时，不论是剖腹、截肢或注射药物、处理伤口，皆需严格执行手术部位的消毒、材料灭菌及无菌操作，视实验需求可在术前对动物注射抗生素以避免感染。如进行不存活手术，虽不需严格无菌操作，也要戴手套并对操作部位进行消毒。

外科手术前应对参与人员的职责做出规划，并保证经过训练，或有熟练人士协助。动物手术期间应具备无菌概念，降低动物在手术操作过程中的感染概率，条件允许时最好采用无菌程序。麻醉手术中动物的状况应持续监控，对异常状况采用适当的急救处置。术后，应维持观察，对状态不佳的应予以救治，或确定临床终点实行安乐死。

常用的动物实验手术方法包括麻醉、切开、止血、结扎、分离和显露、缝合、引流等。麻醉相关操作请参照上文麻醉部分。

切开的基本原则是应按局部的解剖结构进行逐层切开（图 8-2）。理想的手术切口应符合下列要求：显露充分，便于操作，接近病变部位，组织损伤小，肌肉尽可能不切断，操作简单，术后功能恢复好。

止血的方法很多，常用的创面止血方法有压迫止血、结扎止血法、电凝止血法、局部药物止血法、止血带止血法等，可根据具体情况选择执行。

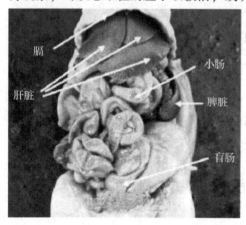

图 8-2 大鼠腹腔解剖简图

结扎是手术的基本操作之一，主要用于血管结扎和创伤缝合时结扎，方结、三叠结、外科结是常用的集中打结方法。

组织间的分离方法有锐性和钝性两种。锐性分离是利用刀或剪的刃进行切割，对组织损伤少，适用于比较致密的组织分离，为避免副损伤发生，锐性分离宜在直视下进行；钝性分离是用止血钳、手指、刀柄、剥离子等进行分离，适用于比较疏松组织的分离。分离需要一定的技巧，应了解局部解剖结构和认清病变性质。良性肿瘤包膜完整，与正常组织分界清楚，可采用钝性分离。如果局部粘连紧密，勉强采用钝性分离会增强脏器和组织损伤的机会。

组织缝合的原则是尽可能同类组织、自深而浅、逐层缝合，并要正确对合。组织缝合的要求是：缝线所包括的组织应等量、对称和对合整齐；组织缝合后不能留有死腔；缝线选择要恰当；注意缝合时的针距和边距；结的松紧要适度。缝合方法根据缝合后切口边缘的形态可分为单纯缝合、内翻缝合和外翻缝合3种。

正确地使用引流可防止感染的发生和扩散。但是引流物又为异物，刺激组织使渗出液增多，可使伤口愈合时间推迟。如引流物放置时间过久，反而会促使继发感染、粘连、瘢痕组织增多，因此选用引流时应慎重。引流物的选择一般是橡皮条、烟卷式、橡皮管、纱布等，引流期间要注意观察引流液体的性质及数量，用于判断是否有出血、缝合口破裂、感染、引流不畅等情况，以便采取措施及时处理。

第二节　小鼠糖尿病模型

一、实验目的

通过链脲佐菌素诱导出稳定的、理想的糖尿病小鼠模型，用于评估受试样品的降血糖活性。

二、实验原理

链脲佐菌素(STZ)是一种抗菌及抗肿瘤药物，可以对某些种属的动物(狗、兔、猴、大鼠、小鼠等)胰岛 B 细胞选择性破坏，而产生糖尿病。STZ 导致糖尿病是由于 B 细胞通过葡萄糖转运蛋白 2(GLUT2)摄入后减少 NAD+ 的细胞水平。从而导致 B 细胞坏死。外源性胰岛素抑制 GLUT2 和 B 细胞内胰岛素的表达，可以阻止 STZ 的致糖尿病效果。其对内脏毒性相对较小，成活率较高，是目前国内外使用较多的一种制备糖尿病动物模型的方法。

三、供试动物及饲养条件

雄性昆明小白鼠，试验用清洁级、60 日龄、体重 22~28 g。试验动物喂养于试验动物的标准化饲养房。饲喂自配的小鼠料，室内通风良好，相对湿度为 40%~70%，室温 18~22 ℃，保持充足的光照。试验前适应性预饲养 1 周。

四、动物分组及药物的制备

1. 动物的分组

白鼠购回后，置于 18~22 ℃，明暗交替环境，适应性预饲养 1 周；建模前将小白鼠禁食(不禁水)12 h，称量空腹体重、断尾取血测定血糖浓度。选取血糖浓度为 3.5~5.5 mmol/L 的小白鼠 140 只，按照给药条件分为：

(1)正常对照组：空白对照。
(2)模型对照组：STZ 造模。

（3）阳性药对照组：盐酸二甲双胍。
（4）低剂量组：STZ 造模+低剂量的受试样品（参考值：人体服用量 5 倍）。
（5）中剂量组：STZ 造模+中剂量的受试样品（参考值：人体服用量 10 倍）。
（6）高剂量组：STZ 造模+高剂量的受试样品（参考值：人体服用量 20 倍）。
每组数量一般为 10~12 只（STZ 注射造模有 10% 左右的死亡率），最少 8 只。

2. STZ 溶液的配制

将 2.10 g 柠檬酸加入超纯水 100 mL 配成柠檬酸母液，称为 A 液；将 2.94 g 柠檬酸三钠加入超纯水 100 mL 配成柠檬酸钠母液，称为 B 液；将 A、B 液按 1∶1.32 比例混合，调定溶液 pH 4.2~4.5，即所需的 0.1 mol/L 柠檬酸钠缓冲液；将 STZ 溶于 0.1 mol/L 柠檬酸钠缓冲液中，并用 0.22 μm 滤菌器过滤除菌，配制成 10 mg/mL 浓度的 STZ 溶液（避光配制，现用现配，5~10 min 内使用完）。

五、造模方法

将小鼠随机分组，每组 10 只，在适宜温度和湿度以及光照（12 h 光照和 12 h 黑暗）的条件下喂养 1 周，期间自由饮水。1 周后随机挑选 10 只作为正常组喂以普通饲料，其余各组喂食高糖高脂饲料。5 周后，全部小鼠禁食不禁水 12 h，正常组腹腔注射缓冲液，其余小鼠腹腔注射链脲佐菌素（45 mg/kg），每隔 1 天注射一次，共 3 次，进行造模。最后一次注射 24 h 后禁食 12 h，剪尾取血测空腹血糖值（FBG），若 FBG ≥ 11.1 mmol/L 则认为糖尿病小鼠造模成功。

六、给药方法

造模成功后，给药组定量灌胃受试样品，正常组和模型组均灌胃生理盐水。灌胃 4 周后，处死，收集小鼠大肠、小肠等标本。

七、样品采集

至少每周称量一次体重，采集血液 2 次以上，至少包括实验初期血样和处死血样，收集粪便进行肠道微生物检测，处死后收集肝脏、胰脏、盲肠内容物、附睾脂肪等进行称重、组织切片及分子生物学检测等血液指标：口服糖耐量、空腹血糖、胰岛素、糖化血红蛋白、肿瘤坏死因子-α 等。

第三节 大鼠高血脂模型

一、实验目的

通过高脂饲料喂养诱导出稳定的、理想的高血脂大鼠模型，用于评估受试样品的降血脂活性。

二、供试动物及饲养条件

健康雄性 SD 大鼠，试验用清洁级、8 周龄、体重 180~220 g。试验动物喂养于试验动物的标准化饲养房。室内通风良好，相对湿度为 40%~70%，室温 18~22 ℃，保持充足的光照。试验前适应性预饲养 1 周。大鼠对于环境的变化很敏感，因此要保证饲养环境各项指标的稳定。同时，由于高脂饲料的缘故，大鼠的排泄物异味更重，需要及时更换垫料，饲料和饮水也需要灭菌处理，以免对实验造成不必要的影响。

三、动物分组

大鼠购回后，置于 18~22 ℃，明暗交替环境，适应性预饲养 1 周。按照饲养条件分为：
(1) 正常对照组：空白对照。
(2) 模型对照组：高脂饲料喂养。
(3) 低剂量组：高脂饲料喂养+低剂量的受试样品（参考值：人体服用量 5 倍）。
(4) 中剂量组：高脂饲料喂养+中剂量的受试样品（参考值：人体服用量 10 倍）。
(5) 高剂量组：高脂饲料喂养+高剂量的受试样品（参考值：人体服用量 20 倍）。
每组数量一般为 8~10 只，最少 8 只。

四、造模方法

空白对照组 10 只给予普通饲料喂养，其余为高脂组，给予高脂饲料（3.5% 胆固醇，11.0% 猪油，0.5% 胆盐，85.0% 普通饲料）喂养 2 周。2 周后各组不禁食采血，血生化检测 TC（总胆固醇）、TG（甘油三酯）、LDL-C（低密度脂蛋白胆固醇）、HDL-C（高密度脂蛋白胆固醇）4 项指标，判断造模是否完成。高脂组和空白对照组比较，血生化检测 4 项指标差异均有显著性，判定模型成立。

五、给药方法

根据血脂水平，随机分为高脂模型组、受试样品高、中、低剂量组，分组当天开始给药，空白组和高脂模型组给予同体积的蒸馏水，继续给予高脂饲料喂养，连续给药 4 周。

六、样品采集

至少每周称量一次体重，采集血液 2 次以上，至少包括实验初期血样和处死血样，收集粪便进行肠道微生物检测，处死后收集肝脏、主动脉、盲肠内容物、附睾脂肪等进行称重、组织切片、生化指标分析及分子生物学检测等。

七、生化指标

总胆固醇（TC）、甘油三酯（TG）、高密度脂蛋白（HDL-CHO）、低密度脂蛋白（LDL-CHO）、丙二醛（MDA）、总超氧化物歧化酶（SOD）、一氧化氮（NO）等。

第四节 金黄地鼠肝损伤模型

一、实验目的

通过高脂饲料喂养诱导出稳定的、理想的金黄地鼠非酒精性脂肪性肝病模型，用于评估受试样品的保肝活性。

二、供试动物及饲养条件

健康雄性金黄地鼠，SPF级(无特殊病原体动物)，5周龄，体质量80 g±5 g，初始体质量差异均不显著。试验动物喂养于试验动物的标准化饲养房。室内通风良好，相对湿度为40%~70%，室温18~22 ℃，保持充足的光照。试验前适应性预饲养1周。

三、动物分组

金黄地鼠购回后，置于18~22 ℃，明暗交替环境，适应性预饲养1周。按照饲养条件分为：

(1)正常对照组：空白对照。
(2)模型对照组：高脂饲料喂养。
(3)低剂量组：高脂饲料喂养+低剂量的受试样品(参考值：人体服用量5倍)。
(4)中剂量组：高脂饲料喂养+中剂量的受试样品(参考值：人体服用量10倍)。
(5)高剂量组：高脂饲料喂养+高剂量的受试样品(参考值：人体服用量20倍)。
每组数量一般为8~10只，最少8只。
高脂饲料配方为：基础饲料68%，蔗糖10%，猪油10%，蛋黄粉10%，胆固醇2%。

四、造模方法

根据初始体质量，随机取10只金黄地鼠作为正常组，给予普通饲料，其余给予高脂饲料进行造模，造模时间4周，造模结束后对所有金黄地鼠进行血清总胆固醇(TC)、甘油三酯(TG)水平检测，当造模组金黄地鼠血清TC、TG水平较对照组有极显著性差异($P<0.01$)时，说明造模成功，同时剔除不符合造模标准的动物。

五、给药方法

根据血脂水平，随机分为肝损伤模型组，受试样品高、中、低剂量组，分组当天开始给药，空白组和其余组给予同体积的蒸馏水，继续给予高脂饲料喂养，连续给药4周。金黄地鼠都可以自由进食和喝水。实验过程中监测金黄地鼠的体重，并在喂食6周后检测相关指标。

六、生理指标

(1)血液指标：高密度脂蛋白(HDL-CHO)、低密度脂蛋白(LDL-CHO)、谷丙转氨酶(ALT)、谷草转氨酶(AST)、丙二醛(MDA)、总胆固醇(TC)、甘油三酯(TG)、总超氧化物歧化酶(SOD)、一氧化氮(NO)等。

(2)肝组织指标：谷胱甘肽(GSH)、丙二醛(MDA)、一氧化氮(NO)、总超氧化物歧化酶(SOD)、过氧化氢酶(CAT)、谷胱甘肽过氧化物酶(GSH-px)、总一氧化氮合酶(TNOS)、诱导型一氧化氮合酶(iNOS)、肿瘤坏死因子-α(TNF-α)、白介素1β(IL-1β)。

第五节 小鼠衰老模型

一、实验目的

通过注射 D-半乳糖诱导出稳定的、理想的小鼠衰老模型,用于评估受试样品的抗衰老活性。

二、供试动物及饲养条件

昆明小白鼠雌雄各半,试验用清洁级、6 周龄、体重 18~22 g。试验动物喂养于试验动物的标准化饲养房。饲喂自配的小鼠料,室内通风良好,相对湿度为 40%~70%,室温 18~22 ℃,保持充足的光照。试验前适应性预饲养 1 周。

三、动物分组及药物的制备

白鼠购回后,置于 18~22 ℃,明暗交替环境,适应性预饲养 1 周。按照给药条件分为:
(1)正常对照组:空白对照。
(2)模型对照组:D-半乳糖造模。
(3)低剂量组:D-半乳糖造模+低剂量的受试样品(参考值:人体服用量 5 倍)。
(4)中剂量组:D-半乳糖造模+中剂量的受试样品(参考值:人体服用量 10 倍)。
(5)高剂量组:D-半乳糖造模+高剂量的受试样品(参考值:人体服用量 20 倍)。
每组数量一般为 10~12 只(STZ 注射造模有 10% 左右的死亡率),最少 8 只。
D 半乳糖用灭菌的生理盐水配制成 5% 浓度。

四、造模方法

将小鼠随机分为正常组和衰老模型组。模型组小鼠每天按体重在颈部皮下注射 D 半乳糖溶液(0.1 mL/10 g),正常组小鼠在颈部皮下注射等体积灭菌的生理盐水。记录小鼠体重、毛发状态、活动能力等表型特征。同时,进行血清生化指标检测,如血清超氧化物歧化酶(SOD)活性、谷胱甘肽过氧化物酶(GSH-Px)活性、丙二醇(MDA)含量等。当模型组小鼠体重增加、毛发变暗无光泽、活动能力减弱,同时血清中抗氧化酶活性降低,脂质过氧化程度增加,说明造模成功,同时剔除不符合造模标准的动物。

五、给药方法

根据衰老指标,随机分为衰老模型组,受试样品高、中、低剂量组,分组当天开始给药,模型组小鼠每天按体重在颈部皮下注射 D 半乳糖溶液(0.1 mL/10 g),正常组小鼠在颈部皮下注射等体积灭菌的生理盐水。小鼠都可以自由进食和喝水。实验过程中监测小鼠的体重,并在喂食 6 周后进行水迷宫实验,评价小鼠的学习和记忆能力,给药期间应定期进行水迷宫实验跟踪检测小鼠学习和记忆能力。

六、水迷宫测试

水迷宫测试分为空间记忆采集实验和空间探索实验。

1. 空间记忆采集实验

用于测量小鼠在水迷宫中的学习和记忆能力。

实验历时 6 d。实验开始前 0.5 h 将小鼠置入迷宫所在房间以适应环境。每天每只小鼠训练 4 次，每次以半随机方式选择入水点，实验者将小鼠以手托起令其面向池壁，轻轻放入水中。小鼠在 60 s 内能寻找到平台，则记录其搜寻并登上平台所需要的时间，即潜伏期。若小鼠在 60 s 内未能找到平台，则由实验者用手将其引导至平台，潜伏期记为 60 s。小鼠登上平台后，让其在平台上停留 30 s，以让其根据 4 个象限的参照物来进行空间学习和记忆，并减少小鼠紧张。每次训练完成后，用干毛巾将小鼠擦干，并用加热器将小鼠烘干，以防止低体温造成的应激。每只小鼠总计训练 24 次。计算每天各组小鼠潜伏期、游泳距离、平均游泳速度和探索模式（王维刚等，2011）。

2. 空间探索实验

用于测量动物对平台的空间位置的记忆能力。

在第 7 天撤除平台，随机选择一个入水点，将小鼠置于水中，游泳 60 s，期间测量目标象限（即原平台所在象限）滞留时间占总时间百分比、游泳路程、平均游泳速度、搜索策略等。

阳性药物：白藜芦醇。

给药方法：根据药物性质决定，参照前文给药方法部分，水溶性成分一般选择灌胃，灌胃量 0.3 mL，持续 30 d 以上，空白组以生理盐水给药。

七、样品采集

至少每周称量一次体重变化，采集血液 2 次以上，至少包括实验初期血样和处死血样，处死后收集脑、肝脏等进行称重、组织切片、生化指标分析及分子生物学检测等。

检测指标：谷胱甘肽（GSH）、总抗氧化能力（T-AOC）、丙二醛（MDA）、总超氧化物歧化酶（SOD）、过氧化氢酶（CAT）、端粒酶等。

第六节　小鼠 H22 肝癌瘤模型

一、实验目的

通过直接注射 H22 肝癌瘤细胞诱导出稳定的、理想的肝癌小鼠模型，用于评估受试样品的抗肿瘤活性。

二、肿瘤说明

H22 肝癌瘤细胞系是一种特殊的肿瘤细胞，其接种在腹腔内会形成腹水瘤，接种在皮下会形成肉瘤，本实验中主要研究其肉瘤性质。

三、供试动物及饲养条件

雄性昆明小白鼠，试验用清洁级、6周龄、体重18~22 g。试验动物喂养于试验动物的标准化饲养房。饲喂自配的小鼠料，室内通风良好，相对湿度为40%~70%，室温18~22 ℃，保持充足的光照。试验前适应性预饲养1周。

四、动物分组及药物的制备

白鼠购回后，置于18~22 ℃，明暗交替环境，适应性预饲养1周。按照给药条件分为：
(1) 正常对照组：空白对照。
(2) 模型对照组：H22肝癌瘤细胞造模。
(3) 低剂量组：H22肝癌瘤细胞造模+低剂量的受试样品（参考值：人体服用量5倍）。
(4) 中剂量组：H22肝癌瘤细胞造模+中剂量的受试样品（参考值：人体服用量10倍）。
(5) 高剂量组：H22肝癌瘤细胞造模+高剂量的受试样品（参考值：人体服用量20倍）。
每组数量一般为10~12只，最少8只。

五、造模方法

1. 瘤株培育

准备H22瘤株专用细胞培养基，即RPMI 1640完全培养基，具体配方为89% RPMI 1640培养基+10% FBS+1%双抗，可直接购买成品RPMI完全培养基使用。H22为半悬浮半贴壁细胞，以悬浮为主，操作时以悬浮细胞操作作为基准即可。将H22冻存管自液氮中取出，放入37 ℃水浴快速解冻，加入一定量RPMI 1640完全培养基，吹打均匀，于1000 r/min离心5 min，弃去上清，加入一定量RPMI 1640完全培养基重悬，吹打均匀，转移到培养瓶中，于37 ℃，5% CO_2条件下培养，每3 d离心、换液、重悬一次，观察细胞，当细胞总数达到$3×10^6$~$5×10^6$以上时进入腹腔传代流程。

2. 腹腔传代

提前准备好约10只传代用小鼠。准备好$3×10^6$~$5×10^6$数量的细胞，置于RPMI 1640完全培养基中（不用培养基会导致传代缓慢），控制好浓度，对2只传代鼠腹腔注射约$1×10^6$~$5×10^6$数量的H22细胞，注射体积控制在0.4 mL以内，注射后按压轻揉注射部位，使瘤液分散，避免堆积变成实体瘤导致传代失败。传代5~7 d后，传代鼠腹部可观察到明显膨胀，则传代成功。若未膨胀，则继续传代，超过14 d可认定为传代不成功，需重新传代或放弃此鼠。若传代成功，开始下一步，且传代时间不要超过8 d避免生成血性腹水。第一次传代结束后，取一代传代小鼠，拉颈处死，于75%乙醇中浸泡消毒1~3 min，无菌或洁净条件下抽取小鼠腹水，将不同小鼠的腹水混合后摇匀，进行第二次传代接种。推荐使用5 mL注射器进行抽取避免针头堵塞，抽取方法为抓起小鼠使腹部向地，腹水因重力集中在一处，于此处抽取，抽取的腹水以白色、黄色为佳，若为红色则为传代过度，需使用红细胞裂解液进行处理，白色、黄色可直接进入下一步操作。取2~3只新的传代鼠，将抽取的腹水以PBS或培养基稀释2~3倍后进行第二次腹腔注射接种，每只约0.3 mL，若上一步腹水量不足，则不稀释，直接接种，其他操作同第一次，此为第二次传代。第二次传代5~7 d，观察是否传代成功，若成功则准备进行第三次传代,此次传代应准备3~4只传代鼠以避免接种时细胞不足。传代的本质是为了得到足够的细胞,若细胞数充足,只传两次也可。以培养基稀释细胞后传代可显著加快瘤细胞增殖速度及成功率。

3. 肿瘤接种

将最后一次传代获得的细胞于1000 r/min 离心5~10 min,用PBS重悬,取一小部分稀释10~30倍,于计数板计数,计数后,调整原液细胞浓度至约10^8个/mL,即为接种瘤液。接种方法为皮下注射,于接种小鼠侧腰部或胸腹进针,将瘤液注射至小鼠左前腋下,但不要打进腋窝,留一段距离,大致在肋骨中段,前后肢间约1/3到1/4处,接种后从侧面可见接种点。接种量为$2×10^7$个/只,接种体积0.1~0.2 mL,根据浓度调整,小心进针,快速抽针,避免瘤液倒流,注射处可见凸起,即为成功,若未凸起,则有多种可能,不一定失败,留待观察,不要重新接种。接种时应确保是皮下注射,不要打进皮间和肌肉,也不要打进胸腔腹腔,皮下注射时,进针顺畅,注射时阻力不大,若为皮间和肌肉则有较严重的阻碍,请注意进针点,皮间和肌肉肿瘤会给后续剥离工作带来较大困难。

阳性药物:环磷酰胺(段华等,2014)。

给药方法:根据药物性质决定,参照前文给药方法部分,水溶性成分一般选择灌胃,灌胃量0.3 mL,持续10~14 d,空白组以生理盐水给药,环磷酰胺组以20 mg/kg剂量腹腔注射0.3 mL药液给药。

六、迟发型超敏反应(DTH)试验

给药中期,取部分小鼠进行DTH实验。DTH法有多种,本方法采用的是绵羊血红细胞SBRC诱导的小鼠足跖(足垫)肿胀测试。需求器材为游标卡尺(精密度0.02 mm)及微量注射器(50 μL)。致敏小鼠用2%(v/v)SRBC腹腔或静脉免疫,每只鼠注射0.2 mL(约$1×10^8$个SRBC),免疫后3~4 d,测量左后足跖部厚度,然后在测量部位皮下注射20%(v/v)SRBC,每只鼠20 μL(约$1×10^8$个SRBC),注射后24 h测量左后足跖部厚度,同一部位测量3次,取平均值。以攻击前后足跖厚度的差值来表示DTH的程度。若给药组的差值显著高于对照组的差值($P<0.05$),可判定该项实验结果阳性。测量足跖厚度时,最好由专人来进行,避免操作误差。卡尺紧贴足跖部,但不要加压,否则会影响测量结果。攻击时所用的SRBC要新鲜(4 ℃保存,且保存期不超过1周,使用前摇匀)。由于DTH实验会导致小鼠免疫系统受到较大的冲击且免疫力下降一段时间,不仅可能导致小鼠死亡,还会对实验结果造成较大影响,使抑瘤率及相关免疫指标明显下跌,因此只应选择部分小鼠进行DTH实验,或单独设立DTH专用组,进行过DTH实验的小鼠数据应与未进行实验的小鼠分开处理,并进行参照对比以分析免疫系统能力。

七、样品采集

至少每2 d称量一次体重变化,采集血液2次以上,至少包括实验初期血样和处死血样,收集粪便进行肠道微生物检测,处死后收集肿瘤、肝脏、脾脏、胸腺等进行称重、组织切片及分子生物学检测等。

血清指标:白介素2(IL-2)、白介素6(IL-6)、白介素10(IL-10)、白介素12(IL-12)、γ-

干扰素(IFN-γ)、肿瘤坏死因子-α(TNF-α)、血管内皮增长因子(VEGF)等。

第七节　小鼠免疫抑制模型

一、实验目的

通过注射环磷酰胺诱导出稳定的、理想的小鼠免疫抑制模型，用于评估受试样品的免疫调节活性。

二、供试动物及饲养条件

昆明小白鼠雌雄各半，试验用清洁级、6周龄、体重18~22 g。试验动物喂养于试验动物的标准化饲养房。饲喂自配的小鼠料，室内通风良好，实验室温度20~25 ℃，湿度50%~60%，动物自由饮食，保持充足的光照。试验前适应性预饲养1周。

三、动物分组及药物的制备

白鼠购回后，置于20~25 ℃，明暗交替环境，适应性预饲养1周；按照给药条件分为：
(1)正常对照组：空白对照。
(2)模型对照组：环磷酰胺造模。
(3)低剂量组：环磷酰胺造模+低剂量的受试样品(参考值：人体服用量5倍)。
(4)中剂量组：环磷酰胺造模+中剂量的受试样品(参考值：人体服用量10倍)。
(5)高剂量组：环磷酰胺造模+高剂量的受试样品(参考值：人体服用量20倍)。
每组数量一般为10~12只，最少8只。

四、造模方法

以35 mg/kg 环磷酰胺溶液进行皮下注射，注射时间8 d(史晶晶等，2016)。
阳性药物：25 mg/kg 盐酸左旋咪唑。
给药方法：根据药物性质决定，参照前文给药方法部分。水溶性成分一般选择灌胃，灌胃量0.3 mL，持续30 d以上。空白组以生理盐水给药。

五、迟发型超敏反应(DTH)试验

给药中后期，取部分小鼠进行DTH实验。DTH法有多种，本方法采用的是绵羊血红细胞SBRC诱导的小鼠足跖(足垫)肿胀测试。需求器材为游标卡尺(精密度0.02 mm)及微量注射器(50 μL)。致敏小鼠用2%(v/v)SRBC腹腔或静脉免疫，每只鼠注射0.2 mL(约1×10^8个SRBC)，免疫后3~4 d，测量左后足跖部厚度，然后在测量部位皮下注射20%(v/v)SRBC，每只鼠20 μL(约1×10^8个SRBC)，注射后24 h测量左后足跖部厚度，同一部位测量3次，取平均值。以攻击前后足跖厚度的差值来表示DTH的程度。若给药组的差值显著高于对照组的差值($P<0.05$)，可判定该项实验结果阳性。测量足跖厚度时，最好由专人来进行，避免操作误差。卡尺紧贴足跖部，但不要加压，否则会影响测量结果。攻击时所用的SRBC要新鲜

(4 ℃保存，且保存期不超过 1 周，使用前摇匀)。由于 DTH 实验会导致小鼠免疫系统受到较大的冲击且免疫力下降一段时间，不仅可能导致小鼠死亡，还会对实验结果造成较大影响，使相关免疫指标明显下跌，因此只应选择部分小鼠进行 DTH 实验，或单独设立 DTH 专用组，进行过 DTH 实验的小鼠数据应与未进行实验的小鼠分开处理，并进行参照对比以分析免疫系统能力。

六、样品采集

至少每周称量一次体重，采集血液 2 次以上，至少包括实验初期血样和处死血样，收集粪便进行肠道微生物检测，处死后收集肝脏、脾脏、胸腺等进行称重、组织切片及分子生物学检测等。

生化指标：白介素 1β(IL-1β)、白介素 2(IL-2)、白介素 6(IL-6)、白介素 10(IL-10)、白介素 12(IL-12)、γ-干扰素(IFN-γ)、肿瘤坏死因子-α(TNF-α)、NK 细胞活性等。

第九章 细胞生物学基础实验技术

第一节 显微镜技术

一、显微镜的发展史

16世纪末，荷兰的眼镜商詹森（Zaccharias Janssen）和他的儿子把几块镜片放进了一个圆筒中，结果发现附近的物体出奇的大，这就是现在的显微镜和望远镜的前身。

17世纪左右，人们发明了复式显微镜。这种显微镜使用了不止一个镜片，因此一个镜片下的图像可以接着被另一个镜片放大。

1878年，制成现代的光学显微镜。

1933年，德国人Ruska设计制造了第一台电子显微镜。

1981年，扫描隧道显微镜应运而生（Goodrich，1998）。

二、显微镜种类及特点

根据光源不同，显微镜分为光学显微镜（李家森等，2002）和电子显微镜（冯凤萍，2019）两大类。前者以可见光为光源，后者则以电子束为光源。

（一）光学显微镜

1. 普通光学显微镜

普通光学显微镜由3部分构成：①照明系统，包括光源和聚光器；②光学放大系统，由物镜和目镜组成，是显微镜的主体；③机械装置，用于固定材料和观察方便，包括调节器、镜台（载物台）和物镜转换器（旋转器）等。

普通光学显微镜广泛用于生物研究、物理学的实验仪器。

2. 荧光显微镜

由光源、滤片系统和显微镜三部分构成。光源为高压汞灯，用于产生波长短、能量高的紫外光。紫外光激发标本中的荧光物质，使之产生各种不同颜色的荧光，通过观察荧光的分布与强弱来测定被检物质。

主要用于观察组织、细胞中有自发荧光或经荧光染料染色或标记的结构。

3. 共焦激光扫描显微镜

共焦激光扫描显微镜（confocal laser scanning microscope，CLSM）是在荧光显微镜成像的基础上加装激光扫描装置，使用紫外光或可见光激发荧光探针。在结构配置上，激光扫描共聚焦显微镜除了包括普通光学显微镜的基本构造外，还包括激光光源、扫描装置、检测器、计算机系统(包括数据采集、处理、转换、应用软件)、图像输出设备、光学装置和共聚焦系统等部分。

激光共聚焦扫描显微镜既可以用于观察细胞形态,也可以用于细胞内生化成分的定量分析、光密度统计以及细胞形态的测量,配合焦点稳定系统可以实现长时间活细胞动态观察。由于该仪器具有高分辨率、高灵敏度、光学切片(optical sectioning)、三维重建、动态分析等优点,因而为基础医学与临床医学的研究提供了有效手段。此外,CLSM 对荧光样品的观察具有明显的优势,只要能用荧光探针进行标记的样品就可用其观察。

4. 暗视野显微镜

暗视野显微镜(dark field microscope)的聚光镜中央有挡光片,使照明光线不直接进入物镜,只允许被标本反射和衍射的光线进入物镜,因而视野的背景是黑的,物体的边缘是亮的。其基本结构是将普通显微镜光学组加上挡光片。普通显微镜只要聚光器是可以拆卸的,支架的口径适于安装暗视野聚光器,即可改装成暗视野显微镜。

暗视野显微镜常用来观察未染色的透明样品。临床上,暗视野显微镜常用于检查苍白密螺旋体。这是一种病原体检查,对早期梅毒的诊断有十分重要的意义。

5. 相差显微镜

相差显微镜是用于观察组织培养中活细胞形态结构的。活细胞无色透明,一般显微镜下不易分辨细胞轮廓及其结构。其特点是将活细胞不同厚度及细胞内各种结构对光产生的不同折射作用,转换为光密度差异(明暗差),使镜下结构反差明显,影像清楚。

6. 倒置显微镜

组成和普通显微镜一样,不同之处在于物镜与照明系统颠倒,前者在载物台之上,后者在载物台之下。用于观察细胞培养中活细胞的形态结构和生长变化情况。

(二) 电子显微镜

电子显微镜(electron microscope)简称电镜,由镜筒、真空装置和电源柜三部分组成。

电子显微镜技术的应用是建立在光学显微镜的基础之上的,光学显微镜的分辨率为 0.2 μm,透射电子显微镜的分辨率为 0.2 nm,也就是说透射电子显微镜在光学显微镜的基础之上放大了 1000 倍。

电子显微镜按结构和用途可分为透射式电子显微镜、扫描式电子显微镜和电子数码显微镜等。

1. 透射电子显微镜

因电子束穿透样品后,再用电子透镜成像放大而得名。它的光路与光学显微镜相仿,可以直接获得一个样本的投影。通过改变物镜的透镜系统人们可以直接放大物镜的焦点的像。由此人们可以获得电子衍射像。使用这个像可以分析样本的晶体结构。在这种电子显微镜中,图像细节的对比度是由样品的原子对电子束的散射形成的。由于电子需要穿过样本,因此样本必须非常薄。组成样本的原子的原子量、加速电子的电压和所希望获得的分辨率决定样本的厚度。样本的厚度可以从数纳米到数微米不等。原子量越高、电压越低,样本就必须越薄。样品较薄或密度较低的部分,电子束散射较少,这样就有较多的电子通过物镜光栅,参与成像,在图像中显得较亮。反之,样品中较厚或较密的部分,在图像中则显得较暗。如果样品太厚或过密,则像的对比度就会恶化,甚至会因吸收电子束的能量而被损伤或破坏。

透射电镜的分辨率为 0.1~0.2 nm，放大倍数为几万至几十万倍。由于电子易散射或被物体吸收，故穿透力低，必须制备更薄的超薄切片(通常为 50~100 nm)。

透射式电子显微镜镜筒的顶部是电子枪，电子由钨丝热阴极发射出，通过第一、第二两个聚光镜使电子束聚焦。电子束通过样品后由物镜成像于中间镜上，再通过中间镜和投影镜逐级放大，成像于荧光屏或照相干版上。中间镜主要通过对励磁电流的调节，放大倍数可从几十倍连续地变化到几十万倍；改变中间镜的焦距，即可在同一样品的微小部位上得到电子显微像和电子衍射图像。

2. 扫描电子显微镜

扫描电子显微镜的电子束不穿过样品，仅以电子束尽量聚焦在样本的一小块地方，然后一行一行地扫描样本。入射的电子导致样本表面被激发出次级电子。

扫描电子显微镜观察的是这些每个点散射出来的电子，放在样品旁的闪烁晶体接收这些次级电子，通过放大后调制显像管的电子束强度，从而改变显像管荧光屏上的亮度。图像为立体形象，反映了标本的表面结构(李剑平，2007)。显像管的偏转线圈与样品表面上的电子束保持同步扫描，这样显像管的荧光屏就显示出样品表面的形貌图像，这与工业电视机的工作原理相类似。由于这样的显微镜中电子不必透射样本，因此其电子加速的电压不必非常高。

扫描式电子显微镜的分辨率主要决定于样品表面上电子束的直径。放大倍数是显像管上扫描幅度与样品上扫描幅度之比，可从几十倍连续地变化到几十万倍。扫描式电子显微镜不需要很薄的样品；图像有很强的立体感；能利用电子束与物质相互作用而产生的次级电子、吸收电子和 X 射线等信息分析物质成分。

扫描电子显微镜的制造是依据电子与物质的相互作用。当一束高能的入射电子轰击物质表面时，被激发的区域将产生二次电子、俄歇电子、特征 X 射线和连续谱 X 射线、背散射电子、透射电子，以及在可见光、紫外光、红外光区域产生的电磁辐射。同时，也可产生电子—空穴对、晶格振动(声子)、电子振荡(等离子体)。

3. 电子数码显微镜

数码显微镜是将精锐的光学显微镜技术、先进的光电转换技术、液晶屏幕技术完美地结合在一起而开发研制成功的一项高科技产品。我们可以对微观领域的研究从传统的普通的双眼观察到通过显示器上再现，从而提高了工作效率。

三、显微镜技术的应用

(一) 光学显微镜技术

光学显微技术在细胞学、组织学、胚胎学、植物解剖学、微生物学、古生物学及孢粉学发展中，已成为一个主要研究手段。

在医疗诊断中，光学显微技术已被用为常规的检查方法，如对血液、寄生虫卵、病原菌等的镜检等。利用显微技术做病理的研究已发展为一门专门的学科——细胞病理学，它在癌症的诊断中特别重要。某些遗传病的诊断，已离不开用显微技术作染色体变异的检查。此外，在卫生防疫、环境保护、病虫害防治、检疫、中草药鉴定、石油探矿和地层鉴定、木材鉴定、纤维品质检定、法医学、考古学、矿物学，以及其他工业材料和工业产品的质量检查等方面，都有广泛的应用。

(二)电子显微镜技术

1. 电子显微镜技术在肿瘤诊断中的应用

透射电子显微镜突破了光学显微镜分辨率低的限制,成为诊断疑难肿瘤的一种新的工具。有研究报道,无色素性肿瘤、嗜酸细胞瘤、肌源性肿瘤、软组织腺泡状肉瘤及神经内分泌肿瘤这些在光镜很难明确诊断的肿瘤,利用电镜可以明确诊断。电镜主要是通过对超微结构的精细观察,寻找组织细胞的分化标记,确诊和鉴别相应的肿瘤类型。细胞凋亡与肿瘤有着密切的关系,利用电镜观察细胞的超微结构病理变化和细胞凋亡情况,将为肿瘤的诊断和治疗提供科学依据。

2. 电子显微镜技术在肿瘤鉴别诊断中的应用

透射电子显微镜观察的是组织细胞、生物大分子、病毒、细菌等结构,能够观察到不同病的病理结构,也可以鉴别一些肿瘤疾病。有研究报道电子显微镜技术通过超微结构观察可以区分癌、黑色素瘤和肉瘤以及腺癌和间皮瘤;可区别胸腺瘤、胸腺类瘤、恶性淋巴瘤和生殖细胞瘤;可区别神经母细胞瘤、胚胎性横纹肌瘤、Ewing氏肉瘤、恶性淋巴瘤和小细胞癌;可区别纤维肉瘤、恶性纤维组织细胞瘤、平滑肌肉瘤和恶性神经鞘瘤以及区别梭形细胞癌和癌肉瘤。

第二节 组织学基本技术

一、组织学

1. 组织学发展

组织学(histology)是研究机体微细结构及其相关功能的科学,它以显微镜观察组织切片为基本方法故又称显微解剖学(microanatomy)。从细胞的发现和细胞学说的建立起始,组织学发展迄今已有300余年历史。

随着光学显微镜、切片技术及染色方法的不断改进与充实,推进组织学的继续发展。制成的相差显微镜、偏光显微镜、暗视野显微镜、荧光显微镜、紫外光显微镜等特殊显微镜,并用之于组织学研究;与此同时,组织化学、组织培养、放射自显影等技术也渐建立和完善并广泛应用,组织学研究更趋深入,资料日益丰富。随着电子显微镜问世及不断改进,至今已广泛用于观察细胞和组织的微细结构及其不同状态下的变化,使人类对生命现象结构基础的认识深入更微细的境界,其中许多重要资料已列为现代组织学的基本内容(Haraoui et al., 2014)。近30年科学技术发展更为迅猛,许多新技术、新设备不断涌现并用之于细胞学和组织学的研究,诸如免疫细胞化学术、单克隆技术、细胞分离术、细胞融合术、显微分光光度计、图像分析仪与立体计量术、同位素示踪术、流式细胞术、蛋白质和核酸的分离提取及原位检测、原位杂交等核酸分子杂交术、X射线衍射技术、X射线显微分析术,以及分子重组与基因工程等。这些新技术大多与计算机技术相结合,对细胞进行微观和微量的定性和定量分析,使组织学的研究进入更深入而广阔的境地。

2. 研究内容

组织有多种类型,每种组织具有某些共同的形态结构特点和相关的功能。一般传统性将组织分为四种,即上皮组织、结缔组织、肌组织和神经组织,称为基本组织(primary tissue)。但现代组织学的研究越来越多地发现,一种组织内的细胞结构和功能往往是多种多样的,它们的起源也不同。因此应认识到,组织分类是一种归纳性的相对意义的概念,不能机械僵化地理解。几种组织相互结合,组成器官和系统,人体的组成包括神经、内分泌、免疫、循环、皮肤、感官、消化、呼吸、泌尿、生殖等系统。

3. 意义

组织学从微观水平阐明机体的结构与相关功能,它为生理学、生物化学、免疫学、病理学以及临床医学等的学习奠定坚实基础。组织学是以微细结构的形态描述为其基本内容,但随着生命科学的研究不断深入,现代组织学的内容与20世纪60年代相比已发生巨大变化。它的内容不断充实、更新和扩展,不仅形态观察更微细深入,而且涉及的领域更为广阔,从整体水平、细胞水平和分子水平探索许多复杂生命现象的物质基础以及环境与生物体的相互关系;不仅与现代生物学和医学的许多重大理论进展相关,而且与人类社会面临的众多实际问题和疾病防治密切相关。

二、组织学研究方法

1. 组织切片

(1)组织切片法:利用化学试剂将组织经过一系列的固定、脱水、透明后,再利用石蜡或火棉胶等支持物渗透进组织内部,使组织保持一定的硬度,并包埋成块,然后依靠切片机将包埋好的组织块切成微米级的薄片,再根据需要进行各种染色得到的供显微镜下观察的标本的方法。包括石蜡切片、火棉胶切片、明胶切片、冰冻切片。

(2)非组织切片法:组织不经过切片手续制成的观察标本的方法为非组织切片法。包括涂片、压片、铺片、磨片、消化分离、活体标本、整装标本、血管注射标本。

(3)染色(staining):用染料使组织切片着色,便于镜下观察。天然和人工合成的染料甚多,它们都是含发色团的有机化合物,当染料具有发色团成为盐类物质,即可溶解于水并具电荷,与组织有亲合力,使组织着色。

2. 显微镜技术

应用一般光学显微镜(简称光镜)观察组织切片是组织学研究的最基本方法。取动物或人体的新鲜组织块,先用固定剂固定,使组织中的蛋白质迅速凝固,防止细胞自溶和组织腐败。常用的固定剂如酒精、甲醛、醋酸、苦味酸、四氧化锇等,一般常将几种固定剂配制成混合固定液,以抵消或减弱单种固定剂对组织的收缩或膨胀等缺点,达到更好固定效果。

荧光显微镜是用来观察标本中的自发荧光物质或以荧光素染色或标记的细胞和结构。

相差显微镜是用于观察组织培养中活细胞形态结构的。活细胞无色透明,一般光镜下不易分辨细胞轮廓及其结构。

暗视野显微镜主要用于观察因反差或分辨力不足的微小颗粒。

共焦激光扫描显微镜是近10年研制成的高光敏度、高分辨率的新型仪器。可对细胞的多种功能进行全自动、高效、快速的微量定性和定量测定。

3. 组织培养和细胞培养

组织培养(tissue culture)或称体外实验(*in vitro*)则是取活组织或活细胞在体外适宜的环境中培养成活，进行实验研究。细胞在体外生存必须具有近似体内的生存条件，如充足营养供应，合理的 O_2 与 CO_2 比例，必要的电解质和适宜的渗透压、pH 值、温度和湿度等，还需防止微生物污染。组织培养的特点在于可研究各种理化因子(温度、激素、药物、毒物等)对活细胞的直接影响，并能观察记录(摄影、录像)。组织培养与前述方法结合应用，可研究某种因素对细胞增殖、分化、代谢、运动、吞噬、分泌等影响和调节的动态过程，以及细胞病变、癌变和逆转等机理，获得在体实验难达到的研究目的(Perner-Nochta et al.，2007；Klein et al.，2013)。

组织培养用液为平衡盐水及血清(小牛血清、胎盘血清等)、羊水、腹水、组织浸出液等天然培养基(natural medium)。天然培养基成分复杂，且不稳定。目前广泛应用人工合成培养基(synthetic medium)，现有多种商品供应，使用方便，但常仍需补充部分血清等。若仅用合成培养基和已制备好的几种必需因子与激素，称此为无血清培养基(serum-free medium)，其成分和含量均是已知的，可精细研究某种因子对细胞的生物效应。

组织培养的方法甚多，常用容器有凹玻片、培养皿、培养瓶、培养板、流动小室等。取组织块贴于瓶底进行培养，可观察从组织块生长迁移出的细胞。取胚胎某器官原基或器官的一部分进行培养，称器官培养(organ culture)。更精细的方法是分离和纯化组织中的某种细胞，使之贴附在瓶底形成单层细胞，称此为细胞培养(cell culture)。首次培养的细胞，称原代培养(primary cultrue)；细胞增殖而密集再传代培养，称传代培养(subculture)。经长期培养而成的细胞群体，称细胞系(cell line)；用细胞克隆(cell clone)或单细胞培养而建成的某种纯细胞群体，称细胞株(cell strain)。它们均可在液氮内长期冻存，供随时应用。现已建成多种肿瘤细胞株，广泛用于实验研究。

4. 免疫细胞化学

免疫细胞化学(immunocytochemistry)是应用抗原与抗体结合的免疫学原理，检测细胞内多肽、蛋白质及膜表面抗原和受体等大分子物质的存在与分布。这种方法特异性强，敏感度高，进展迅速，应用广泛，成为生物学和医学众多学科的重要研究手段。近年来，随着纯化抗原和制备单克隆抗体的广泛开展以及标记技术不断提高，免疫细胞化学的进展更是日新月异，不仅用于许多基本理论的研究，并取得重大突破，而且也用于疾病的早期快速诊断等临床实际。

5. 同位素示踪

同位素示踪是用放射性核素的射线作用，研究细胞对某种物质的吸收、合成、转运和分泌等代谢过程。将放射性核素或其标记物注入动物体内或加入细胞培养的培养基内，细胞摄取该物质后，取被检组织制成切片或细胞涂片。可用显微镜放射自显影术(microau toradiography)检测该放射性物质在细胞内的原位分布及其代谢转归，即将薄层感光乳胶涂在切片或涂片的表面，标本在暗盒内保存一定时间后，细胞内的放射性核素产生的射线使乳胶中的溴化银还原为银粒，经显影和定影后在光镜下观察银粒的分布。另外，也可用液体闪烁计数器测定分离细胞或其匀浆的放射线强度，进行定量研究。

第三节 细胞的原代培养

一、细胞原代培养

细胞培养是生物学和医学研究中最常用的手段之一，可分为原代培养和传代培养两种。原代培养是直接从生物体获取组织或器官的一部分进行培养，即组织直接从机体获取后，通过组织块长出单层细胞，或者用酶消化或机械方法将组织分散成单个细胞开始培养，在首次传代前的培养可认为是原代培养。由于培养的细胞刚刚从活体组织分离出来，故更接近于生物体内的生活状态。这一方法可为研究生物体细胞的生长、代谢、繁殖提供有力的手段，同时也为以后传代培养创造条件(卢永科等，2003)。但实际上，通常把第一代至第十代以内的培养细胞统称为原代细胞培养。最常用的原代培养有组织块培养和分散细胞培养。

原代培养的过程指动物的组织或器官从机体取出后，经机械法或各种酶类(常用胰蛋白酶)和螯合剂(常用 EDTA)处理，使之分散成单个细胞，加入适量培养基，置于合适的培养容器中，在无菌、适当温度和一定条件下，使之生存、生长和繁殖的过程。

原代培养的最常用的方法有组织块培养法和酶消化细胞培养。

二、细胞的原代培养实例

大鼠附睾上皮细胞的原代培养(程胖等，2018)。

实验动物：健康雄性 SD 大鼠，4~5 周龄。

主要试剂：MEM 培养基，胎牛血清，5α-DHT、丙酮酸钠，无 Ca^{2+}、Mg^{2+} 的 PBS，胰蛋白酶，Ⅰ型胶原酶。

大鼠附睾的采集：用 2% 戊巴比妥钠麻醉 4~5 周龄的 SD 大鼠，消毒腹部，打开腹腔，无菌条件下取双侧附睾组织，置于无 Ca^{2+}、Mg^{2+} 的含青—链霉素双抗的 PBS 中，充分漂洗。将冲洗好的附睾组织置于平皿中，用眼科剪和眼科镊尽量分离干净周围的脂肪组织和结缔组织，然后剪碎成糜状。

(一)酶消化法

(1)将剪碎的组织置于 15 mL 离心管中，先加入 0.25% 胰蛋白酶消化 10 min，1000 g 离心 5 min，去除上清。

(2)再加入 0.25% Ⅰ型胶原酶消化 15~20 min，待组织成糜状后，1000 g 离心 5 min，去上清。

(3)用含 1 mmol/L 丙酮酸钠、1 nmol/L 5α-DHT、100 IU/mL 青霉素、100 μg/mL 链霉素及 10% FBS 的 MEM 培养基重悬细胞，接种于 60 mm 培养皿中。

(4)置于 32 ℃、5% CO_2、饱和湿度培养箱培养，6 h 后将未贴壁的上皮细胞转移至新的 60 mm 培养皿继续贴壁培养，弃掉 6 h 前贴壁的细胞。

(5)次日换液，2 d 左右细胞即可形成单层进行传代。

(二)组织块法

(1)将 1 mm^3 大小的组织块以 0.5 cm 的间距贴于培养皿中，每个组织块上滴加一滴培养液湿润组织。

（2）放置好后，轻轻翻转培养皿，使皿底朝上，置32 ℃、5% CO_2、饱和湿度培养箱4~5 h，使组织块略微干涸。

（3）然后轻轻加入适量（约2 mm高）培养液，静置于CO_2培养箱中培养24~48 h，培养基变黄时换液。

（4）培养至2~3 d时即有成纤维细胞迁出，3~5 d上皮细胞逐渐迁出；待细胞形成单层后即可传代。

三、细胞原代培养注意事项

（1）原代培养材料的选择，尽量选取胚胎或幼小的生物体组织或者分生能力较强的组织，如肿瘤组织等。

（2）要注意无菌操作。

（3）运用酶消化法时胰酶温度应小于37 ℃，浓度只需平时消化细胞浓度的一半。因为此过程至少需时20 min，先消化下来的细胞在此胰酶消化液中可存活10 min以上。如果胰酶作用过强，则这些细胞膜易被损伤而不易生存。

（4）如果使用组织块法，则应待组织块略干燥，能黏附于瓶壁时再使之与培养液接触。翻转培养瓶时要轻，勿使组织块漂浮。如果组织块没有黏壁，则细胞不易生长，即使生长也因没有贴壁而无法收集。

四、细胞原代培养技术的应用

原代细胞培养因具有细胞刚刚离体，生物性状尚未发生很大变化，具备二倍体的遗传性、来源方便等优点而广泛应用于病毒学、细胞分化、药物测试等试验中。同时其还可作为一种研究手段运用于建立相应细胞系或株，从而研究其癌变、分子遗传、免疫学特性以及浸润转移演变机制等。

在药学研究方面有其突出的优点：可同时获得大量性状较均一的样本；与体内情况保持一致，可以在接近生理状态的情况下研究药物的代谢及毒性（Benz et al., 2015）；排除许多复杂因素干扰，如神经、激素的干扰；原代细胞具有较好的体外实验重现性。

（一）肿瘤细胞原代培养

（1）肿瘤细胞原代培养建立相应肿瘤细胞系或细胞株：肿瘤细胞原代培养是建立所有肿瘤细胞系或株的必经阶段。肿瘤细胞系或株的建立为进一步研究相应肿瘤癌变、浸润转移机制提供了极为方便的细胞模型。目前已有如消化、呼吸、泌尿、生殖、神经及血液等系统来源肿瘤细胞系或株建立，且部分系统已建有多个。

（2）肿瘤原代细胞培养应用于肿瘤细胞生物学特性测定（Kolostova et al., 2015）：通过对原代肿瘤细胞的生物学特性测定，可以了解其体外培养特性，进而有可能间接反映其体内的生物学行为。原代肿瘤细胞生物学特性测定主要包括肿瘤细胞的相差显微镜观察、HE及免疫组化染色鉴定、绘制肿瘤细胞生长曲线、细胞周期分析、TEM观察瘤细胞超微结构、成瘤性观察、染色体核型分析等；其他还包括肿瘤细胞端粒酶、分化与诱导分化特性、癌基因与抑癌基因、多药耐药基因及其表达产物的检测等。凡建系或株的肿瘤细胞都应该或必须进行原代培养阶段的生物学特性测定。

(3)利用原代培养肿瘤细胞建立动物移植模型的研究应用：原代培养肿瘤细胞建立动物移植模型，即是将原代培养的肿瘤细胞接种于裸鼠皮下，从而观察肿瘤细胞的成瘤时间、肿瘤生长情况、移植肿瘤大小及裸鼠摄食、活动状况，并运用分化诱导剂观察其肿瘤细胞分化、增殖与凋亡以及药物敏感性试验等。

(4)肿瘤原代细胞的体外化疗药物敏感性实验或临床研究：正如针对细菌等微生物进行药物敏感性试验筛选相应敏感药物一样，对原代培养的肿瘤细胞体外进行化疗药物的敏感性实验，可以筛选出敏感性较强的化疗药物，从而为临床筛选化疗药物、制定临床个体化化疗方案，避免耐药药物的盲目应用等方面提供指导。目前这方面的实验或临床研究主要出现在如下一些系统或组织来源的肿瘤，如非上皮来源的神经系统的脑胶质细胞瘤，消化道上皮来源肿瘤如结直肠癌、食管癌、胃癌、肝癌等，呼吸道上皮来源肿瘤如非小细胞肺癌等，泌尿生殖系统上皮来源肿瘤如膀胱癌、乳腺癌、卵巢癌、前列腺癌等。

(二)原代肝细胞培养

(1)用于药物毒性评价：利用从 F_{334} 老鼠和 $B_6C_3F_1$ 老鼠中新鲜分离的肝细胞研究甲基丁香酚和樟脑素在啮齿类动物上的细胞毒性和遗传毒性，并指出其机制是由硫转移酶所介导的 DNA 体外合成。四氯化碳在肝损伤中是典型的肝毒性的药物，其毒性机制涉及了线粒体脱噬作用通路和凋亡受体通路。

(2)用于药代动力学研究：利用新鲜分离的小鼠、大鼠、兔子、狗和人的原代肝细胞研究德伦环烷的生物转化途径和其代谢物的检测，结果表明在大鼠和人的原代肝细胞中德伦环烷位侧链发生羟基化，能检测到大量的德伦环烷的 N-氧化物，并且没有相继的 N-氧化物的代谢物；在小鼠和人的原代肝细胞中没有发现羟基化德伦环烷衍生物与葡糖醛酸苷结合的产物，但是在大鼠、兔和狗中却存在。

作为一种体外模型，原代肝细胞培养有其突出的优点：与体内情况保持了一致，酶量和辅助因子的水平都是正常的生理浓度，可以在接近生理状态的情况下研究药物的代谢及毒性；较好保留和维持了肝细胞的完整形态和肝细胞体外代谢活性，真实反映了体内的代谢情况；排除了其他器官、组织的影响。但是其同样存在着一定的缺陷：灌流手术极为复杂；分离消化过程需在短时间内完成；肝细胞存活时间较短，细胞色素 P450 酶的活性下降过快。尽管如此，由于原代肝细胞培养技术迅速经济，尤其是可利用人肝细胞阐明药物毒性机理，代谢途径和速度，药物代谢酶诱导和抑制等，从而使其成为研究药物的有效手段。

第四节 细胞传代培养

一、细胞传代

细胞在培养瓶长成致密单层后，已基本上为饱和，为使细胞能继续生长，同时也将细胞数量扩大，必须进行传代再培养。传代培养也是一种将细胞种保存下去的方法。同时也是利用培养细胞进行各种实验的必经过程。悬浮型细胞直接分瓶就可以，而贴壁细胞需经消化后才能传代分瓶。

(1) 弃去培养瓶中的完全培养基，无菌 PBS 缓冲液摇晃清洗，从细胞面快速倒出培养基。

(2) 移取 1 mL 胰酶于培养瓶，快速置于培养箱，1 min 后取出，倒置显微镜下观察细胞形态，细胞变圆，外圈变亮说明消化完全。

(3) 倒去胰酶，加完全培养基 2~3 mL，吹打细胞贴壁面，将细胞悬浮于液体。

(4) 将细胞悬液转移至 15 mL 离心管，封口膜封口，于离心机 1500 r/min 离心 5 min。

(5) 弃去上清，加 2~3 mL 完全培养基，吹打均匀，移液枪转移至培养瓶（一般 1 mL/瓶），于瓶身注明细胞株、日期，于 37 ℃，5% CO_2，饱和湿度培养箱中培养。

二、细胞冻存和复苏

(一) 原理

在低于-70 ℃的超低温条件下，有机体细胞内部的生化反应极其缓慢，甚至终止。水在低于零度的条件下会结冰。如果将细胞悬浮在纯水中，随着温度的降低，细胞内外的水分都会结冰，所形成的冰晶会造成细胞膜和细胞器的破坏而引起细胞死亡。这种因细胞内部结冰而导致的细胞损伤称为细胞内冰晶的损伤。细胞冻存及复苏的基本原则是慢冻快融，实验证明这样可以最大限度地保存细胞活力。目前细胞冻存多采用甘油或二甲基亚砜作保护剂，这两种物质能提高细胞膜对水的通透性，加上缓慢冷冻可使细胞内的水分渗出细胞外，减少细胞内冰晶的形成，从而减少由于冰晶形成造成的细胞损伤。复苏细胞应采用快速融化的方法，这样可以保证细胞外结晶在很短时间内融化，避免由于缓慢融化使水分渗入细胞内形成胞内再结晶，对细胞造成损伤。

冷冻保存温度因细胞和生物体的种类以及冷冻保存方法而不同。但从实际和效益的观点出发，液氮温度(-196 ℃)是目前最佳的冷冻保存温度。在-196 ℃时，细胞的生命活动几乎完全停止，但复苏后细胞的结构和功能完好。如果冷冻过程得当，一般生物样品在-196 ℃下均可保存 10 年以上。应用-80~-70 ℃保存细胞，短期内对细胞的活性无明显影响，但随着冻存时间延长，细胞存活率明显降低。在冰点到-40 ℃范围内保存细胞的效果不佳（王晓辉等，2017）。

(二) 实验仪器及试剂、耗材

(1) 仪器：倒置显微镜、超净工作台、CO_2 培养箱(37 ℃，5% CO_2，饱和湿度)、恒温水浴锅、低速离心机、冰箱、程序降温盒。

(2) 试剂：MEM 不完全培养基、胎牛血清(FBS)、PBS、双抗、胰酶、二甲基亚砜(DMSO)。

(3) 耗材：15 mL 离心管、50 mL 离心管、2 mL 冻存管、1 mL 灭菌枪头。

(4) 溶液配制：完全培养基与冻存液的配制根据不同细胞适当调整，常用 10% MEM 完全培养基(90% MEM 不完全培养基+10% FBS+1%双抗)及 10% FBS 冻存液(90% FBS+10% DMSO)。

(三) 细胞培养基本操作

1. 细胞复苏

(1) 实验前先按需求配制完全培养基，并吸取 3 mL 于干净的 15 mL 离心管备用，打开水浴锅(维持 37 ℃)。

(2) 从液氮罐迅速取出一株所需细胞，于水浴锅摇晃使其快速溶解。

(3) 超净工作台中将融化完全的液体吸取、转移至装有完全培养基的 15 mL 离心管，吹打混匀成细胞悬液。

(4)用封口膜封口后,于低速离心机 1500 r/min 离心 5 min。

(5)超净工作台中弃去上清,加 2~3 mL 完全培养基,吹打均匀,移液枪转移至培养瓶(一般 1 mL/瓶),摇晃瓶身使细胞悬液平均铺满瓶底,并标记注明细胞株、日期。

(6)放置于 37 ℃,5% CO_2,饱和湿度培养箱中培养。

2. 细胞冻存

(1)先配制冻存液,置于 4 ℃ 预冷,现配现用。

(2)弃去培养基,PBS 清洗(清洗次数由死细胞数量确定),从细胞面倒出液体。

(3)移取 1 mL 胰酶于培养瓶,快速置于培养箱,1 min 后取出,显微镜下观察细胞形态,细胞变圆,外圈变亮说明消化完全。

(4)倒去胰酶,加完全培养基 2~3 mL,吹打细胞贴壁面(将贴壁细胞吹打于液体)。

(5)将培养基(含细胞)转移至 15 mL 离心管,封口,于离心机 1500 r/min 离心 5 min。

(6)弃去上清,加冻存液,吹打均匀,移液枪转移至冻存管(1 mL/管),封口后置于冻存盒,于 -80 ℃ 保存,48 h 后,1 个月内转移至液氮保存。

(四)注意事项

(1)不要在细胞状态不好时,进行细胞冻存。如长得太过了,培养液已经变黄了;细胞可疑污染;细胞已经开始凋亡或崩解;连续培养超过 2 个月,细胞性状已有改变。应该在增殖旺盛,情况稳定,实验效果良好,复苏后两周内进行细胞冻存。

(2)冻存时细胞浓度低于 $1×10^6$ 个/mL,很难复苏成功,应该离心后调整细胞浓度。

(3)一定要选择原配的管子和盖子(不同牌子/型号的颜色会有差别),冻存管的盖子一定要拧紧,否则复苏水浴时会渗水而造成污染。

(4)尽量选择程序冷冻盒进行细胞冻存。如果没有,应选择厚壁泡沫塑料盒,或塞入大量干棉花。防止放在 -80 ℃ 的冻存盒,壁太薄,细胞被迅速降温。确保细胞缓慢降温。

(5)冻存的细胞应尽快转入液氮,不要在 -80 ℃ 冰箱放置超过 1 个月。

(6)防止找不到或拿错细胞,每只冻存管都应标上细胞的名称,冻存时间,并记录在册。

(7)取细胞时应做好防护措施,戴好防冻手套,护目镜。细胞冻存管若漏入液氮,解冻时冻存管中的气温急剧上升,可导致爆炸。

(8)必须在 1~2 min 内使冻存液完全融化,复苏太慢,会造成细胞的损伤。如果冻存管的壁较厚,隔热效果较好,可以适当提高水浴温度(37~40 ℃)。二甲基亚砜(DMSO)最好选择进口产品。

(9)提前打开超净台紫外灯灭菌,减少复苏后插在冰盒里等待的时间。避免复苏后长时间(1 h),还没有加入新的培养液。高浓度 DMSO 防止胞内形成冰晶,冻存时保护细胞,但复苏溶解后,浸泡时间太久会对细胞有毒性。

(10)离心前须加入少量培养液,细胞解冻后二甲基亚砜浓度较高,加入少量培养液稀释其浓度,以减少对细胞的损伤。

(11)关于细胞溶解后,是否需要离心的问题,需要根据特定的细胞情况而定。主要有两种方式:一种是解冻后的细胞悬液直接吹打均匀后分装到培养瓶中进行培养,第 2 天换液(后贴壁后即换液);另一种是须离心后,将冻存液倒干净,且一定要倒干净。

(12) 有些细胞复苏后 1 周才有起色，切记要有耐心，不要换液，耐心等待，2 周后再做决定。

第五节　培养细胞的形态观察、计数和活力检测

一、细胞形态观察

(1) 将细胞培养瓶从 37 ℃、5% CO_2、饱和湿度培养箱中取出，瓶口稍稍向上倾斜以免瓶内液体接触瓶塞或流出瓶口，注意观察细胞培养液的颜色和清澈度。然后，将细胞培养瓶平稳地放在倒置显微镜载物台上。

(2) 打开倒置镜光源，用 10× 物镜观察，通过双筒目镜将视野调到合适的亮度，并调节双目镜的光瞳间距，使左右两个视场象合二为一。

(3) 调节载物台高度进行对焦，在看到细胞层之后，用细调节器将物像调清楚，注意观察细胞的轮廓、形状和内部结构。在观察时，经常使用的是十倍的物镜。

(4) 结果：贴壁细胞一般有两种形态，即上皮细胞型和成纤维细胞型细胞。上皮细胞型细胞呈扁平的不规则多角形，圆形核位于中央，生长时常彼此紧密连接成单层细胞片，如 HeLa 细胞。成纤维细胞型细胞形态与体内成纤维细胞形态相似，胞体呈梭形或不规则三角形，中央有卵圆形核，胞质向外伸出 2~3 个长短不同的突起，细胞群常借原生质突连接成网，细胞生长时多呈放射状或旋涡状，如 NIH_3T_3。贴壁细胞在生长状态良好时，细胞均质而透明，细胞内颗粒少，看不到空泡，细胞边缘清楚，培养基内看不到悬浮的细胞和碎片，培养液清澈透明，而当细胞内颗粒较多，透明差，空泡多，细胞轮廓增强反差较大时，表明细胞机能状态不良，生长较差。当培养瓶内培养基混浊时，应想到细菌真菌污染的可能。悬浮细胞边缘，透明发亮时，生长较好；反之，则较差或已死亡。一种细胞在培养中的形态并不是永恒不变的，它随营养及生长周期而改变，但在比较稳定的条件下形态是基本一致的。在贴壁细胞的培养中，镜下折光率高，圆而发亮的一般被认为是分裂期细胞。肿瘤细胞有重叠生长的特征。

二、细胞的计数

当待测细胞悬液中细胞均匀分布时，通过测定一定体积悬液中的细胞数目，即可换算出每毫升细胞悬液中的细胞数目。细胞计数是细胞培养中最基本，也是最常用的技术之一。

1. 显微镜计数法

将样本做适当稀释，有时还需特殊染色，充入细胞计数池，在显微镜下计数板中一定体积的细胞数，经换算得每毫升悬液的细胞数。

(1) 准备血球计数板：用 75% 乙醇棉球擦干净计数板及盖片，把盖片覆在计数板上面。

(2) 制备细胞悬液，混匀：将培养瓶中的培养液倒入干净试管中，向培养瓶中加入胰蛋白酶消化液 1 mL，培养箱中静置 1 min，待见到细胞变圆，彼此不连接为止。将培养液加入培养瓶中，并轻轻进行吹打，制成细胞悬液，要求细胞均匀。

(3) 滴加悬液：将悬液摇匀后，沿盖片边缘缓缓滴加少许细胞悬液于细胞计数板的斜面

上，使液体自然充满整个计数室，静置 3 min。小室内有气泡、液体过多使盖片漂移或悬液流入旁边槽中，要重新滴加。

（4）计数：在普通光学显微镜 10× 物镜下，采用"五点法"计数五小格的细胞数，压线者数上不数下，数左不数右（图 9-1）。

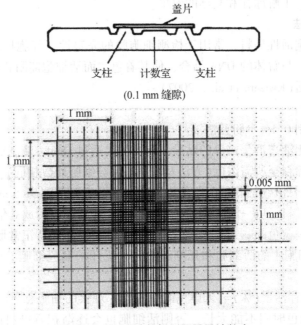

图 9-1　25×16 计数板侧面图及计数室

（5）结果：由于大格中每一大格体积为 0.1 mm^3，1 mL = 10 000 大格，因此，1 大格细胞数 $\times 10^4$ = 细胞数/mL。

$$细胞数/mL 悬液 = 五小格细胞总数/ 5 \times 25 \times 10^4 \times 稀释倍数$$

进行细胞计数时应力求准确，因此，在科研中，往往将计数板两侧都加上细胞悬液，并同时滴加几块计数板（或反复滴加一块计数板数次），最后取计数的平均值。

（6）注意事项：灌板前要充分摇匀，但避免产生过多气泡；镜下偶见有两个或以上细胞组成的细胞团，应按单个细胞计算，若细胞团 10% 以上，说明分散不好，需重新制备细胞悬液；试验中要注意枪头、计数板的清洁，避免灰尘、杂质影响计数。

2. 流式细胞仪计数

流式细胞仪利用流式细胞术使单个细胞随着流体动力聚集的鞘液在通过激光照射的检测区时，使光束发生折射、衍射和散射，散射光光检测器接受后产生脉冲，脉冲大小与被照细胞的大小成正比，脉冲的数量代表了被照细胞的数量。

3. 全自动细胞计数仪

包含全自动对焦和计数算法，从而快速精确地找到并计数细胞，较显微镜计数法能消除主观偏差，生成可靠的数据。

制备细胞悬液后，加样到玻板上，插入仪器，自动计数并生成报告。操作简单并拥有高细胞计数精度。

三、细胞活力测定

在细胞群体中总有一些因各种原因而死亡的细胞,总细胞中活细胞所占的百分比称为细胞活力。由组织中分离的细胞一般要检测活力,以了解分离过程中细胞是否有损伤;复苏后的细胞也要检测活力,了解冻存和复苏的效果。

(一)台盼蓝染色法

台盼蓝染液是细胞活性染料,常用于检测细胞膜的完整性。细胞损伤或死亡时,台盼蓝可穿透变性的细胞膜,与解体的 DNA 结合,使其着色。而活细胞能阻止染料进入细胞内。故可以检测细胞是否存活(Kwizera et al., 2007)。

(1)实验方法:

①用 Hanks 液配制 0.1%台盼蓝溶液。
②用胰蛋白酶消化液来消化培养的贴壁细胞,加入适量 Hanks 液制成细胞悬液。
③将待染色细胞稀释至所需浓度(方法及浓度范围与细胞计数相同)。
④每 0.1 mL 细胞悬液约加新鲜配制的染液一小滴,室温下染 3~5 min。
⑤染色过的细胞材料,取一滴细胞悬液置玻片上,加盖玻片后放高倍镜下观察。
⑥死亡的细胞着呈蓝色并膨大,无光泽。活细胞不着色并保持正常形态,有光泽。
⑦计数 1 000 个细胞中的活细胞和死细胞数目,统计未染色细胞。可按公式计算出细胞活率:

$$细胞存活率(\%) = 未染色的细胞数 / 观察的细胞总数 \times 100$$

(2)注意事项:染色时间不能太长,否则活细胞也会逐渐积累染料而染成颜色,使监测结果偏低;有潜在致癌危险,穿实验服并戴一次性手套进行实验操作。

(二)MTT 法细胞活力测定

MTT 细胞增殖及细胞毒性检测试剂盒(MTT Cell Proliferation and Cytotoxicity Assay Kit)是一种非常经典的细胞增殖和细胞毒性检测试剂盒,被广泛应用于细胞增殖和细胞毒性的检测。

(1)MTT 溶液的配制:用 5 mL MTT 溶剂溶解 25 mg MTT,配制成 5 mg/mL 的 MTT 溶液。配制后即可使用,或直接-20 ℃避光保存,也可以根据需要适当分装后-20 ℃避光保存。

(2)实验方法:

①通常细胞增殖实验每孔加入 100 μL 2000 个细胞,细胞毒性实验每孔加入 100 μL 5000 个细胞(具体每孔所用的细胞的数目,需根据细胞的大小,细胞增殖速度的快慢等决定)。按照实验需要,进行培养并给予 0~10 μL 特定的药物刺激。
②每孔加入 10 μL MTT 溶液,在细胞培养箱内继续孵育 4 h。
③每孔加入 100 μL Formazan 溶解液,适当混匀,在细胞培养箱内再继续孵育。直至在普通光学显微镜下观察发现 Formazan 全部溶解。通常 37 ℃孵育 3~4 h,紫色结晶会全部溶解。如果紫色结晶较小较少,溶解的时间会短一些。如果紫色结晶较大较多,溶解的时间会长一些,此时为加速溶解可以适当振摇数次。
④在 570 nm 测定吸光度。

(3)注意事项:MTT 溶剂在低温情况下会凝固,使用前请放置室内或 20~25 ℃水浴温育片刻至全部溶解后使用;MTT 配制成溶液后为黄色,需避光保存,长时间光照会导致失效;

Formazan 溶解液结冻或产生沉淀时可以室温或 37 ℃水浴孵育以促进溶解，并且必须在全部溶解并混匀后使用；加入 Formazan 溶解液后请适当轻轻混匀，但须注意避免产生泡沫。

(三) CCK-8 试剂盒测定

Cell Counting Kit-8 简称 CCK-8 试剂盒，是一种广泛应用于细胞增殖和细胞毒性的快速、高灵敏度检测的试剂盒。

(1) 实验方法：

①通常细胞增殖实验每孔加入 100 μL 2000 个细胞，细胞毒性实验每孔加入 100 μL 5000 个细胞（具体每孔所用的细胞的数目，需根据细胞的大小、细胞增殖速度的快慢等因素决定）。按照实验需要，进行培养并给予 0~10 μL 特定的药物刺激。

②每孔加入 10 μL CCK-8 溶液。如果起始的培养体积为 200 μL，则需加入 20 μL CCK-8 溶液，其他情况依此类推。可以用加了相应量细胞培养液和 CCK-8 溶液但没有加入细胞的孔作为空白对照。如果担心所使用的药物会干扰检测，需设置加了相应量细胞培养液、药物和 CCK-8 溶液但没有加入细胞的孔作为空白对照。

③在细胞培养箱内继续孵育 0.5~4 h，对于大多数情况孵育 1 h 就可以了。时间的长短根据细胞的类型和细胞的密度等实验情况而定，初次实验时可以在 0.5 h、1 h、2 h 和 4 h 后分别用酶标仪检测，然后选取吸光度范围比较适宜的一个时间点用于后续实验。

④在 450 nm 测定吸光度。

(2) 注意事项：该试剂盒的检测依赖于脱氢酶催化的反应，所以还原剂（例如一些抗氧化剂）会干扰检测，如果待检测体系中存在较多的还原剂，需设法去除；用酶标仪检测前需确保每个孔内没有气泡，避免干扰测定结果。

四、细胞生物学基础实验注意事项

(一) 按要求进行实验记录

(1) 实验原始记录须记载于正式实验记录本上，须有连续页码编号，不得缺页或挖补。

(2) 采用规范的专业术语、计量单位及外文符号不得使用铅笔或易褪色的笔记录。

(3) 实验记录需修改时，采用划线方式去掉原书写内容，但须保证仍可辨认。

(4) 如实记录实际所做的实验，实验结果、表格、图表和照片均应直接记录或订在实验记录本中，成为永久记录。

(5) 实验记录完整：日期，实验名称，试剂——名称、批号、厂家、浓度、溶剂、保存条件，细胞——名称、复苏、冻存、保存处，试剂的配制，实验方法，实验结果，出现的问题，实验小结。

(二) 实验安全

(1) 所有设备在使用前必须进行安全检查。

(2) 使用易燃易爆物质，要严格遵守操作规程，实验人员必须事先熟悉其特性和有关知识。

(3) 实验室使用的压缩气体钢瓶，应保持最少的数量。钢瓶必须牢牢固定，以免碰撞摔倒，发生意外。压缩气体钢瓶使用时，必须装上合适的控制阀、压力调节器。气瓶内气体不能用完，必须留有剩余压力。搬运压缩气体钢瓶必须小心注意轻搬轻放，避免摔倒撞击。

（4）在实验过程中，尽量采用无毒或低毒物质代替剧毒物质。在必须使用有毒物品时应事先了解其性质，做到安全使用。

（5）生物实验室应定期进行消毒灭菌，以保持工作环境的洁净，消灭细菌繁衍生长的条件。实验后的废弃物应及时妥善处理，不得随意丢弃。

（6）实验操作时必须细心谨慎，减少细菌向容器外繁衍的可能。操作完毕，应立即用消毒液等清洗有关器皿。

（7）搬运、使用腐蚀性物品要穿戴好个人防护用品。若不慎将酸或碱溅到衣服或皮肤上，应用大量清水冲洗。如溅到眼睛里，应立即用清水冲洗后就医，以免损伤视力。

（8）消防办法，实验人员在工作完毕离开实验室时，要确实做到断电、断水、关闭门窗。凡遇节假日，都要进行一次安全检查。

(三) 进入细胞间开始细胞培养时，必须严格注意卫生条件

（1）确定所有的细胞操作用的溶液和耗材都已经消毒并检测没有问题，不确定的溶液和耗材请勿使用，除非特殊情况，不要借用别人的溶液。

（2）确定衣服的袖口已经卷起或者白大褂的袖口已经扎紧。

（3）确定酒精灯内的乙醇量，需要的话及时进行补充。

（4）确定所有需要用到的溶液和耗材都放在伸手可及的位置。为了方便单手开启瓶盖，实验开始前可以把所有瓶盖旋松。

（5）操作时如果不能肯定所用的耗材是洁净的，必须及时更换。

（6）在进行换液或传代操作时，粘有细胞的移液枪头和移液管不要触及试剂瓶瓶口，以免把细胞带到培养基中污染其他细胞。

（7）在进行多种细胞培养操作时，所用器具要严格区分，最好做上标记便于辨别。按顺序进行操作，一次只处理一种细胞，多种细胞多种操作一起进行时易发生混乱。

（8）实验完毕及时收拾，保持工作区域清洁整齐，最后用75%乙醇清洁台面。

第十章　病毒学基础实验技术

病毒学是以地球上最微小的非细胞生物病毒为研究对象的一门科学。其中所研究的内容涉及病毒的类型、成分、结构、新陈代谢、生长繁殖、遗传、进化、分布等生命活动的各个方面，以及病毒与其他生物和环境的相互关系等。

病毒学的起源是以病理学的一个分支开始的，最早有文字记录所载的与病毒相关的历史可以追溯到公元前1400年，古埃及象形文字中描述了一位司祭人员的病状就是典型的脊髓灰质炎，也就是小儿麻痹症，这种古老的病毒病——脊髓灰质炎（polio），在1903年被证明是属于病毒病的一种。人类与病毒的斗争一直贯穿于整个人类的发展史中，从蒙昧时期的望而生畏，到现在随着科技的进步而有更多的手段检测防治病毒，而今人们不仅能有效控制病毒，还能利用病毒达到防治病毒病的目的。然而自然界的事物并非总是一成不变的，这些具有生物特性的病毒在与寄主的相互作用中，总是会不断演化、变异，甚至出现从未有过的新病毒。同时，寄主在病毒的侵染过程中也存在着被选择的过程，在长期演化过程中，寄主的致病与抗病两者会逐渐趋于平衡。这种病毒与寄主的矛盾对立体系总是由平衡到不平衡再到平衡的演化。从理论上来讲，人类与病毒病的斗争将是无止境的，监测防治任务也是任重道远，从而使病毒学仍不失其作为一门独立学科并保持其完整体系、继续深入发展的价值。

病毒学的发展使人们对生物的本质和形态有了全面的认识。通常对病毒的定义是：病毒是一种个体微小，结构简单，只含一种核酸（DNA或RNA），通过依靠寄主来合成必需组分以此进行复制增殖的亚显微（submicroscopic）的胞内绝对寄主生物（obligate intracellular parasites）。病毒是一种非细胞型生物，因为它具有决定可遗传的稳定性状的遗传物质，可以复制并增殖，有遗传变异等生物所应有的基本特性。病毒由一个核酸长链和蛋白质外壳构成，没有自己的代谢机构，也不存在酶系统。因此病毒离开了宿主细胞，就成了无任何生命力的惰性有机化合物。

病毒学发展的各时期在病原鉴定、传媒侵染、定性定量检测、复制机制、病原与寄主的相互作用，以及病毒基因组结构、基因的表达调控等方面都有显著的成果。直至目前，相关研究结果表明，对于病毒学的体外研究的比例要远大于体内研究。目前病毒学的研究更需要在分子水平上有所突破，了解病毒侵染与寄主的防卫体系、复制和突变的机制、侵染过程中对寄主的具体影响等。因而针对病毒的分子层面的研究需要与基因组学、细胞生物学、免疫学和神经生物学等密切结合，进行多维度交叉渗透研究，以期对病毒的检测防治谋求新方向、新策略。

第一节 病毒的分离与纯化技术

病毒的分离纯化技术是通过将纯粹的病毒粒子从采集到的病理组织、细胞培养物或者其他途径的体外环境中分离,去除组织、细胞等其他杂质的方法,以此获得纯净的病毒粒子并将其浓缩到一定浓度。对于病毒学的相关后续研究,无论是病毒的鉴定、分类,还是病毒结构、物化性质、基因结构、基因表达,抑或是与寄主关系等的研究,无不与病毒的分离纯化息息相关。通过病毒的分离与纯化获得有感染性的病毒制备物是病毒学研究和实践的基本技术。

本节主要介绍病毒标本的采集与处理、病毒的分离技术、病毒的纯化技术、病毒的保存技术及病毒的形态学观察技术这五个部分。

一、病毒标本的采集与处理

1. 病毒标本的采集

用于分离病毒的标本应含有足够量的活病毒,因此需要根据所需采集的病毒的生物学性质、病毒感染的特征、流行病学规律以及机体的免疫保护机制,来选择所需要采集标本的种类,确定最适采集时间,选择合适的采集方式。

本节所介绍的主要是在实践工作中所常用的病毒标本的采集处理,偏向于临床病毒及大部分动物病毒。植物病毒和部分的动物病毒采样直接简单,不需经过太多的步骤,采集到样品后直接低温送往实验室进行后续实验。一般来说,从动植物及临床上采样获取含病毒的组织、包含物或细胞样本等,应尽可能地保持样本的新鲜,在采集后尽快送往实验室进行后续操作,如不能及时送往实验室则应立即低温或者冷冻保存,大部分病毒在一般情况下是不容易冻死的。同时,采样过程应特别注意病毒的生物安全性。对于人和动物有高致病性的病原,还需要特殊的处理和防护。

取材部位决定了后续病毒的分离是否成功。一般采集的临床病毒包括:血液、鼻咽分泌液、咯痰、粪便、脑脊液、疱疹内容物、活检组织或尸检组织等(表10-1)。在病理实践中,呼吸道感染最重要的取材部位是咽部,通常取鼻咽分泌物、洗漱液或痰液等。肠道感染则取粪便标本。全身型感染一般取全血,疾病早期也是病毒血症期,白细胞内通常可查出病毒。水疱性疾病采集水疱皮和水疱液,活检组织应采集有病变的部位,若是尸体剖检后比如像实验动物解剖后采集样品,一般是采集有病理变化的器官或组织。

鼻、咽喉洗液:可以用 5~10 mL 生理盐水,让患者含漱几次,收集于无菌容器中而取得。

鼻、咽喉或直肠拭子:将拭子放入 2 mL 的试管,其中含有 Hank's 平衡盐溶液,也可将拭子放入含抗菌素的培养管中。

粪便标本:取 5~10 g 粪便标本,放于无菌容器中。

血标本:由静脉采血 5~10 mL。如用全血需加 1/1000 的抗凝剂,如用血清则可不加。

组织或脏器:通常只取病变部位,由于病毒对热不稳定,收集的标本通常应放在冷的环境并且添加保护剂(如 Hank's 平衡盐溶液、牛血清白蛋白等)以防病毒失活。

表 10-1 常见临床疾病标本的采取

临床疾病	常伴有的病毒	标本的收集
呼吸道疾病	流感病毒	鼻拭子或洗液
	副流感病毒	咽拭子
	呼吸道合胞病毒	痰
	腺病毒、鼻病毒	咽拭子和急性期血清
肠胃炎	轮状病毒	直肠拭子
	腺病毒	粪便
	肠道病毒	血液
肝炎	甲、乙、丙型肝炎病毒	急性期和恢复期血清
	EB病毒	
	巨细胞病毒	
皮肤及黏膜疾病	水痘—带状疱疹病毒	水泡液、疱疹基底部取材
	单纯疱疹病毒	咽拭子
	麻疹与风疹病毒	

通常病毒标本的采集遵循以下几点原则：

①时间：选取合适的病毒样本采集时间，一般在发病初期（急性期）采取，较易检出病毒，越迟阳性率越低。特别是对病原分离、抗原和核酸检测。

②类型：在感染部位或接近感染部位采取病毒样本。

③含量：标本的量不能太少，有可能的情况下一次取多种样品，比如说在病症的急性期和恢复期都取标本。

④运输：冷藏速送，一般在 4 ℃ 左右条件下进行。病毒离活体后在室温下很易死亡，故采得标本应尽快送检。如果是远距离运送，应将标本放入装有冰块或干冰的容器内送检。病变组织则应保存于 50% 的甘油缓冲盐水中。盛放标本的容器及保护剂应该是灭菌的取样过程要注意无菌操作，如果不小心污染了样本，可以选择加双抗生素或氯仿处理。如鼻咽分泌液、粪便等应加入青霉素、链霉素等，以免后续实验中标本中存在杂菌污染细胞或鸡胚，而影响病毒分离。

实验室收到采集的标本后应该立即进行处理，如果超过 8 h 以上无法及时处理的话，应将初步处理的标本放在 -20 ℃ 或 -80 ℃ 冰箱贮存。同时要注意实验室的安全问题，一是避免工作人员在实验室感染；二是防止病毒从实验室扩散。

2. 病毒标本的处理

不同的病毒会有不同的样品前期处理方法。比如研磨、冻融、低速离心或滤菌器过滤等。

植物病毒和部分动物病毒先期的预处理大多是将获取病毒标本在低温下研磨并冻融至少一次。在研磨时可以加入生理盐水或 PBS，或者直接加细胞培养液。为了让细胞完全破裂，将细胞内的病毒释放到溶液中研磨完全后可以再冻融 1~3 次，然后低速离心取上清用 0.22 μm 的滤膜过滤，即得到初步的病毒样品。

临床病毒在处理上就会稍微复杂一些。对病毒样本适当处理的目的是除去标本中的杂质和杂菌,以及将病毒释放出来,以利于检测或保存。

血清或血浆标本:应注意避免溶血,如为血浆标本要合理选择抗凝剂,标本为全血时,须及时分离出血浆。凝固的血液离心后即可得到血清。检测抗体的血清标本试验前应在56 ℃处理30 min以除去非特异性物质及补体。

(1)不同病毒样本的处理:

①鼻咽拭子、直肠拭子等。直接放入含抗生素或Hank's平衡盐溶液的培养管中。

②组织器官标本。须先加入无菌生理盐水或缓冲液,在研磨器中充分研磨,若为结缔组织应加入适量铝氧粉,以便将病毒释放出来,制成悬液,经离心后接种。具体通常是用无菌操作取一小块样品,充分剪碎,研磨后用捣碎机制成匀浆,随后加1~2 mL Hank's平衡盐溶液制成组织悬液,再加1~2 mL继续研磨,逐渐制成10%~20%的悬液。随后加入复合抗生素。以1000 r/min离心15 min。取上清液用于病毒分离接种。细胞沉淀物也可以接种于合适的培养液系统中。

③粪便标本。取4 g粪便放入16 mL Hank's平衡盐溶液中制成20%的悬液,密闭容器中剧烈振荡30 min左右,可以加入玻璃珠等加剧振荡力度,以3000 r/min低温离心30 min,取上清,再次重复离心。而后使用450 nm的滤膜过滤,并加入适量浓度复合抗生素,就可以接种到合适的培养系统中。

④无菌的体液(腹水、腹水、脊髓液、脱纤血液、水疱液等)和鸡胚液样品可不做处理,直接用于病毒分离。

一般经过上述处理后的标本就能用于后续的病毒实验,但是采样过程中病毒标本可能因为组织器官自身的问题或者外界环境的影响,存在污染的情况,这时候就需要进行特殊的除菌处理。

(2)一般的除菌方法:

①乙醚除菌。对有些病毒(如肠道病毒、鼻病毒、呼肠孤病毒、腺病毒、小RNA病毒等)对乙醚有抵抗力,可按冷乙醚∶样品 = 1∶1(v/v)加入,悬液充分振荡,置4 ℃过夜。取用下层水相分离病毒。

②染料普鲁黄(Proflavin)除菌。由于其对肠道病毒和鼻病毒很少或没有影响,常用作粪或喉头样品中细菌的光动力灭活剂。将样品用0.0001 mol/L pH 9.0的普鲁黄于37 ℃作用60 min,随后用离子交换树脂除去染料,将样品暴露于白光下,即可使其中已经被光致敏的细菌或霉菌灭活。

③过滤除菌。可用陶土滤器、瓷滤器、石棉滤器或者200 nm孔径的混合纤维素酯微孔滤膜等除菌,但对病毒有损失。

④离心除菌。用低温高速离心机以1800 r/min离心20 min,可沉淀除去细菌,而病毒(小于100 nm)保持在清液中。必要时转移离心管重复离心一次。

有些标本(如组织标本)脂类和非病毒蛋白含量很高,必要时在浓缩病毒样品之前可用有机溶剂(如正丁醇、三氯乙烯等)抽提,方法是将预冷的有机溶剂等量加入样品中,强烈振荡后,以1000 r/min离心5 min,脂类和非病毒蛋白保留在有机相,病毒则保留在水相。应当注意的是,对有机溶剂有抗性的病毒才能这样处理。

二、病毒的分离技术

(一)不同来源病毒的分离

根据不同来源的病毒使用不同的分离方法。病毒具有严格的细胞内寄生性,必须在活细胞内才能增殖。选择何种接种途径主要取决于病毒的宿主范围和组织嗜性,同时应考虑操作简单、易于培养、所产生的感染结果容易判定等要求。

(1)噬菌体标本可接种于生长在培养液或培养基平板中的细菌培养物。

(2)于敏感植物叶片,产生坏死斑或枯斑。

(3)动物病毒标本可接种于敏感动物的特定部位,嗜神经病毒主要采取动物脑内接种。

(4)嗜呼吸道病毒接种于动物鼻腔或在鸡胚的尿囊腔或羊膜腔中接种。

(5)嗜皮肤病毒可接种动物皮下、皮内或鸡胚的绒毛尿囊膜。

噬菌体标本可接种于生长在培养液或营养琼脂平板中的细菌培养物,噬菌体的存在表现为细菌培养液变清亮或细菌平板成为残迹平板。若是噬菌体标本经过适当稀释再接种细菌平板,经过一定时间培养,在细菌菌苔上可形成圆形局部透明区域,即噬菌斑(plaque)。

植物病毒的来源一般是从田间取得的标本材料,很可能是混杂有不同病毒或同种病毒不同株系的混合物。可以利用专一寄主植物分离病毒。对一些样本中混杂着不同种类的病毒,用只能感染某种病毒而对其他病毒免疫的专化寄主加以分离,也可接种在枯斑寄主上作3~4次"单斑分离"。也可以利用不同病毒的物理特性去掉不需要的病毒,比如致死温度、稀释限点、体外保毒期等。如上述方法都不能使用时,可利用病毒的沉降系数在病毒纯化过程中设法分开。分离出来的病毒,要接种回原作物观察是否重现原有症状,确认无误后,才能再进行病毒的增殖。必要时需进行电镜观察和血清学测定确认为"纯毒系"。

(二)病毒的培养

对于大部分临床病毒的分离,培养病毒的方法主要有动物接种、鸡胚接种、组织细胞培养法,其中以细胞培养法最为常用。

(1)动物接种:这是最原始的病毒培养方法。根据病毒种类不同,选择不同的敏感动物和适宜的接种部位,进行病毒的接种培养。常用的实验动物有小鼠、大鼠、豚鼠、兔子和猴等,可以选择的接种途径有鼻内、皮下、皮内、脑内、腹腔内、静脉等。

(2)鸡胚接种:因为鸡胚对多种病毒敏感的特性,根据种类不同,可以将待分离病毒标本接种于鸡胚的羊膜腔、尿囊腔、卵黄囊或绒毛尿囊膜上。

(3)组织细胞培养:将离体活组织块或分散的活细胞加以培养。

(三)细胞培养的类型

(1)原代细胞培养:采用机械捣碎研磨方式或通过胰蛋白酶等处理离体的新鲜组织器官,制成分散的单个细胞悬液,加入细胞生长液后分装于培养瓶中,活细胞贴壁生长繁殖,数天后形成单层细胞,称原代细胞培养。常用的原代细胞有鸡胚、猴肾和人肾细胞等(表10-2)。

(2)次代细胞培养:将原代细胞培养物轻微消化后,再用移液枪洗下细胞分装至含新鲜细胞培养液的培养瓶中继续培养,就是次代细胞培养。

(3)二倍体细胞株:原代细胞经过多次传代仍能保持二倍体特性的,就称为二倍体细胞株。细胞的二倍体特性通常需要具有如下特点:具有两倍性染色体($2n$),组型正常;培养条件下呈有限生命力，不能无限期分裂繁殖；无致癌性。常见的二倍体细胞株有来自人胚肺的 WI-26 与 WI-38 株等（表 10-2）。

（4）传代细胞系：来源于肿瘤细胞或细胞株在传代过程中变异的细胞系，是能在体外无限传代的单一型细胞系。常用的传代细胞有宫颈癌细胞（HeLa）、人喉上皮癌细胞（Hep-2）等（表 10-2）。因其对病毒的敏感性稳定，且易保存，所以常用于病毒的分离鉴定，但也因为它们多是癌细胞，因此不能用于疫苗的制备。

表 10-2 可培养的病毒细胞类型及实例

细胞类型	实例	可培养的病毒
原代细胞	猴肾细胞 兔肾细胞 人胚胎肾细胞	流感病毒、副流感病毒、肠道病毒 单纯疱疹病毒 腺病毒、肠道病毒
二倍体细胞	纤维原细胞	巨细胞病毒、水痘—带状疱疹病毒、单纯疱疹病毒、鼻病毒、肠道病毒、腺病毒、呼吸道融合病毒
连续细胞系	Hep-2 A549 MDCK LLC-MK2 RD Buffalo green monkey	呼吸道融合病毒、腺病毒、单纯疱疹病毒、副流感病毒、肠道病毒 单纯疱疹病毒、腺病毒、肠道病毒 流感病毒 副流感病毒 echo 病毒 柯萨奇病毒

在寄主细胞的复制过程中，病毒也在细胞内不断扩增，最终导致在显微镜下可见的细胞病变效应（cytopathic effect，CPE）。不同的病毒侵染寄主细胞后形成的 CPE 不尽相同。例如，细胞聚集成团、肿大、圆缩、脱落及细胞融合形成多核细胞，细胞内出现包涵体（inclusion body），乃至细胞裂解等，故接种于细胞培养的标本主要以细胞病变作为病毒感染的指标。更为详细的解释就是：①细胞溶解，在培养瓶中可能观察到空斑的出现，若标本经过适当稀释进行接种并进行恰当的染色处理，病毒可在培养的细胞单层上形成肉眼可见的局部病损区域，即蚀斑（plaque）或称空斑，如肠道病毒；②细胞融合，形成多核巨细胞或称为融合细胞，如巨细胞病毒；③细胞变大、变圆，堆积成葡萄串状，如腺病毒；④胞质内或胞核内出现包涵体，如狂犬病病毒和麻疹病毒；⑤细胞代谢的改变，一般病毒感染细胞以后会使细胞培养液的 pH 值发生相应的变化，说明细胞本身的代谢因为病毒的侵染已经发生了变化。这一培养方法的最大优点在于：通过同一培养方法可以对多种病毒，甚至是以前不了解的病毒进行相应的检测。

如果在第一次接种之后并未出现病毒感染症状，此时往往需要重复接种，进行盲传（blind passage）。盲传就是通过选取接种后却并未出现感染症状的宿主或细胞培养的样本，经过离心等处理后再接种于新的宿主或细胞培养，以此来提高病毒的毒力（virulence）或效价（title）。如果接种的标本中有病毒存在，经重复传代，病毒的效价或毒力提高，一定会在新的宿主或细胞培养中产生感染症状。相反，在盲传二代后若仍无感染症状出现，便可否定标本中有病毒存在。同时还有一种可能情况的存在，病毒的增殖会出现干扰现象，某些病毒感染细胞后并不会出现 CPE，但却能干扰在它之后进入同一细胞的另一种病毒的增殖，阻止后者特有 CPE 的出现，也可以作为一种评判依据。

三、病毒的纯化技术

在基础病毒学研究以及实际应用方面,病毒的纯化(virus purification)和检测往往是非常重要且不可或缺的。鉴定病毒、制造疫苗或体外筛选治疗药物,以致利用病毒为载体进行基因治疗都需要纯化的病毒。基础研究如病毒的鉴定、分类、结构、物化性质,病毒基因组结构,基因表达与寄主相互关系等几乎病毒分子生物学的全套内容也都离不开纯化的病毒。由于病毒只能在活细胞内繁殖,所以用于病毒制备的起始材料只能是病毒感染的宿主机体、组织或细胞经破碎后的抽提物,或病毒感染的宿主的体液、血液和分泌物,或病毒感染的细胞培养物的培养液等。在这些材料中不可避免地混杂有大量的组织或细胞成分、培养基成分、可能污染的其他微生物与杂质。为了得到纯净的病毒材料,必须利用一切可能的方法将这些杂质成分除去,这就是病毒的纯化。通常是利用物理或化学的方法尽可能地去除宿主细胞中的组分,将病毒从其宿主细胞内提纯出来,在纯化过程中保持病毒的生物活性和感染性。

1. 病毒纯化的标准

有关病毒的纯度到目前为止尚未出现一个公认的绝对标准,在实际工作中,人们常使用相对的病毒纯度作标准。

(1)物理的均一性:通过电子显微镜观察待测定病毒颗粒在凝胶电泳等电聚焦的迁移率、测定病毒颗粒的扩散常数、沉淀常数或溶解常数等的均一性,目前仍是比较可靠的方法。实验表明,待检样品物理均一性越高,病毒的纯度越高。

(2)蛋白质含量与病毒滴度的比例:病毒样品的感染或血清学反应滴度的比例越高者,病毒纯度也越高。

(3)免疫学反应:在一般情况下,免疫反应单一(即特异性)又不表现有其他特异性反应者,通常说明病毒样品是纯净的。然而有些污染物质不产生抗体,所以如果只是使用免疫学方法是很难检查出这些不纯的物质的。

(4)形成结晶:通常认为,结晶的存在也能作为病毒纯度的验证指标之一,因为只含有核蛋白、核衣壳的病毒颗粒,在很纯净的情况下,与其他蛋白质一样,可以形成结晶。但是,混杂有少数杂质者,有时同样可能生成结晶,所以结晶的形成与否,也不是病毒纯度的绝对标准。

病毒纯化有如下两个标准:第一,由于病毒是有感染性的生物体,所以纯化的病毒制备物应保持其感染性,纯化过程中的各种纯化方法对病毒感染性的影响及最终获得的纯化制备物是否符合标准,都可利用病毒的感染性测定进行定量分析;第二,由于病毒具有化学大分子的属性,病毒毒粒具有均一的理化性质,所以,纯化的病毒制备物的毒粒大小、形态、密度、化学组成及抗原性质应当具有均一性表现,并可利用超速离心、电泳、电镜或免疫学技术进行检查。

2. 病毒纯化的一般原则

病毒纯化的方法主要是依据该病毒的性质、成熟情况和培养条件而定。不同病毒的纯化方法都不可能完全相同,但是各种病毒纯化时应考虑的通用原则如下:

(1)将病毒释放到细胞外:对于某些病毒(如痘类病毒、疱疹病毒、被膜病毒、正黏病毒和副黏病毒及逆转录病毒等)均是有外壳的病毒,他们之中有的通过芽生而释放到细胞外(如痘类病毒、被膜病毒、正黏病毒和副黏病毒等），有的通过使细胞爆破而释放到细胞外（如疱疹病毒、无外套病毒如腺病毒、乳多空病毒、小 DNA 病毒和小 RNA 病毒等）。因此，对容易释放的病毒可以取培养液、尿囊液进行提纯。而对不容易释放的病毒就应先将细胞破裂（如研磨、高速捣碎、冻融、超声波处理或高压冲击、中性去污剂裂解、蛋白酶酶解等物理学和化学方法），再进一步浓缩纯化。

（2）去除病毒材料中的大部分细胞碎块：通过低速离心沉淀可将病毒样品中大部分细胞碎块及一些其他杂质去除。如先用 2000~6000 r/min 将含病毒的悬液离心 30~40 min，这样可以去除约 90% 以上细胞碎块和杂质，获得比较纯的病毒悬液。

（3）病毒悬液浓缩：初步纯化后的病毒悬液通常可以初步进行电镜检查，，满足大部分的生物特征分析，如核酸分析、免疫分析等。但一些实验分析需要更高浓度、更高纯度的病毒液，就需要进一步的超速离心来浓缩病毒悬液。

3. 细胞破碎方法

除极少病毒外，病毒颗粒主要存在于寄主组织细胞内，所以纯化的第一步就是设法破碎寄主受侵染的细胞。细胞需要被剧烈地破碎，通常使用如下几种方式：

（1）超声破碎：密集的小气泡迅速炸裂，破坏细胞。

（2）高压匀浆：机械切割力。

（3）高速珠磨：玻璃小珠、石英砂、氧化铝等研磨剂。

（4）酶溶法：溶菌酶、蛋白酶、葡聚糖酶。

（5）化学渗透：渗透压改变使细胞破裂。

（6）反复冻融：形成冰晶，使细胞膨胀破裂。

细胞破碎后，内部精密的细胞结构被破坏，正常的生理条件已不存在，释放出来的细胞汁液有可能不是生理中性的，而是酸性或偏碱性的，原来大多固定在细胞器上的各种酶也被释放。病毒特别是仅具裸露蛋白质外壳的病毒，其毒粒的表面电荷受 pH 值的影响较大，被相同蛋白质亚基组装起来的毒粒的可溶性也必然取决于细胞汁液 pH 值的变化。一旦 pH 值使毒粒表面正负电荷相等，即毒粒处于等电点（isoelectric point，pI）时，溶解度最低，很多病毒特别是长颗粒的病毒，在等电点时将会形成不可逆的沉淀。如果处理不当，很可能与细胞残渣碎片在纯化的前几步中一起被遗弃掉。大多数病毒毒粒的等电点在 pH 4.0 左右，而最稳定、溶解度最大是在 pH 7.0 左右。此时可用 0.1 mol/L 磷酸缓冲液（pH 7.0）来破碎病变细胞，萃取病毒。需要注意的是，缓冲液的盐浓度不能太高，离子强度太高，有可能使外壳蛋白的亚基之间弱的离子键或氢键解离使毒粒解体。细胞被破碎后会释放出各种酶，尤其是各种蛋白酶。其中核酸酶对病毒威胁性最大，因此纯化过程中部分毒粒失活，丧失侵染力都是有可能的。通常破碎细胞、萃取以及以后各纯化步骤都在 4 ℃ 左右进行。

4. 病毒的物理和化学纯化方法

（1）水提：通过高分子复合物的多孔纤维素膜透析袋的渗透作用，可从样品中提取水或者微量的溶质。这种方法较为简单，但过程比较慢，液体量为 500~1000 mL 时需要 24 h，因此该方法适合液体量少于 1 L，有一定抵抗力的病毒的浓缩。用于水提取的是吸湿的大分子物质，可防止进入待纯化的样品中，通常为 PEG 聚合物、聚乙二醇等。这种薄片或粉状材料较便宜，吸水性强，且对大多数病毒无影响。

通常将封装好待浓缩样品的透析袋放在装有 PEG 的容器内，在透析袋上洒上一点水，再盖上一层 PEG；40 ℃下需要浓缩 2~24 h。

(2) 聚乙二醇沉淀法：这一方法是浓缩大量病毒悬液和初步提纯病毒最常用的方法之一。聚乙二醇(PEG)是环氧乙烷和水缩合而成的水溶性非离子型聚合物，无毒、无刺激性，具有各种不同的相对分子质量，用于病毒沉淀浓缩的通常为相对分子质量在 2000~6000 的 PEG，其中以 PEG 6000 效果最好。随着相对分子质量增大，其吸湿能力逐渐降低。相对高分子质量的 PEG 因黏度太大而使用不便。PEG 可以使病毒颗粒形成多聚体，在较低离心力条件下就可以沉淀。一般有三种浓缩方法：

①直接加入法：病毒悬液量少时候使用此法。在病毒悬液中加入 8%~10%的 PEG，搅匀使病毒沉淀。

②液体浓缩法：在去除杂质碎片的待浓缩病毒样品中加入氯化钠至终浓度为 0.5 mol/L，加浓度为 6%~8%PEG 使病毒颗粒沉淀，4 ℃下放置 4~18 h，以 5000~10 000 g 离心 0.5~1 h，用原液量 1%~5%的缓冲液重悬沉淀。

③固体浓缩法：将 PEG 固体覆盖于装有病毒悬液的透析袋上，进行浓缩。

(3) 超过滤法：原理是利用超滤膜通过高压过滤的方法将水、盐及小分子滤过，将大分子或病毒等颗粒截留。超滤膜孔径要比病毒颗粒小且只能去除比病毒小的细胞碎块。用该法浓缩后病毒悬液的盐分不会增加。

(4) 吸附法：原理是利用病毒颗粒表面离子与吸附剂的亲和性，在病毒吸附之后，使用适当的条件将病毒洗脱下来，这是正吸法。与此相反，仅吸附组织或细胞来源的不纯物质，而让病毒颗粒通过，然后进行超速离心以收集上清液中的病毒，此为负吸附法。

吸附剂必须具备以下特点：较大的表面积和吸附能力；较高的吸附选择性；便于洗脱；性质稳定。病毒纯化过程中可利用的吸附剂有硫酸钙细颗粒离子交换树脂、二乙基氨基乙纤维素、羧甲基纤维素、磷酸铝、氢氧化铁、氢氧化铝、活性炭、红细胞等。吸附法的专一性不强，对吸附剂的亲和性因病毒性质不同而异。

①凝胶吸附法：常用的凝胶有磷酸钙凝胶和氢氧化锌凝胶，磷酸钙凝胶用 0.001 mol/L 磷酸盐缓冲液悬浮，置于 4 ℃冰箱中 4~5 d，使之充分沉淀后使用；氢氧化锌凝胶混在病毒悬液中，形成的复合物沉淀后，用 0.08 mol/L EDTA(pH 8.5)处理能比较好地解离病毒。

②红细胞吸附法：用于某些与红细胞吸附的病毒(如正黏病毒和副黏病毒)的浓缩。选择适宜的动物红细胞如鸡红细胞进行吸附浓缩。基本步骤为：用 1%~3%的红细胞与病毒悬液混合，吸附 1 h 以上；以 1000 r/min 离心 10 min，沉淀吸附病毒的红细胞，弃上清液，生理盐水洗涤 2 次；用 1/50 原体积的磷酸缓冲液重悬红细胞沉淀，在 37 ℃保温 2~3 h；取出后再次用以 1000 r/min 离心 10 min，上清即浓缩的病毒悬液。由于红细胞吸附法是特异的，对一些小 DNA 病毒、痘病毒、小 RNA 病毒、弹状病毒及披膜病毒也可以用红细胞吸附释放法进行浓缩。

③葡萄糖柱层析法(图 10-1)：葡聚糖凝胶是指由葡聚糖与其他交联剂交联而成的凝胶。最常见的是 Sephadex 系列，主要型号是 G-10 至 G-200，后面的数字是凝胶的吸水率(单位是 mL/g 干胶)乘以 10。如 Sephadex G-50，表示吸水率是 5 mL/g 干胶。Sephadex 的亲水性很好，在水中极易膨胀，不同型号的 Sephadex 的吸水率不同，它们的孔径大小和分离范围也不同。

数字越大的，排阻极限越大，分离范围也越大。G-25 分离范围 1000~5000 适用于脱盐、肽与其他小分子的分离；G-200 分离范围 5000~600 000 适用于蛋白分离纯化、相对分子质量测定、平衡常数测定。

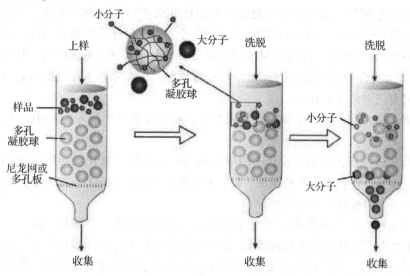

图 10-1　葡萄糖柱层析法示意

通常的操作方法是：将初步浓缩的材料，通过葡聚糖 G150 或 G200 柱层析，然后用 0.02~0.15 mol/L 磷酸盐缓冲液（pH 7.6）洗脱，分部收集，测定 280 nm 波长处的 A 值，滴定 A_{280} 值的各部分的效价，将含病毒的各部分相混合，再浓缩，透析之后，即可得到比较纯净的病毒。

5. 病毒纯化的超速离心技术

超速离心法（ultracentrifugation）是提纯各种大小的病毒颗粒的一个有效的手段。含病毒的组织提取液第一步的分离纯化可用低速离心法，离心速度和时间取决于病毒沉降速度。但低速离心的情况下仍可能含有较大的细胞组分，如果加大离心力和增加离心时间，可能会损失更多的病毒。所以，一旦获得澄清的组织提取液可利用以下方法将病毒进一步纯化浓缩。

（1）差速离心法（differential centrifugation）：这是一种利用转数的差异选择分离不同大小颗粒的方法，它的原理是基于不同大小和比重的粒子有不同的沉降速度，适合分离沉降速度差别较大的粒子。适用于从组织培养液、鸡胚尿囊液或经过红细胞吸附—释放的病毒悬液中提纯病毒。差速离心极为简便，通过逐渐增加离心速度或采取低速和高速交替进行即能达到分离的目的。一般反复进行 2~3 次的高低速交替离心即可达到沉降目的。在差速离心过程中大的颗粒、碎片在低速时很快会沉降，其他被分离的病毒颗粒则留在上清液中，再通过高速离心将它们沉淀。由于在低速离心时，被分离的病毒颗粒很可能会不可避免地被大的颗粒、碎片裹挟而下沉，因此，可将沉降物（pellet）重新悬浮，然后进行第 2 次的低速与高速交替离心。差速离心法是分离、纯化细胞、病毒和颗粒的第一步，但质量相差一个数量级的物质才能得到有效的分离，而且实验过程须多次离心，沉淀中有夹带，分离效果差，不能一次得到纯颗粒，沉淀于管底的颗粒受挤压，容易变性失活。

（2）密度梯度离心法（density gradient centrifugation）：这是一种将样品加在惰性梯度介质

中进行离心沉降或沉降平衡,在一定的离心力下把颗粒分配到梯度中某些特定位置上,形成不同区带的分离方法。

①优点。分离效果好,可一次获得较纯颗粒;适应范围广,能像差速离心法一样分离具有沉降系数差的颗粒,又能分离有一定浮力密度差的颗粒;颗粒不会挤压变形,能保持颗粒活性,并防止已形成的区带由于对流而引起混合。

②缺点。离心时间较长;需要制备惰性梯度介质溶液;操作严格,不易掌握。

密度梯度离心的关键是需要制备一个密度梯度溶液,随着离心半径的增加,介质密度(或浓度)逐渐增加,这种整个离心管呈现梯度变化的溶液称为密度梯度溶液(图10-2)。密度梯度法又细分为两种:差速区带离心法和等密

图10-2 梯度混合仪

度区带离心法。前者根据不同颗粒间存在的沉降速度差,使得颗粒在一定离心力下各自以一定的速度沉降在密度梯度介质的不同区域上形成区带。后者则是预先放置好梯度介质,分离效率取决于样品颗粒的浮力密度差,密度差越大,分离效果越好,与颗粒大小和形状无关。

用于病毒纯化的密度梯度介质有很多种,常见的有氯化铯、蔗糖和酒石酸钾等(表10-3)。收集区带的方法有:①用注射器和滴管由离心管上部吸出。②用针刺穿离心管底部滴出。③用针刺穿离心管区带部分的管壁,把样品区带抽出。④用一根细管插入离心管底,泵入超过梯度介质最大密度的取代液,将样品和梯度介质抽出,用自动部分收集器收集。

注意离心过程中不得随意离开,应随时观察离心机上的仪表是否正常工作,如有异常,应立即停机检查,及时排除故障。同时低温离心时,转头在使用前应放置在冰箱或离心机的转头室内预冷。

表10-3 用于病毒分离纯化的密度梯度介质的理化特性

介质	组分	相对分子质量(Da)	最大密度(g/cm^3)	离子强度	黏度
无机盐	氯化铯	168.4	1.88	++++	+
	三氯乙酸铯	245.9	2.60	++++	+
有机分子	蔗糖	342.3	1.30	无离子	++++
	水溶性聚蔗糖	400 000	1.23	无离子	++++
	酒石酸钾	226.3	1.23	++++	+
芳香族碘化物	Nycodenz	821	1.48	无离子	++
	Metrizamide	789	1.42	+	++
	Renografin	614	1.46	+	++
硅胶	Percoll	NA	1.13	无离子	+

(3)凝胶色谱法(gel chromatography)：利用化合物分子大小和扩散速率(diffusion rate)来区分它们的方法，也称为分子筛色谱(molecular sieve chromatography)。

(4)电泳(electrophoresis)：当病毒颗粒不是处在等电点时它的表面总是带电荷的，因此可以以某种电场内移动，不同病毒甚至是同一病毒的不同株系的颗粒都会有不同的电泳迁移率。但是这种方法制备的纯病毒，制备量少操作繁杂。

第二节 病毒的保存技术

大部分病毒很容易被冻存在细胞培养液中。病毒是一种无细胞结构的生命体，个体小、结构简单并且不含水，因此它较之其他微生物要更稳定。病毒的感染力在低于-60 ℃的时候会得到很好的冻存效果，如果温度逐渐升高(超过4 ℃)，其感染力会显著下降。一般而言，小病毒比大病毒稳定；DNA病毒比RNA病毒稳定；在室温条件下，无包膜病毒比有包膜病毒稳定，这种差别在低温或者极低温度下不明显。一般不推荐将病毒悬液储存在-20 ℃。但是如果对病毒感染力没有要求，储存的样品只用于临床诊断(例如利用ELISA检测病毒抗原)，可以将样品储存在-20 ℃，在这个温度下病毒的抗原活性不变。

在液氮中储存的病毒库，如果没有保存在热收缩管中，可能会造成交叉污染。蛋白质对于病毒保存来说是一种有效的保护剂，一般来说，使用的悬浮培养液为包含10%或者更高含量血清或者其他蛋白的组织培养基。储存不稳定的病毒(如呼吸道合胞病毒等)时，可以利用特殊的蛋白保护剂，比如包含1%的牛血清蛋白的蔗糖—磷酸—谷氨酸溶液或者高渗透性的蔗糖溶液。一般来说，推荐使用高滴度的病毒悬液，并且小体积(0.1~0.5 mL)快速冷冻储存。在使用病毒之前，应将冻存的病毒小管迅速放到37 ℃水浴锅里解冻。包含病毒病原物的样本可以保存在-70 ℃或者-80 ℃几年时间，而病理学特性不会改变。在组织或者血液来源的样本中，病毒可以储存在极低温度下，而不用特殊处理。一般来说，温度越低保存时间越长。

病毒还可以进行冷冻干燥保存。它的原理是：病毒悬液冷冻后，在真空中使水分由固体直接升华为气体，在低温、干燥和缺氧环境下，病毒的病理性特性保持不变，进入休眠状态，保存期较长，便于运输。

第三节 病毒的形态学观察技术

含有高浓度病毒颗粒的样品，可直接应用电镜技术(electromicroscopy，EM)观察。对那些不能进行组织培养或培养有困难的病毒，可用免疫电镜技术(immunoelectromicroscopy，IEM)检查，即先将标本与特异性抗血清混合，使病毒颗粒凝聚，这样更便于在电镜下观察，可提高病毒的检出率。用此法从轮状病毒感染者的粪便标本、HBV或HIV感染者的血清标本及疱疹病毒感染者的疱疹液中，均可快速检出典型的病毒颗粒，故可帮助早期诊断。

一、负染技术

负染技术是用重金属染液里的金属原子作为电子"染料"，把密度较低的生物标本(病毒)包绕而形成明显反差的方法。细胞或组织标本制成超薄切片后可以进行负染。一般是通过将等量的病毒悬液和2%磷钨酸染液混合。用毛细管滴到有膜的载网上。再吸去过多的病毒染液混合物。最后在电镜观察。

负染技术应用于临床标本时，往往遇到病毒量不足的问题，可用以下两种方法加以改善。用0.1%牛血清白蛋白水溶液处理（洗）载网；将载网置真空喷镀仪中进行辉光放电（glow discharge）。

二、免疫电镜技术

病毒颗粒经过特异性抗体结合并凝聚成团之后，在负染下显示出病毒结构或包被病毒颗粒的抗体，这种电镜技术称作免疫电镜技术。

一般是将0.9 mL的病毒悬液中加0.1 mL 1∶10稀释的恢复期病人血清（或用已知病毒免疫血清）充分混合。设阳性对照。混匀后，37 ℃，孵育1 h。制作电镜标本。负染后电镜观察。

三、超薄切片法

由于电子显微镜的照明电子束的穿透力很弱，一般光学显微镜所使用的切片对电子束来说太厚了，大多数电子都被切片所吸收，无法成像。因此，需要将样品切成超薄切片（厚度≤120 nm），电子才能穿透并参与成像。其中又分为常温超薄切片和冷冻超薄切片两种。

第十一章 基因组学方法

第一节 测序技术

一、测序技术的基本原理

1944年的肺炎双球菌实验证实了遗传物质是DNA。1953年，沃森（Watson）和克里克（Crick）在DNA是遗传物质的基础上提出了DNA双螺旋结构和DNA复制机制，标志着生物学研究进入了分子生物学时代，从此人们开始了在分子水平上研究生命的征程。1953—1970年，分子生物学迅速发展，在此期间，科学家们先后发现了DNA、RNA聚合酶，提出了DNA半保留复制原理，发现并破译64个密码子，并提出标志着分子生物学学科理论体系形成的"中心法则"。1990年，人类基因组计划开启之后，标志着基因组时代的到来。

基因（gene），又称遗传因子，指携带遗传信息的DNA或者RNA序列，是控制生物体遗传性状的基本单位。基因组（genome），由德国汉堡大学植物学教授汉斯·温克勒（Hans Winkler）于1920年首次提出，用于表示生物体全部基因和染色体组成的概念。因此，基因组是指生物所具有的携带遗传信息的遗传物质的总和，这些遗传物质包括DNA或RNA（病毒RNA）。基因组包括编码DNA和非编码DNA、线粒体DNA和叶绿体DNA。1986年，美国科学家T. Roderick首先提出基因组学（genomics），通过对所有基因进行基因作图、核苷酸序列分析、基因定位和基因功能分析，从而阐明整个基因组的结构、结构与功能关系以及基因之间相互作用的科学。简而言之，基因组学就是在基因组水平上研究基因组结构和功能的科学，基因组学包括结构基因组学、功能基因组学、比较基因组学等三大分支。

基因组测序是包含在结构基因组学领域的重要内容，由于人类基因共有30亿个碱基对，因此需要将体积庞大的整个基因组DNA分解成小片段，然后将分散的小片段依次进行测序，最后将测序的片段按序列组装。从1977年第一代DNA测序技术—Sanger法（Sanger et al.，1977），再到第二代测序技术的出现（Shendure et al.，2008），象征着测序技术的迅猛发展。而每次技术的变革都会对生物学研究、医学、生物进化、制药工业、生物技术等领域产生重大的推动作用。

第一代测序技术先后由两大科学团队开创，1975年，桑格（Sanger）和考尔森（Coulson）通过自创的DNA双脱氧链终止法测定了第一个基因组序列：噬菌体X174的5 375个碱基。其次是马克西姆（Maxam）和吉尔伯特（Gilbert）于1976—1977年发明的化学链降解法。后来，相关研究人员在Sanger法的基础上进行不断改进，2001年，首个人类基因组图谱的测定标志着第一代测序技术的成熟。Sanger法技术的主要原理是，首先使DNA聚合酶延伸引物，该引物结合在特定的待测序列模板上,并加入一定比例的带有放射性同位素标记的双脱氧核苷三磷酸(ddNTP)来终止延伸反应,原因是 ddNTP 的 2′和 3′端都没有羟基(—OH)的存在,在 DNA 合成的过程中不能够形成磷酸二酯键,因此可以用来终止链的延伸,反应的终止点由加入的 ddNTP(ddATP、ddGTP、ddCTP、ddTTP)决定。整个测序过程有 4 部分独立的反应构成,每个反应都含有 4 种脱氧核苷三磷酸(dNTP),且加入的脱氧核苷三磷酸的浓度可以调节。利用反应终点的不同可得到大小不同的链终止产物,通过高分辨率的聚丙烯酰胺凝胶电泳分离大小不同的片段,凝胶处理后采用放射自显影或非同位素标记进行片段检测。

在 Sanger 测序技术发展的阶段,还有焦磷酸测序技术、连接酶法等,焦磷酸测序技术后来被 Roche 公司的 454 技术所利用,连接酶法被 ABI 公司的 SOLID 技术所使用,但核心原理仍然是利用 Sanger 技术的链终止原理。这也标志着第二代测序技术的到来。此外,还有 Illumina 公司的 Solexa 和 Hiseq 的边合成边测序(sequencing-by-synthesis,SBS)技术。目前第二代测序应用最广泛,其主要原理是使用带有可以切除的叠氮基和荧光标记的 dNTP 进行合成测序,由于叠氮基的存在,在链合成的过程中,每进行一次测序只能形成一个碱基。同时,不同的 dNTP 中所含有的 A、G、C、T 会携带不同的荧光信号,从而在每次测序的时候都会测出不同的荧光类型以测定不同的碱基序列。

近年来,随着测序技术的发展,以 PacBio 公司的 SMRT 和 Oxford Nanopore Technologies 纳米孔单分子为代表,出现在生物组学的研究中。SMRT 的核心原理与二代测序相似,同样采用了边合成边测序的思想。其基本原理是:在 DNA 链合成体系中加入带有不同发光波长和峰值的碱基,从而根据碱基互补原则,判断基因序列。同时 DNA 聚合酶是实现超长读长的关键因素之一,读长主要跟 DNA 聚合酶的活性相关,该酶活性会受到测序过程激光的影响。SMRT 技术的关键在于怎样将反应信号与周围游离碱基的强大荧光背景区分。因此采用零模波导孔原理:通过仪器中带有特定大小(100 nm)的密集小孔来透过微波,若孔径过大,微波能量会在衍射效应的作用下穿透面板而泄漏;若孔径小于发出微波,微波则可受到保护,此时,激光从底部打上去后不能穿透小孔进入上方溶液区,能量被限制在一定范围内,足够覆盖所需的检测部分,使得信号仅来自此区域。孔外多余的游离核苷酸留在微波所不能照射的地方,从而实现将背景干扰降到最低。Oxford Nanopore Technologies 公司的纳米单分子测序技术是基于电信号而不是光信号,设计了一种独特的纳米孔,当 DNA 碱基通过纳米孔时,电荷会发生变化,瞬时影响纳米孔所流过的电流强度,根据不同碱基对电流强度的影响程度不同,高灵敏度的仪器设备会根据电流的微妙变化勘测出不同的碱基信号,从而实现基因组的测序。

二、测序的操作流程

(一) Illumina 公司测序

根据测序类型,测序可分为单向测序(single-read sequencing,SR)、双向测序(paired-read sequencing)和混合样品测序(indexed sequencing)。单向测序是指将 DNA 打断成数百个短链,对片段两端加上接头(adapter)进行稀释,再将基因片段上的接头与流动池上的接头碱基互补配对,从而被固定到流动池上,以样本为模板,使流动池上的片段进行延长,剩下的复制链其一端已"锚定"在流动池上,另一端随机和周边的引物互补,从而形成"桥"。此单链桥以周围引物为扩增引物,在流动池上进行扩增,形成双链桥。经变性,双链桥变成单链,并作为下一轮扩增模板继续进行扩增。扩增若干轮后，每个单分子得到了大量扩增，从而形成"DNA 簇"，随后用 ddNTP 阻断反应。双向测序是指检测基因片段的两端序列信息。混合样品测序是指将多种样品混合测序后，再通过预先的编码进行区分的测序技术。

测序流程主要由 DNA 待测文库组建、流动池内 PCR 扩增、基因组测序、数据分析四大步骤组成。文库组建的目的是在目的 DNA 片段两端都连上目的接头。首先利用超声波将待测样本打断成小片段(200~500 bp)，紧接着 T4 酶对打断的片段末端进行修复，Klenow 酶在 3′端加上 A，随后利用 DNA 酶将测序引物和 DNA 片段连接，就组成了单链 DNA 组库。接下来就是构建流动池，在实际操作中，流动池就是一种有 8 条泳道(lane)的芯片(大约 2 mm 厚)，每个泳道为两列，每列分布多个均匀的小格，每个泳道内的表面随机布满了能够与文库两端接头互补的 DNA 小片段，用于吸附流动的 DNA 片段，并能够使 DNA 在流动池表面进行桥式 PCR 的扩增。将文库加到泳道后，文库两端序列和泳道互补，随后加入 dNTP 和酶，调至适当的延伸温度，使流动池中的小片段进行互补延伸形成双链 DNA。再加入碱液使 DNA 链解链，并冲洗泳道，此时新合成的单链末端已经结合在泳道内从而留在泳道内，随后使用中性溶液使泳道变为中性，将温度调至降火温度，此时新的游离端会和泳道内其他碱基配对，从而弯曲形成桥。若再加入 dNTP 和酶，再将温度调至延伸温度，便会进行第二条桥链的形成，以此类推，逐渐累积，从而形成 DNA 簇。此过程的目的在于使碱基信号强度增大，使其达到可检测水平。DNA 链扩增达到一定的要求后，将其中的一条链切断，加入碱性溶液并冲走，剩余的 DNA 单链便可用于后续的测序。之后，向流动池中加入含有叠氮基团且带有不同荧光标记的 dNTP，由于 dNTP 的 3′端被叠氮基团封闭，因此每次反应只能延伸一个碱基，在 dNTP 在加入合成链后，其他未被使用的 dNTP 和酶均被洗脱掉，此时，加入荧光所需要的缓冲液，用激光激发荧光所需的荧光信号，此时，光学设备完成荧光信号的记录，从而实现边合成边检测。接着加入特定的化学试剂切取荧光基团从而淬灭荧光信号，同时能够切去叠氮基团，再加入新的 dNTP 和酶从而开始第二次测序。重复此过程便可得到 DNA 模板的序列信息。对于双端测序，在完成上述的操作后，可对 DNA 片段进行反向阅读，从而使在单侧制备文库的情况下，使有效测序长度增长了一倍。先加入 dNTP 和酶，再次合成第一条链，然后切除新合成链的一端，用碱性溶液冲洗掉，然后加入 dNTP 进行反向测序。

Illumina 公司的 HiSeq2000 测序技术通过单分子阵列实现小型流动池(flow cell 进行 PCR 反应(Caporaso et al., 2012)。以 HiSeq2000 测序仪为例，接下来简要概述设备的组件和主要操作流程。

如图 11-1 所示，仪器左侧主要由光学控件、流动池(flow cell)舱盖(可真空吸附流动池)、

图 11-1　HiSeq2000

鼠标键盘组成。仪器右侧上部分为注射泵，下部分为试剂舱(4 ℃恒温)。

HiSeq 的具体操作流程为首先在 HSC 软件中建立测序信息，然后安装试剂，同时清洁并安装好流动池，再进行核对试剂进行第一个碱基的合成，仪器对焦，并对流动池每个泳道上下表面进行线性扫描，进行数据报告，接着继续运行程序，依此类推，直到测序完成。最后对仪器设备进行清洗。HiSeq2000 一次最多能读 200 个碱基，用时大约 11 d。

(二) Roche 454 公司测序

Roche 454 测序的由来是 Roche 公司于 2005 年收购了 454 生命技术公司。该技术主要是基于焦磷酸法测序，其主要流程包括：制备 DNA 文库、乳化 PCR 富集、焦磷酸测序。主要在 454 测序仪(图 11-2)中进行测序。

1. 制备 DNA 文库

与 Illumina 测序方法不同的是，Roche 454 是在雾化杯中采用雾化法将 DNA 片段打碎成小片段(300~800 bp)，主要参数设置为一个标准大气压下氮气雾化 1 h。同时被打断的 DNA 用 QIAGEN 柱进行纯化。纯化后的 DNA 需要在 DNA 的帮助下进行 DNA 末端修复从而补平 DNA 末端。然后再在 T4 PNK 酶的作用下使 5′端磷酸化，并依赖 Taq DNA 聚合酶使平末端加 A。总的概括来说就是：末端修复并加 A。修复后的 DNA 片段会结合带有 T 尾的 Y 型分子接头，从而形成连接物。连接产物在 Ampure XP 磁珠和特殊的盐溶液的作用下进行纯化，同时筛选掉片段大小低于 650 bp 的 DNA 片段。接下来是专门设计融合引物并对基因组 DNA 进行 PCR 扩增，纯化后可获得扩增子文库以用于后续测序。

2. 乳化 PCR 富集

首先进行乳化体系制备，将包含 PCR 所有反应成分的水溶液注入高速旋转的矿物油表面，水溶液瞬间形成无数个被矿物油包裹的小水滴。这些小水滴就构成了独立的 PCR 反应空间，这就使得数量庞大的反应在独立的空间内进行 DNA 扩增。理想状态下，每个小水滴只含有一个 DNA 模板和一个磁珠。这些被小水滴包裹的磁珠表面包含有与接头互补的 DNA 序列，因此这些单链 DNA 序列能够特异地结合在磁珠上。同时孵育体系中含有 PCR 反应试剂，能够保证每个磁珠与每个小片段结合后都能够独立进行 PCR 扩增，并且扩增产物仍可以结合到磁珠上。主要步骤是将乳化后的 PCR 体系等体积分装至 96 孔板中(100 μL/孔)，在 PCR 仪上进行 12 h 扩增。反应结束后，通过破坏每个孵育体系从而将带有 DNA 磁珠富集下来。而后进行扩增，每个小片段都会被扩增 1000 万倍，以供焦磷酸测序所需的 DNA 量。

3. 焦磷酸测序

测序前需利用聚合酶和单链结合蛋白对带有 DNA 的磁珠进行处理，接着将磁珠放在 PTP 平板上，该平板有特制的直径为 44 μm 的许多小孔，每个小孔仅能容纳一个小磁珠，因此，通过此方法来确定每个小磁珠的具体位置，以便检测接下来的测序反应过程。

焦磷酸法测序是将一种比 PTP 板上的孔的直径小的磁珠放在小孔中，从而开始测序，测序反应以磁珠上大量扩增的 DNA 为模板，每次反应加入一种 dNTP 进行合成反应。若 dNTP 能够与待测序列配对，则会在合成后释放焦磷酸基团。被释放的焦磷酸基团会与反应体系中的 ATP 焦磷酸化酶进行反应生成 ATP。此后，ATP 和荧光素酶共同氧化使测序反应中的荧光素分子发出荧光信号，同时由 PTP 板上的另一侧 CCD 照相机记录，最后通过计算机对光学信号接收处理，从而获得测序结果。由于每一种 dNTP 在反应中产生的荧光的颜色不同，因此可以根据荧光颜色来判断分子的序列。反应结束后，游离的 dNTP 会在双焦磷酸酶的作用下被降解成 ATP，从而导致荧光信号消失，以利于测序反应进入下一个循环。

(三) ABI 公司 SOLiD 技术

美国应用生物系统公司(ABI)于 2007 年推出以酶连接法为核心的 SOLiD 测序技术，即利用 DNA 连接酶在连接过程中测序。2010 年推出最新测序平台——SOLiD(Supported Oligo Ligation Detetion)，以 4 色荧光标记寡核苷酸的连续连接反应为基础，与传统的边合成边测序技术有所不同。SOLiD 的操作流程主要有：DNA 文库构建、乳化 PCR 以及连接酶测序。

1. DNA 文库构建

和上述方法相似，都是将 DNA 片段打断成小片段(60~110 bp)，两端加上 SOLiD 接头(P1、P2 adapter)。而制备末端配对文库，先通过 DNA 环化、Ecop15I 酶切等步骤截取长 DNA 片段(600 bp 到 10 kb)两末端各 25 bp 进行连接，然后在该连接产物两端加上 SOLiD 接头。两种文库的最终产物都是两端分别带有 P1、P2 adapter 的 DNA 双链，插入片段及测序接头总长为 120~180 bp 并在片段两端添加测序接头，连接载体，构建单链 DNA 文库。

2. 乳化 PCR

SOLiD 的乳化方法和 454 方法类似，同样采用小水滴乳化 PCR。文库制备后得到许多末端带有 P1、P2 接收子，但内部插入序列不同的 DNA 双链模板，DNA 模板便可分别与 P1、P2 接收子结合的 P1、P2 PCR 引物。P1 引物固定在 P1 磁珠球形表面(SOLiD 将这种表面固定着大量 P1 引物的磁珠称为 P1 磁珠)。PCR 反应过程中磁珠表面的 P1 引物可以和变性模板的 P1 接收子负链结合，促使模板合成，因此，P1 引物引导合成的 DNA 链也就被固定到 P1 磁珠表面了。SOLiD 法中乳滴的大小较 454 系统中的乳滴大小(直径 1 μm)要小很多。在扩增的同时对扩增产物的 3′端进行修饰，这是为下一步的测序过程做准备。3′端修饰的微珠会被沉积在一块玻片上，在微珠上样的过程中，沉积小室将每张玻片分成 1 个、4 个或 8 个测序区域。

3. 连接酶测序

连接酶法测序是 SOLiD 测序所独特的地方。它并没有采用以前测序时所常用的 DNA 聚合酶，而是采用了连接酶。SOLiD 连接反应的底物由 8 个碱基组成的单链荧光探针混合物。连接过程中，这些探针按照碱基互补配对原则与 DNA 单链模板链进行配对。探针的 5′末端分别标记了 CY5、Texas Red、CY3、6-FAM 这 4 种颜色的荧光染料。并且这四种颜色分别用数字"3，2，1，0"示意；探针 3′端 1~5 位为随机碱基，可以是"A，T，C，G"四种碱基中的任何一种碱基，其中第 1、2 位构成的碱基对是表征探针染料类型的编码区，"双碱基编码矩阵"规定了该编码区 16 种碱基对和 4 种探针颜色的对应关系，而 3~5 位的"n"表示随机碱基，6~8 位的"z"指的是可以和任何碱基配对的特殊碱基，由上可知，SOLiD 连接反应底物中共有 45 种底物探针。单链荧光探针中的 8 个碱基的第 1 位和第 2 位碱基是确定的，并根据种类的不同在 6~8 位上加上不同的荧光标记。这也是 SOLiD 独特的测序方法，两个碱基确定一个荧光信号。相当于一次能决定两个碱基，也因此称两碱基测序法。当荧光探针能够与 DNA 模板链配对而连接上时，就会发出代表第 1，2 位碱基的荧光信号。记录荧光信号后，通过化学法在第 5 位和第 6 位碱基间进行切割，这样就能够移除荧光信号，以便后续测序的进行。接着会用引物 n-1 进行第二轮的测序，引物 n-1 与引物 n 的区别是二者在与接头配对的位置上相差一个碱基。也就是说,通过引物 $n-1$ 在引物 n 的基础上将测序位置向 3′端移动一个碱基位置,因此能够测定第 0、1 位和第 5、6 位,依此类推,直到第五轮测序结束,最终完成所有位置的碱基测序,并且每个位置碱基被检测了 2 次。

三、现有测序技术的优点和不足

一代测序开启了人们对基因组的探索,一代测序最大测序长度可达 1000 bp,准确性高达 99.999%,具有高读长的特点,能很好地处理重复序列和多聚序列。但是一代测序技术成本过高,不适合大范围地应用,因此,二代测序能够在一代测序的基础上,弥补一代测序的不足,最主要的体现是二代测序能够显著降低测序时间,就拿测序人类基因组学来说,一代测序大约需要长达 3 年才能够完成测序,而对于二代测序来说仅需要 1 周的时间。

Illumina 公司的测序技术因在测序过程中值添加一种 dNTP,能够很好地解决同聚物长度测量的准确性,将错误率控制在 1% ~ 1.5%,且测序效率高。主要缺点是数据处理和分析费用很高。454 测序技术最大的优势在于能够测得较长的基因序列,当前其检测长度平均可达 400 bp,并且 454 技术和 Illumina 的 Solwxa 和 Hiseq 技术不同,最大的不足之处是无法准确测量同聚物的长度,如当序列中存在类似于 polyA 的情况下,测序反应会一次加入多个 T,而所加入的 T 的个数只能通过荧光强度推测获取,这就导致测序结果的不准确性,也因此使得 454 技术会在测序过程中引入插入和缺失的测序错误。该技术是第二代读长中能够达到最高的技术,但该技术所使用的样品制备较困难,对重复和相同的碱基多聚区域的处理相对困难。在仪器运行的过程中,试剂的冲洗会带来错误的累计。SOLiD 测序过程中的连接反应没有 DNA 聚合酶合成过程中常有的错配问题,而 SOLiD 特有的"双色球编码技术"又提供了一个纠错机制,这样设计上的优势使得 SOLiD 在系统准确性上大大领先于其他平台。目前最新款 SOLiD 5500xl 含有 2 张微流体芯片(microfluidic flow chip),每张芯片含有 6 条相互独立的运行通道(run lane)。每条 lane 都能运行相对独立的测序反应,这样的设计使得 SOLiD 5500xl 测序平台极具灵活性。最大测序读长为 75 bp,同样支持 Fragment、Pair-end 和 Mate-Paired 文库。单次运行能得到的最大数据量为 300 Gb(使用最新设计的 nanobeads)。测序的系统准确性能达到 99.99%。其主要缺点是测序所需时间长,读长短,造成成本高。获得数据后,对数据处理难度系数高,并将基因组进行拼接的过程难度更高。

四、测序技术改进的方向和途径

第一代测序和第二代测序各有优缺点,近年第三代测序基础正崭露头角,在一、二代测序技术的基础上不断进行优化,对未来基因组测序技术的不断改进发挥指导性的作用。在原始技术中边合成边测序的理论基础上,可以将高级技术与现代高科技结合。例如,以 MRT 芯片为测序载体的测序技术,在碱基配对的阶段,不同碱基的加入会发出不同光,根据光的波长与峰值可判断进入的碱基类型。同时,DNA 聚合酶在与模板结合的过程中,是实现超长读长的关键之一,读长主要跟酶的活性保持相关,会受到激光对其造成的损伤。同时,个别技术在测序时反应信号会和周围游离碱基所发出的荧光信号混合,这会妨碍了准确信号的获取。为解决这一问题,可采用零微波导孔技术。通过控制孔径的大小,使发出的线性微波足够覆盖需要检测的部分,且不能够检测到孔外所游离的碱基使其仍保留在黑暗处,从而实现将背景降到最低。传统的基因组测序都是通过处理光学信号来获取基因组数据,此外还可利用电信号来处理数据。目前 Oxford Nanopore Technologies 公司就是利用不同碱基对电流强度的影响不同,并通过高度灵敏的电子检测设备从而鉴定不同的碱基。此外,该公司还推出纳米孔测序技术,可直接在基因组水平上研究表观遗传现象,为后期研究提供了很大的便利。

此外,应尽量降低测序过程中对样本或环境的污染和损伤,对于人体、动物和植物组织等微生物含量较低的生物样本,常规 DNA 提取手段会在不同程度上对样品或环境造成污染。目前,对样品的污染可在后续数据处理过程中,通过比对宿主来除去干扰。对于微生物含量较低的样本可采用全基因组扩增技术实现 DNA 的富集。但此方法会增加实验成本,因此需要研发出高效实惠的方法增加 DNA 沉降系数。最后,还要在基因组数据生物信息学分析的流程和规范性上改进,将该技术与其他技术相结合,更能发挥好基因组测序的长处(陈龙等,2017)。

综合上述基因组测序技术,目前的技术各有优势与不足,整体特点是具有较长的读长,但错误率很高;抑或是错误率低,但读长短,效率低。这些技术共同的特点是测序成本较高,因此,这就需要突飞猛进的科学技术做支撑,推进基因组测序技术的发展,从而降低操作经费。

第二节　测序技术的应用

基因组测序技术不断发展,其应用领域不断被开发,分别被应用在 16S rRNA、全基因组、转录组、宏基因组和宏转录组的测序上。下面将逐一介绍基因组学测序技术在上述领域中的具体应用。

一、16S rRNA 测序

16S rRNA 是核糖体的 RNA 的一个亚基,其核苷酸种类少,含量占比大(约占细菌 DNA 含量的 80%),大小适中(1540 kb),存在于所有的生物中,具有稳定性高、提取简单和易于分析等特点。16S rRNA 基因包括 10 个保守区和 9 个可变区(v1~v10),保守区反映了物种间的亲缘关系,而可变区则可用于指示物种间的差异。MiSeq 可对 16S rRNA 中可变区的 v3~v4 进行测序,以此来研究微生物的多样性和差异性。16S rRNA 测序基本流程是:提取基因组 DNA、目的片段 PCR 扩增和文库构建、上机测序、数据处理。其中经常被用到的软件是 QIIME 等生物信息分析软件。在测序报告中,可操作分类单元(operational taxonomic unit, OTU)、Alpha 多样性、Beta 多样性等重要数据(Haas et al., 2011)。下面以小鼠肠道菌群 16S rRNA 测序为例,详细介绍基于 16S rRNA 测序对小鼠肠道的分析过程。

首先将冻存于-80 ℃的小鼠肠道取出,并用 DNA 提取试剂盒对肠道组织 DNA 进行提取,使用酶标仪确定 DNA 浓度及纯度,并采用通用的引物进行 16S rRNA 的 v3~v4 基因进行 PCR 扩增。而后采用 Illumina 公司的 Pacbio 测序仪进行测序,并对高通量测序的原始下级数据进行初步筛选。对于初步筛查的数据,采用双端序列连接、去除嵌合体等技术对序列进行预处理以提高数据质量。其次,对获取的序列进行 OTU 归并划分,用于分类学地位鉴别以及系统发育学分析(图 11-2)。根据 OTU 在不同样本中的丰度分布。评估每个样本的多样性水平,同时利用稀疏曲线或物种累计曲线(图11-3)反映测序深度是否达标。然后对各样本在不同分类水平的具体组成进行组间差异分析,如Alpha多样性分析、Beta多样性分析、主成分分析。其中,Alpha多样性分析可用于分析样本内微生物群落多样性,反映样本内微生物群落丰度和多样性。Beta多样性分析用于分析不同样本的微生物群落构成,考察不同样本间菌群结构的相似性。在此基础上,利用多种多变量统计学分析工具,进一步衡量不同样本间的菌群结构差异。最后,根据16S rRNA基因测序结果,还可预测各样本的菌群代谢功能。

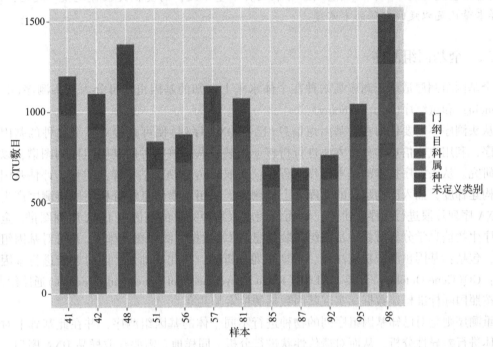

图 11-2　OTU 划分和分类地位鉴定

4、5、8、9分别表示四个组别,其后数字代表组内样本

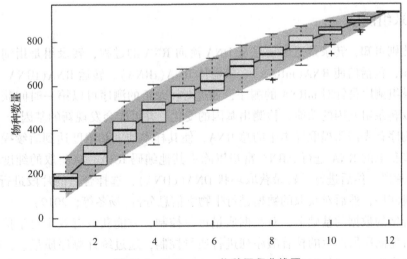

图 11-3　Specaccum 物种累积曲线图

> 注：横坐标代表样本量，纵坐标代表被检测的物种数，灰色区域表示曲线的置信区间。结果反映了在对样本总体抽样的过程中，持续扩大样本量时所观察到的新物种的增加速率。一般而言，在样本量较少时，随着新样本的加入，将有较大可能性发现大量的新物种（如OTU），此时曲线将呈现急剧上升的形态；当样本量已经较大时，此时群落中的OTU总数将不再随着新样本的加入而显著增加，曲线也将趋于平缓。因此，可以利用物种累积曲线判断样本量是否足够大，曲线急剧上升表明样本量不足，需要扩大采样规模；反之，则表明样本量已足以反映群落的丰富度。

二、全基因组测序

全基因组测序适用于测序某物种在个体水平上未知的基因组。可分为从头测序（de novo sequencing）和重测序（re-sequencing）。

从头测序不需要任何参考基因组信息（已有DNA序列）便可直接对某个物种的基因组进行测序，利用生物信息学分析方法进行拼接、组装，获得该物种的基因组序列图谱，以用于后续研究。从头测序技术的基本操作流程是：获取样品DNA，估量样品质量，评估基因组特征，构建梯度，插入已构建好的文库，上机测序，采用生物信息学分析手段将测序产生的海量DNA序列片段进行排序、拼接，从而组装出该物种完整的基因组DNA序列图谱。全基因组测序生物信息学分析可获得基因组拼装信息（原始数据、测序覆盖率），并可对基因组进行注释，包括：基因预测、功能注释、重复序列分析等；在此基础上，同时还能进行基因功能分类：GO（Gene Ontology）分类、KEGG（Kyoto Encyclopedia of Genes and Genomes）通路绘制等；最后按照国际标准构建数据库实现基因数据的检索与共享。

重测序则是对已知基因组序列的物种进行不同个体的基因组测序，并在此基础上对个体或群体进行差异性分析，从而对遗传性状进行分析。同样地，需要获取样品DNA序列，构建文库进行上样测序，通过参考基因组，并进行序列对比，检测单核苷酸多态性位点，分析基因拷贝数变化，检测结构变异位点，从而进一步进行群体进化分析和挖掘功能基因。

三、转录组测序

由中心法则可知，转录是遗传信息从DNA流向RNA的过程，转录组是指细胞内所有转录产物的总和，包括信使RNA（mRNA）、核糖体RNA（rRNA）、转运RNA（tRNA）以及非编码RNA。而转录组测序是针对mRNA的测序，通过对转录组的测序可以第一时间获取样本转录组信息，获取转录组基因的功能，检测出基因的变化，并可能会发现新的基因。

转录组测序首先需要提取样本中的总RNA，使其样本纯度和浓度达到后续操作标准，其次再针对初步获取的RNA进行mRNA富集以除去其他编码RNA。将获取的纯度较高的mRNA打碎成小片段，然后进行反转录获取环状DNA（cDNA），选择合适的片段进行PCR富集，然后进行上机测序，然后对获取的数据进行生物学信息分析（汤冬等，2019）。

在获取合格的数据的基础上，对数据质量进行控制，方能获取有效生物学信息。即对经过数十到数百轮测序所产生的核苷酸序列进行质量控制，通过统计测序质量、去除接头和低质量的读本等来确保数据的质量。可利用fastx L15I、cutadapt、Trimmomatic-1等软件对数据质量进行控制，来处理测序后得到的原始数据以用于后续分析。把筛选好的读本与参考基因组进行对比，若没有基因组作参考，则需要把转录组进行从头组装，并以其为参考模板。需要被比对到参考基因组或者转录组上。如果没有参考基因组，则需要先把转录组序列从头组装，再把从头组装的序列作为参考转录本，进行差异表达量分析。在此基础上可实现基因功能的预测，如 GO（Gene Ontology）富集、KEGG 富集（Kyoto Encyclopedia of Genes and Genomes）、蛋白互作网络等。GO 富集的核心思想是聚类分析，聚类是将同一组中的对象与相似的其他组相比较，从而推测出目标基因的功能。聚类分析包括层次聚类、K-均值聚类、K-中心点聚类和基于网络或模型等。KEGG 是基于分子水平信息的一些聚类技术，特别是大型分子数据集合而生成的基因组测序数据库和其他高通量实验得出的数据库资源，是一个有关 Pathway 的主要公共数据库，在给出一套完整基因的情况下，它可以对蛋白质在各种细胞活动中的作用作出预估（姚娜等，2017）。通过高通量测序几乎可以得到所有的转录信息。在与基因组注释文件比对后，我们可以对 mRNA 结构及变异进行分析，包括新转录本的预测、可变剪切分析、SNV 分析。总的来说，转录组测序能够分析生物体细胞基因表达差异，对基因进行 QTL 定位和功能预注释分析从而发现新的基因，对单核苷酸多态性进行分析，并在其基础上实现基因功能的预测。

四、宏基因组学测序

宏基因组（Metagenome），自然界中全部微小生物遗传物质的总和。而宏基因组学（Metagenomics）是以环境样品中的微生物群体基因组为研究对象，以功能基因筛选和测序分析为研究手段，可用来研究微生物多样性、种群结构、进化关系、功能活性、相互协作关系，以及与环境之间的关系。宏基因组测序摆脱了传统研究中微生物分离培养的技术限制，可直接从环境样本中进行 DNA 提取，测序通量大，效率高，获取信息全面。在微生物菌群低丰度水平鉴定以及发现有利基因资源方面占据很大优势，也因此在微生物领域的研究成为热门研究对象，其应用范围也正不断扩大。宏基因组测序的主要包括：获取样品 DNA，并对其质量进行检测，然后对 16S、18S 或 ITS 进行区域扩增，将扩增后的样品混合开始上机测序，最后对数据进行生物学分析，从而得到可靠有效的数据（Morgan et al.，2010）。

由于宏基因组数据容量大，复杂程度高，涵盖了元数据和测序数据。为了保证宏基因组数据的高质量，需要对这些元数据和测序数据进行严格的质量控制检测。目前宏基因组测序一般依赖于二、三代测序技术，虽然测序速度快，但其准确度下降，这就需要对测序深度进行进一步挖掘。首先需要对元数据和测序数据的一致性进行检查，元数据是对数据进行描述的数据，在宏基因组测序过程中，元数据可作为实验设计、材料来源、结果描述等重要数据，目前，国际基因组标准联盟，建立了基因组、宏基因组等元数据检查列表和环境描述包。在对元数据进行检查之后，还需对数据的准确性进行检查，查看是否有遗漏、错误匹配或错误标。对原始数据的检测中，通常采用 FastQC 和 PRINSEQ 检测软件包进行检测，检测报告中会显示所测序片段的碱基分布及碱基比例、GC 含量、接头信息等结果。根据检测结果对低质量序列进行过滤和切除，剔除无关序列及接头序列。在获取质量较高的数据的基础上，对样本中的菌群组成进行分析，分析后对不同分组的样本进行主坐标分析等系列分析。

五、宏转录组学测序

宏转录组学测序是在样品中的微生物的全部 RNA 水平上，分析微生物群落中活跃菌种的组成以及活性基因的表达。宏转录组在进行物种鉴定的同时，也能研究活跃菌群的组成以及高表达基因的组成情况，揭示特定环境因子影响下菌种的适应性以及基因表达可能的调控机制(Kuchenbauer et al.，2008)。

原核生物的宏基因组测序较真核生物测序较繁琐，因为原核生物中的 mRNA 只占全部 RNA 的 1%~5%，其余大部分为 rRNA 和 tRNA，且原核生物的 mRNA 没有真核生物 mRNA 的 poly A 结构，因此，无法采用 oligo T 方法直接将 mRNA 纯化出来，但可以利用 rRNA 探针将 rRNA 除去，或者利用大肠杆菌中的 poly(A)聚合酶，在 mRNA 的 3′端接上 poly(A)，这样就可以用 oligo T 法将 mRNA 纯化出来。接下来就是常规的基因组文库的建立，再对上机后的数据进行生物学分析，分析的流程包括如下操作：对测序下机的双端原始数据进行质量控制，获取可用于下游分析的高质量序列；获取到质量高的序列后，将宿主 RNA 和细菌的 rRNA 序列清除，以得到 mRNA 的转录本序列；然后，对每个样本分别进行 Denovo 拼接，构建宏转录组序列集合，并利用相关软件进行基因预测，获得非冗余蛋白序列集；再获得非冗余蛋白序列的基础上，用常见的数据库进行对蛋白进行功能注释，获得各功能类群丰度图谱，并进行差异比较分析、代谢通路富集分析、聚类分析等；其次，对序列进行物种注释，获得种以及种以下精细水平的物种组成谱，并进行差异比较分析、聚类分析、物种组成分析和关联网络分析；最后，基于上述获得的功能丰度谱和物种组成谱，可以进一步对宏转录组样本进行 Alpha 和 Beta 多样性分析，进而通过统计学方法筛选得到关键生物标记物。该技术可应用于人体微生态、食品、农业、工业等相关领域的研究。目前，基于宏转录组测出的人体肠道和粪便研究已成为研究的热点。

第三节　序列的组装和解读：生物信息学

生物信息学就是使用计算机软件程序来对生物信息进行处理、分析，以得到对生物体的深刻认识的学科，该学科是生物学、计算机和信息学所交叉的学科，并在生物学学科的建设发挥重要作用。基因组测序作为生物信息学的重要分支，要在基因组测序的策略、序列的组装、序列的解读、序列数据库建立上下功夫，以发挥其在生物信息学中的重要作用。

一、基因组测序的策略

基因组测序的策略包括定向测序策略和随机测序策略。

定向测序策略是从一个大片段 DNA 的一端开始按顺序进行分析。传统的定向测序策略是用高分辨率限制酶切图谱确定小片段的排列顺序，然后将小片段亚克隆进合适的克隆载体并进行序列分析。现如今，不同测序策略的出现，丰富了基因组测序的方法，首先是引物引导的序列分析，在第一轮 DNA 分析中，将通用引物进行酶法测序，在接下来的酶法测序中，每一轮测序反应的引物由上一轮测序反应所获得的 DNA 片段末端所确定，这样就通过"行走"便可进行大规模测序。其次是外切酶制造缺失片段法：克隆的 DNA 片段用特殊的酶进行不同时间长度的处理，例如末端特异的外切酶 BalⅢ，在酶的作用下可产生具有共同末端的但长度不同的 DNA 片段，这样便可用共同的引物从缺失末端进行测序。还有一种方法称为转座子插入分析法，即从同源克隆中产生一批克隆，使每一批克隆仅含随机插入的单一转座子。最后，从中挑选转座子间距离进行比较，对转座子间片段长度适于测序的克隆进行测序，引物由转座子的末端序列决定，这样可用一对共同引物完成所有序列分析（Pluzhnikov，1996）。

随机测序策略又称鸟枪策略（Shotgun Strategy），该策略是在不需要了解任何基因组的情况下，将基因组 DNA 用机械方法随机切割成 2000 bp 左右的 DNA 小片段，再把这些小片段装入适当的载体，建立亚克隆文库，从中随机挑选克隆片段，最后通过克隆片段的重叠组装确定大片段 DNA 序列。以流感嗜血杆菌基因组的测序和顺序组装为例，首先用超声波将 DNA 片段打碎，而后用琼脂糖电泳收集 1600~2000 bp 长度的 DNA 小片段。而后构建到质粒载体中，随机挑选 19 687 克隆，进行 28 643 次测序，能够得到 11 631 485 bp 的可读序列。针对这些序列组装成 140 个覆盖全基因组范围独立的顺序重叠群。后来又出现一种基于随机测序原理的测序策略，这是一种建立在基因组图谱基础上的"鸟枪法"，即所谓"知道鸟枪法"或者称之为"指导测序法"。该策略的基本思想是先将染色体打成比较大的片段（几万至十几万碱基对），利用分子标记将这些大片段排成重叠的克隆群，分别测序后拼装，于是也称"基于克隆群的策略"。该策略需要时间长，但是能够获取精细的图谱。"多路测序策略"也是基于鸟枪法而发展的策略，是通过多个随机克隆同时进行电泳及阅读，快速分析基因序列的一种技术。这种方法的复合随机克隆文库来源于相同的基因组 DNA。将 DNA 片段克隆到 20 种有功能共同引物结合位点和一段独特的"识别序列"的质粒载体上，然后从每一个载体的克隆库中挑选 1 个进行克隆，组成混合池，然后采用酶法或化学法对混合池进行测序，测序产物在相邻的变性凝胶泳道中分离，然后与每一个载体上特异的"识别序列"互补的标记探针杂交，而每次杂交便可显示相应载体上的插入片段序列。在杂交后洗去探针，换另一种探针进行杂交，如此重复便可获得待测基因序列。以人类基因组序列测序为例，首先获取人类基因，然后构建大小不同的基因组文库（2000 bp、10 000 bp、50 000 bp），该基因组文库含有不同的插入子。而后进行大约 2700 万次的测序，采用随机测序和序列组装方法进行序列组装。

二、序列的组装

对剔除多余的无关序列后的有效序列进行深度检测，使其拼接结果和可信度达到较高程度。常用的序列组装方法为：直接鸟枪法、克隆重叠群法、引导鸟枪法。

（一）直接鸟枪法的主要步骤

①建立高度随机、插入片段大小为 2 kb 左右的基因组文库。克隆数要达到一定数量，至少达到基因组 5 倍以上。

②进行高效、广范围的末端测序。对文库中每一个克隆，进行两端测序，完成十几万次的测序反应，使测序长度为基因组 6 倍。

③序列集合。采用相应的软件以最大限度地排除错误的连锁组装。

④填补缺口。对没有相应模板 DNA 的物理缺口和有模板 DNA 但未测序的序列缺口进行填补，可通过建立插入片段以备缺口填补。

（二）克隆重叠群法的主要步骤

①选择与靶基因连锁的分子标记，在基因组文库中筛选阳性克隆。

②根据克隆插入子两端的 DNA 序列查找与之连接的克隆建立重叠群,直到覆盖整个 DNA 片段,甚至染色体。

③先进行各个 BAC 克隆的随机测序,然后再进行序列组装。

(三)引导鸟枪法的主要步骤

①构建适当大小的插入片段文库,每个克隆进行双向测序。

②构建第二个插入子文库,该插入子长度应为插入片段文库大小的 5 倍,进行双向测序获得 2 个端部序列。

③避免 DNA 片段丢失:任何一种载体都会因某些片段的插入,与宿主菌不兼容而不能扩增,因此建立大容量文库有助于在序列组装时矫正重复顺序产生的差错。

三、序列的解读

在对基因测序之后,需要查找基因,也就是基因组顺序中所包含的全部遗传信息,以及通过数据分析搞清楚基因组作为研究对象如何发挥其独特的生物功能。

基因定位是指基因所属连锁群或染色体以及基因在染色体上的位置的测定。

常用的基因定位方法有两种,第一种方法是根据已知的序列进行人工判读或者计算机分析寻找与基因有关的序列。第二种方法是进行实验研究,看其能够表达基因产物及其对表型的影响,这就需要进行实验分析。

第一种方法的具体操作为:对基因可读框(open reading frames,ORF)进行扫描,基因刻度框由编码氨基酸的密码子组成。一个 ORF 起始于一个密码子(ATG),以终止子(TAA、TAG、TGA)为结尾,且一个序列 DNA 大约有 6 个可读框。对 ORF 的寻找对基因定位起决定作用,那么如何寻找 ORF?将 100 个密码子作为一个基因长度的下限寻找 ORF,因为若 DNA 序列中 GC 含量占 50%,则每 64 个碱基对出现一次 TAA、TAG、TGA 等三个终止子中的一个。若 GC 含量大于一半以上,那么含 A 和 T 碱基的终止密码子出现的频率会降低,一般会每 100~200 bp 出现一次。对于细菌来讲,因基因间距非常小,重叠基因较少,且细菌基因内没有内含子,因此很容易找到 ORF。但对于高等真核生物基因而言,其间隔太大,且有内含子存在导致 ORF 不连续,导致外显子小于 100 个密码子,因此无法对真核生物的 ORF 进行扫描。此时,可对其功能性 RNA 基因定位、杂交试验、环状 DNA 测序等试验技术可以实现基因的定位。

四、功能确定

一旦一个新基因在基因组序列中获得定位,就需要对它的生物功能进行探索和确定。例如大肠杆菌基因组序列中 4288 个蛋白质编码基因中,已经鉴定的基因已达 43%,这一切都依赖于计算机分析和实验研究来实现的。

同源性搜索是对基因功能进行计算机分析的途径之一。通过把研究对象 DNA 序列与数据库中其他所有的 DNA 序列进行比较来定位基因,同源性搜索的基础是相关的基因具有相似序列,因此,可以通过与不同物种中已测序的同源基因具有相似性来发现新的基因。进行同源性分析最简便的方法是计算相同氨基酸在两条序列中都存在的位点数。这个数值被转换成平均数后就可以给出两条序列间的相似程度。目前,较先进的方法是运用不同氨基酸之间的化学相关性比对中的每个位点进行评分，相同或相近的氨基酸分数会很高，相距远的氨基酸分数就较低，这种分析可以确定一对序列之间的相似程度。进行同源性搜索常用的软件是 BLAST，只需要登录到该网站的一个 DNA 数据库中，将序列输入在线搜索工具便会自动进行分析。该软件能有效的鉴别出序列相似性大于 30%~40% 的同源基因。还有一种方法是位点特异的重复 BLAST(PSI-BLAST)，通常将标准 BLAST 搜索的同源序列组合成一个序列，能鉴别出相关性差别更大的序列，运用新组合的序列能够鉴别出在起始搜索中没有检测到的另外同源序列。

五、序列数据库

基因组序列数据库(genome sequence dataBase，GSDB)是一个公开的可被检索利用的核酸序列及它们相关生物学和文献目录信息数据库，是分子生物信息重要的组成部分。

GSDB 以各国人类基因组数据库为主，其他包括小鼠、河豚、线虫、拟南芥、水稻、大肠杆菌以及酵母等动植物和微生物等基因组数据。近年，基因组数据库发生很多显著变化：基因组数据库分类越来越详细化，针对动物、植物、微生物分别建立不同范畴的基因组数据库；GSDB 不再接受科学研究者所提供的数据；提交到 GSDB 的数据所有权被转移给美国的 GenBank；并且，序列分析能力均可被 Smith-Waterman 和 Frame 搜索，同时，序列查看器(Sequence Viewer)仅对 Mac 用户可用。GSDB 公开可检索的数据均是从国际核酸序列数据库中最新更新的，所以每天都可以获取新的数据信息。这为研究者在 GSDB 中获取研究数据提供了便利。GSDB 及其相关工具可从 http://www.ncgr.org 免费访问。接下来主要介绍任何在数据库中检索到所需要的信息：

下面，以 NCBI 的综合检索数据库为例介绍数据库的简单的检索过程。将基因组数据库网址(https://www.ncbi.nlm.nih.gov/)输入，从而进入到主页中，上面会有基因、基因组、生物样本等检索选项并且可在上面提交、下载、学习、分析、研究数据，这样使用户进行数据处理分析更加便捷。

第十二章　蛋白质组学方法

第一节　基本原理

蛋白质组学是从整体角度分析细胞内动态变化的蛋白质组成、表达水平与修饰状态，了解蛋白质之间的相互作用和联系，提示蛋白质的功能与细胞活动规律。目前，蛋白质组学尚无明确的定义，一般认为它是研究蛋白质组或应用大规模蛋白质分离和识别技术研究蛋白质组的一门科学，是对基因所表达的整套蛋白质的分析。作为一门科学，蛋白质组研究并非从零开始，它是已有几十年历史的蛋白质(多肽)谱和基因产物图谱技术的一种延伸。

第二节　样品的前期处理及蛋白质的定量测定

一、动物组织样品

1. 剪碎除血

将动物样品放入 PBS 缓冲溶液中剪碎，倒掉变色的溶液，换入新的 PBS，继续剪，重复数遍，直到 PBS 溶液不变色为止。以肝脏组织为例，洗后整体偏黄色。在这个过程中，需要用剪刀和镊子剥离血管组织和脂肪组织等，这些组织的存在会对样品，如肝脏组织的蛋白质类型产生干扰。去血的过程中同时需要加入蛋白酶抑制剂。

2. 称重

为了使称量更精确，洗涤之后用滤纸将样品吸干，然后称重。

3. 碎裂

碎裂样品的方法包括液氮研磨、匀浆等机械破碎，温差法、压力法等物理破碎，以及加入变性剂等化学处理法。通常情况下，用液氮研磨，研磨到完全变成粉状即处理好。但如果用单一的方法破碎效果不好，或者操作起来工作量太大，也可以进行多方法的组合。在处理大批量样品时，推荐使用组织破碎仪，一次可处理几十到上百个样品。

4. 裂解

破碎以后，加入裂解液，反复振荡，让样品充分溶解，裂解液的用量通常组织重量：裂解液的体积=1∶5。即 1 g 组织，通常加入 5 mL 的裂解液。

5. 离心

裂解并振荡以后，设置离心机参数 4 ℃条件下 12 000 r/min 离心 0.5 h，然后吸取上清液即得到样品蛋白，完成了前期处理。

二、动物细胞样品

①把细胞从培养皿里取出来，先加入 PBS 把培养基洗掉。
②加入裂解液，通常 25 mm 的培养皿加入 400~700 μL 裂解液。
③用细胞刮直接刮取培养皿表面，不停地刮。刮完后收集裂解液和细胞样品到 EP 管里，然后进行冰上裂解。
④裂解完成后，离心取上清即得到蛋白样品。

三、植物组织样品

①由于细胞壁十分强壮，所以需要充分地研磨，充分碎裂。
②去色素。可以通过有机溶剂多次反复沉淀样品来去除色素，如丙酮、TCA（三氯乙酸）、甲醇，一次一次地清洗前面研磨成粉的样品，就可以把叶绿素去掉。
③离心取沉淀，然后加入裂解液，让蛋白充分地溶解。
④进行蛋白质的抽提。在抽提的过程中，要看细胞的破碎程度或者样品的类型，叶片样品相对来说比较简单。茎的样品纤维组织比较大，植物细胞壁又较厚，所以要用超声、振荡，以及各种方法组合，进行蛋白质的抽提。
⑤离心取上清，就得到了蛋白样品。

第三节 双向凝胶电泳和质谱分析

一、双向凝胶电泳

双向凝胶电泳技术（two-dimensional gel electrophpresis，2DE）是目前唯一能将数千种蛋白质同时分离与展示的分离技术。双向电泳技术开始由 Smithies 和 Poulik 引入，他们将纸电泳和淀粉凝胶电泳结合来分离血清蛋白质。后来，引入聚丙烯酰胺作为电泳介质，特别是等点聚焦技术的应用使基于蛋白质电荷属性的分离成为可能。目前所应用的双向电泳体系是由 O'Farrel 和 Klose 于 1975 年分别提出。其原理是蛋白质首先根据等电点的不同，在等电聚焦电泳中分离，接着被转移到 SDS-PAGE，再根据相对分子质量大小的不同而被分离。用于双向电泳分离蛋白质的常规检测和定量的普遍方法是考马斯亮蓝染色和银染。

1. 仪器

垂直型电泳槽、50 uL 微量注射器、玻璃板、染色槽、离心机、Ettan^{TM} IPGphor^{TM} 等电聚焦电泳仪、Ettan^{TM} DALTSix 垂直版电泳仪、Image Scanner 图像扫描仪、Image Master 2D 图像分析软件、超纯水制备仪，低温高速离心机。

2. 试剂

Tris-HCl 缓冲液（0.05 mol/L，pH 8.5）1 000 mL，40% 蔗糖溶液 10 mL，1% 溴酚蓝贮液 100 mL，水化液（8 mol/L 尿素，2%CHAPS，0.5%IPG 缓冲液，20 mol/L 二硫苏糖醇，0.002% 溴酚蓝），固相干胶条（IPG 条，pH 3~10，7 cm），平衡液 1（1%DTT，50 mmol/L Tris-HCl，6 mol/L 尿素，30% 甘油，2%SDS，0.002% 溴酚蓝），平衡液 2（4% 碘乙酰胺，50 mmol/L Tris-

HCl，6 mol/L 尿素，30%甘油，2%SDS，0.002%溴酚蓝），30%分离胶贮液（称取丙烯酰胺 29.2g 及 N,N'-亚甲基双丙烯酰胺 0.8 g，溶于超纯水中，定容至 100 mL），10% SDS 10 mL，10%四甲基乙烯二胺（TEMED）1 mL，10% APS 1 mL，浓缩胶缓冲液（1.0 mol/L Tris-HCl，pH 6.8）100 mL，分离胶缓冲液（1.0 mol/L Tris-HCl，pH 8.8），电泳缓冲液（Tris-甘氨酸缓冲液，pH 8.3）1 000 mL，0.5%琼脂糖凝胶，银染试剂。

3. 实验步骤

（1）蛋白质样品制备：以 25mm 的培养皿里的动物细胞样品为例，先加入 PBS 把培养基洗掉，再加入 400～700 μL 裂解液。然后用细胞刮直接刮取培养皿表面，不停地刮，相当于是一个机械力的破裂，而细胞表面是最容易进行破裂的。刮完后收集裂解液和细胞样品到 EP 管里，然后进行冰上裂解。4 ℃条件下 12 000 r/min 离心 30 min，吸取上清得到蛋白质样品。用 BCA 法定量蛋白质，然后分装放到-80 ℃备用，常用的放到 4 ℃。

（2）双向电泳：

• 第一向等聚焦电泳：

①使用乙醇擦拭 IPCphor 的平板电极，去除表面被氧化的部分，乙醇挥发完全后备用。

②取大约 80～120 ng 的蛋白质与水化液混合总体积达到 250 μL。

③从冰箱取出-20 ℃冷冻的干胶条，于室温放置平衡 20 min。

④取出样品，按从正极到负极的顺序在点样槽中加入样品，所加样品溶液要连贯，勿使气泡产生。当完成加样后，用镊子轻轻去除预制干胶条的保护膜，分清胶条的正、负极，胶条向下放入胶条槽中，胶条吸胀 20～30 min。

⑤在每根胶条上加入 1 mL 覆盖油，可继续吸胀 30 min。

⑥将胶条槽的盖子盖上，设置等电聚焦程序。

30 V	12 h
500 V	1 h
1000 V	1 h
8000 V	8 h

⑦聚焦结束的胶条，立即进行平衡、第二向的 SDS-PAGE 电泳。

• 第二向 SDS-PAGE 电泳：

①用棉花蘸洗涤剂反复擦洗玻璃板，用超纯水漂洗，自然晾干。

②装好玻璃板，并将玻璃板置于通风橱中，使用水平仪保证玻璃架的水平。

③配置 12%的分离胶，混匀后快速、均匀地加入玻璃板中（灌到距梳齿 1 cm 左右）。避免产生气泡，加入 1 mL 蒸馏水或正丁醇，静置 45 min。配置 5%分离胶，混匀后快速、均匀地加入玻璃板中（灌到距梳齿 1 cm 左右）。避免产生气泡，加入 1 mL 蒸馏水或正丁醇，静置 60 min。

④将水或正丁醇倒掉，并用滤纸吸干，将浓缩胶导入玻璃板至边缘 5 mm 处，快速插入梳子，静置 40 min。

⑤用镊子夹出胶条，超纯水冲洗，滤纸吸干，重复一次，将胶条正极端向下，负极端向上，放入平衡的试管中。用平衡液 1、2 先后置于摇床上平衡约 15 min。

⑥用平衡管取出胶条，用电泳缓冲液冲洗胶条三遍，胶面向外贴在玻璃板上，用 0.5%

0.2 mL 琼脂糖凝胶封口，保证胶条下方不含产生气泡。

⑦放置 15 min，使低熔点的琼脂糖凝胶凝固。

⑧琼脂糖凝胶完全凝固后，将凝胶转移到电泳槽中。

⑨向电泳槽中加入足量的电泳缓冲液，接通电源，起始电压 30 V，45 min 改为 100 V，待溴酚蓝指示剂达到距底部边缘 0.5 cm 时停止电泳。

⑩电泳结束后，轻轻撬开两层玻璃，取出凝胶，并在正极端切角作记号。将二维胶放入固定液中进行固定。

⑪硝酸银染色。固定：60 min；敏化：30 min；清洗：用 250 mL 的超纯水清洗 3 次每次 5 min；银染：20 min；显色：使用之前加入显色剂；终止：5%的醋酸；照相分析，保存制作干胶。

⑫分析双向蛋白电泳图。

二、质谱分析

1. 质谱分析技术简介

质谱技术是把生物大分子离子化后，根据不同离子间的质荷比(m/z)的差异来分离并确定相对分子质量的一类技术。质谱检测技术是目前蛋白质组学中最常用到的技术，而且研究者在运用质谱技术时会遇到其本身存在的一些挑战，比如说，灵敏度(动态范围)、可重复性、复杂性，并且这三者是相互关联的。然而这些局限性是可以被认知并克服的，也有很多工具可以用来评估数据的质量。下面将从三个方面介绍蛋白质组学的局限性和对应的解决策略。

(1)灵敏度(动态范围)：大部分商业质谱仪器的最低检测限都可以达到飞克或原子质量单位级别，也就是说这样的灵敏度足够检测到几乎任何一个蛋白。然而，实际情况下，质谱检测的灵敏度会被样品本身的特性影响。往往在生物样品中，蛋白的浓度范围会有一个很宽的范围，而质谱仪器的设置使其并不能完全涵盖这一浓度范围。比如说，预测出的人源蛋白中，仍然有大约 35%的蛋白至今没有被质谱检测到。其中可能的原因是：一些肽段在通常情况下离子化的效率并不高，造成其对应的蛋白很难被检测到。这些问题在检测一些低相对分子质量的蛋白和低丰度的蛋白时会进一步加剧。然而，这些技术上的挑战是可以被克服的，样品的分馏和预处理是实验中常用的方法，可以提高蛋白鉴定的动态范围。还有些低丰度蛋白，比如脊髓液中的微管相关蛋白或者细胞因子，可以用靶向蛋白质组学的方法来检测。

(2)重现性：在目前的质谱方法中，质谱获得二级图谱的过程是由电脑内部的程序控制的，所以当复杂的肽段混合物进入质谱后，在有限的扫描时间内，就会发生采样过疏的问题。采样过疏就意味着，当研究者对样品进行重复分析时，每次分析会采集到一些不同肽段的二级图谱，导致鉴定到的蛋白也不会完全一样。采样过疏的问题也是可以补救的，那就是通过重复实验来提高重现性。另外，研究者们还可以运用一些预分离的技术来降低样品的复杂程度，以减少采样过疏对分析结果的影响。即使如此，目前质谱广泛采用的数据依赖性(data dependent acquisition)采样方法还是会存在一定程度的变异性。

(3)复杂性：虽然蛋白的数目和种类是可以通过基因组中的蛋白编码基因来预测的，但那些基因是否会真的翻译、转录成蛋白就不能被明显地观察到。正如上文所说的，还有35%的人源蛋白缺少表达谱的数据。考虑到人体内有230个细胞亚型，每种亚型内都会表达一部分的人源蛋白，想要定义一种细胞亚型、体液或者组织内蛋白的完整成分是非常困难的。分析转录组的数据，比如全基因组阵列，同样不能回答这一问题。因为在全基因组范围内，信使RNA(mRNA)的丰度和蛋白的丰度的关联性是很低的。所以要想定义一个完整的蛋白质组，就需要通过将样品分馏和重复试验来获得足够多的数据，建立一个饱和曲线，也就是说，随着实验次数的增加，每次新的实验鉴定到的新的蛋白和肽段数目都会减少，直至没有新的蛋白被鉴定出来。

2. 利用质谱技术对蛋白质、多肽的分析步骤

①被分析物与基质相混合，基质常溶在酸性有机溶剂中，以超过样品1000倍相混合，把样品加到金属片/靶上，溶剂在空气中挥发后，形成样品——基质共结晶。

②将上述结晶/靶送入质谱仪的真空室。

③在上述结晶/靶上加上20~30 kV电压，并同时将短的激光脉冲照射在干燥的样品上。

④基质晶体吸收特定波长的激光能量引发解吸附，使基质晶体升华，基质和样品分子气化进入质谱仪的气相。

⑤通过气相化过程中发生质子化/去质子化，附着阳离子/脱离阳离子等过程中离子化所产生的离子从靶表面被推斥，并进入一系列离子透镜，然后聚焦离子进入飞行时间质量分析器的无场漂移区，通过飞行管道的离子被检测并记录。

⑥离子化过程进入分析器的离子实质上具有相同的终动能，动能一定时离子的质荷比m/z与速度成反比。所以，在线性检测器中，离子到达飞行检测器的另一端监测器的时间实际上反映了被测离子的m/z。

⑦记录过程。每一离子化过程产生的每一批离子到达监测器的飞行时间均被记录下来，最终换算为质荷比m/z。在监测过程中，应用已知质量和电荷状态的化合物的飞行时间做校正。

利用上述方法可以确定完整的蛋白质多肽的质量。将测定的分子质量与理论相对分子质量相比较，可以测定出蛋白质被磷酸化等修饰的情况，或者是否突变的情况。当然也可以根据质谱中的相对强度，分析蛋白质被修饰的程度。

为提高分辨率，近年来在TOF仪上引进了一项新技术，即延迟引出技术(delay extraction)。选择适当的延迟时间，控制靶与引出电极间的电位差，可有效地补偿离子的初识功能的分散，因而可显著提高飞行时间和质谱的分辨率。

3. 质谱序列信息鉴定蛋白质——串联质谱(MS/MS)

传统的蛋白质测序法只能鉴定N-端及C-端，如想获得蛋白质的所有的氨基酸序列，还要将蛋白质酶解，酶解肽段经色谱分析，分别测序，最后拼接成全序列，十分烦琐。利用质谱可一次性分析蛋白质酶解的所有肽段，解析序列，并获得完整的一级结构。肽序列测定一般用串联质谱。第一级质谱可以得到肽的分子离子，选取目标肽的离子为母离子，与惰性气体碰撞，使肽链断裂，形成一系列离子，进行综合分析(图12-1)。

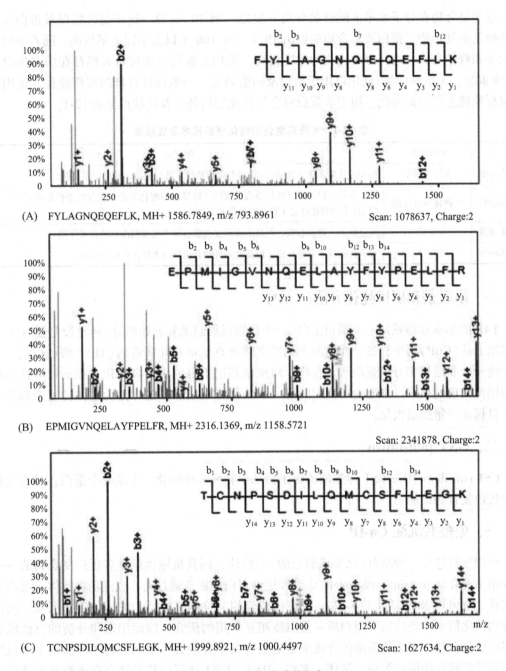

图 12-1 多肽串联质谱示意

第四节 用于质谱分析的蛋白质复合物的纯化

单独存在的蛋白质并不能执行功能,而需要通过同其他蛋白质相互作用来实现,蛋白质复合物是潜在的、非常重要的药物靶点。许多蛋白—蛋白相互作用能够导致稳定复合物的形成，这些复合物在分子水平上能够被分离并鉴定。例如，抗原—抗体复合物以及蛋白酶—蛋白酶抑制剂复合物。蛋白质复合物能够由 10 个甚至 100 个以上不同亚基构成。随着不同亚基的大小和数量上升，进行分离纯化的难度提高。采用层析的方法可将天然存在的多蛋白复合物(非重组、无亲和标签)纯化以用于结构及功能研究。一般设计合理的层析流程，运用不同的层析原理进行分离纯化。用于多蛋白复合物纯化层析技术及优缺点见表 12-1。

表 12-1 多蛋白复合物纯化层析技术及优缺点

技术	分离原理	优缺点
凝胶过滤	大小和形状	温和的分离条件，在宽的 pH 值和电荷浓度下进行分离，可以用添加剂
亲和层析	生物特异性吸附	特异性好，但需要寻找标签或者抗体等特异性的纯化方法，洗脱的条件有时剧烈，改变的 pH 值和盐浓度会干扰复合体的相互作用
离子交换	电荷	高分辨率，通常有效，但盐浓度梯度洗脱有时干扰蛋白内部的相互作用
疏水层析	疏水性	对于其他技术是种补充，但高盐条件结合可能会干扰蛋白相互作用

一、串联亲和层析纯化方法(TAP)

TAP 的基本原理就是一个诱饵蛋白(一个已知或假想地复合物组分)同时带上蛋白 A 和钙调素结合肽(CBP)两个标签，在这两个标签之间含有烟草花叶病毒酶(TEV)酶切位点。利用连续两步亲和层析来分离蛋白质复合物。两步亲和层析目的是提高纯化过程的特异性继而降低假阳性出现的概率。本方法所使用的每一个条件都很温和，这样是为了保持复合物的完整性并且保证产量的最大化。

二、GST pull-down

GST pull-down 用带 GST 标签的诱饵蛋白从生物样品中纯化一个或几个蛋白，具有纯化低丰度蛋白复合物的能力。

三、免疫共沉淀 Co-IP

使用复合物中一种组分(已知或假想的)的抗体，同其抗原也就是多蛋白复合物的一部分结合用亲和介质 protein A 或 protein G 或带这种蛋白的磁珠通过离心或磁场将抗体—蛋白复合物捕获。也可用 NHS 活化的 Sepharose 自己螯合相关抗体或抗原，进行免疫共沉淀。蛋白质复合物纯化技术主要应用于蛋白质—蛋白质相互作用的研究。即运用亲和分析的方法纯化某个蛋白质复合物，用生物质谱的方法来鉴定复合物中各成分。亲和分析的方法很多，包括运用谷胱甘肽转移酶融合蛋白、抗体、多肽、DNA、RNA 或可以特异结合在细胞某个部位的小分子。蛋白质复合物纯化后，运用一维电泳或二维电泳结合质谱的方法进行分离和鉴定复合物中各成分。对蛋白质复合物的研究为认识生命活动一些内在的机制提供了一些新的见解。由于不能提前预测细胞中蛋白质复合物的成分，因此在一些正常细胞生命活动中可能存在着意想不到的联系。例如，对鼠脑中前纤维蛋白-I和前纤维蛋白-II的结合蛋白的研究中，发现了两种类型的蛋白，一类由信号分子组成，能够调节细胞骨架蛋白——角蛋白表达，而另一类蛋白发现其存在于细胞内吞作用中。这提示细胞信号传导途径与包含有前纤维蛋白微丝的排列相关蛋白质复合物纯化技术依赖于蛋白质复合物与诱饵间具有充分的亲和力并且在最佳条件下实施纯化，这使得该技术不能大规模应用。可以用双标记方法减少非特异性结合的蛋白，提高混合物中各成分的准确性。对于一些低亲合作用的蛋白质，可以用化学交联的方法来获得复合物中各成分，因为它依赖空间的相似性而不是亲合性。运用化学交联的方法还可以通过与相邻成分间的作用来阐明一个蛋白复合物的拓扑结构。

第五节 蛋白质组学分析方法

一、材料和方法

1. 材料与试剂（表 12-2）

表 12-2 样品制备所需材料和试剂

试剂名称	供应商	试剂名称	供应商
标记试剂盒	Thermo	尿素（urea）	Sigma
胰酶（trypsin）	Promega	三氯乙酸（trichloroacetic acid）	Sigma
乙腈（acetonitrile）	Fisher Chemical	蛋白酶抑制剂	Calbiochem
三氟乙酸（trifluoroacetic acid）	Sigma-Aldrich	乙二胺四乙酸（EDTA）	Sigma
甲酸（formic acid）	Fluka	三乙基碳酸氢铵（TEAB）	Sigma
碘代乙酰胺（iodoacetamide）	Sigma	超纯水（H_2O）	Fisher Chemical
二硫苏糖醇（dithiothreitol）	Sigma	BCA 试剂盒	碧云天

2. 蛋白提取

动物组织：样品从 −80 ℃ 取出，称取适量组织样品至液氮预冷的研钵中，加液氮充分研磨至粉末。各组样品分别加入粉末 4 倍体积裂解缓冲液（8 mol/L 尿素，1% 蛋白酶抑制剂和 2 mmol/L EDTA），超声裂解。4 ℃ 条件下 12 000 g 离心 10 min，去除细胞碎片，上清液转移至新的离心管，利用 BCA 试剂盒进行蛋白浓度测定。

3. 胰酶酶解

蛋白溶液中加入二硫苏糖醇使其终浓度为 5 mmol/L，56 ℃ 还原 30 min。之后加入碘代乙酰胺使其终浓度为 11 mmol/L，室温避光孵育 15 min。最后将样品的尿素浓度稀释至低于 2 mol/L。以 1∶50 的质量比例（胰酶∶蛋白）加入胰酶，37 ℃ 酶解过夜。再以 1∶100 的质量比例（胰酶∶蛋白）加入胰酶，继续酶解 4 h。

4. TMT 标记

胰酶酶解的肽段用 Strata X C18（Phenomenex）除盐后真空冷冻干燥。以 0.5 mol/L TEAB 溶解肽段，根据 T mol/L T 试剂盒操作说明标记肽段。简单的操作如下：标记试剂解冻后用乙腈溶解，与肽段混合后室温孵育 2 h，标记后的肽段混合后除盐，真空冷冻干燥。

5. HPLC 分级

肽段用高 pH 值反向 HPLC 分级，色谱柱为 Agilent 300Extend C18（5 μm 粒径，4.6 mm 内径，250 mm 长）。操作如下：肽段分级梯度为 8%~32% 乙腈（pH 9），60 min 分离 60 个组分，

随后肽段合并为 18 个组分，合并后的组分经真空冷冻干燥后进行后续操作。

6. 液相色谱—质谱联用分析

肽段用液相色谱流动相 A 相[0.1%(v/v)甲酸水溶液]溶解后使用 EASY-nLC 1000 超高效液相系统进行分离。流动相 A 为含 0.1% 甲酸和 2% 乙腈的水溶液；流动相 B 为含 0.1% 甲酸和 90% 乙腈的水溶液。液相梯度设置：0~24 min，9%~25% B；24~32 min，25%~36% B；32~36 min，36%~80% B；36~40 min，80% B，流速维持在 400 nL/min。

肽段经由超高效液相系统分离后被注入 NSI 离子源中进行电离，然后送入 Q ExactiveTM 质谱进行分析。离子源电压设置为 2.0 kV，肽段母离子及其二级碎片都使用高分辨的 Orbitrap 进行检测和分析。一级质谱扫描范围设置为 350~1 800 m/z，扫描分辨率设置为 70 000；二级质谱扫描范围则固定起点为 100 m/z，二级扫描分辨率设置为 17 500。数据采集模式使用数据依赖型扫描(DDA)程序，即在一级扫描后选择信号强度最高的前 20 肽段母离子依次进入 HCD 碰撞池使用 30% 的碎裂能量进行碎裂，同样依次进行二级质谱分析。为了提高质谱的有效利用率，自动增益控制(AGC)设置为 5E4，信号阈值设置为 10 000 ions/s，最大注入时间设置为 200 ms，串联质谱扫描的动态排除时间设置为 30 s 避免母离子的重复扫描。

7. 数据库搜索

二级质谱数据使用 Maxquant(v1.5.2.8)进行检索。检索参数设置：数据库为 Rattus norvegicus，PR(29955 条序列)，添加了反库以计算随机匹配造成的假阳性率(FDR)，并且在数据库中加入了常见的污染库，用于消除鉴定结果中污染蛋白的影响；酶切方式设置为 Trypsin/P；漏切位点数设为 2；肽段最小长度设置为 7 个氨基酸残基；肽段最大修饰数设为 5；First search 和 Main search 的一级母离子质量误差容忍度分别设为 20 μg/L 和 5 μg/L，二级碎片离子的质量误差容忍度为 0.02 Da。将半胱氨酸烷基化设置为固定修饰，可变修饰为甲硫氨酸的氧化，蛋白 N 端的乙酰化。定量方法设置为 TMT-6plex，蛋白鉴定、PSM 鉴定的 FDR 都设置为 1%。

二、生物信息学分析方法

表 12-3 为生物信息学分析常见的分析方法，供参考。

表 12-3 生物信息学分析方法汇总

分析	软件/方法	版本/网址
质谱数据解析	MaxQuant	v.1.5.2.8 http://www.maxquant.org/
GO 注释	InterProScan	v.5.14-53.0 http://www.ebi.ac.uk/interpro/
Domain 注释	InterProScan	v.5.14-53.0 http://www.ebi.ac.uk/interpro/
KEGG 注释	KAAS	v.2.0 http://www.genome.jp/kaas-bin/kaas_main
亚细胞定位	CELLO	v.2.5 http://cello.life.nctu.edu.tw/
富集分析	Perl module	v.1.31 https://metacpan.org/pod/Text::NSP::Measures::2D::Fisher
聚类热图	R Package pheatmap	v.2.0.3 https://cran.r-project.org/web/packages/cluster/
蛋白互作	R package networkD3	v.0.4 https://cran.r-project.org/web/packages/networkD3/

1. 蛋白组学实验流程

iTRAQ 蛋白组学技术实验总流程：①蛋白提取：尿素裂解法提取大鼠下丘脑组织蛋白；②蛋白质控：Bradford 法测定蛋白浓度及蛋白总量；③蛋白酶解：Typsin 酶解各组样品中等量蛋白；④肽段脱盐：Strata-XC 18 将酶解的蛋白溶液脱盐处理；⑤iTRAQ 标记：iTRAQ 标记各组酶解肽段；⑥组分分离：高 pH 值 C18 柱 HPLC 对混合肽段进行组分分离；⑦上机质控：质谱鉴定未分离肽段及样品；⑧质谱鉴定：Q Exactive 组合式质谱鉴定标记肽段；⑨数据搜库：Sequest 对质谱数据进行数据库搜索；⑩信息学分析：生物信息学分析质谱数据及差异蛋白。

2. iTRAQ 标记定量原理

iTRAQ(isobaric tags for relative and absolute quantitation，同位素标记相对与绝对定量技术)技术是由 ABI 公司开发，其标签试剂可与氨基(包括氨基酸 N 端及赖氨酸侧链氨基)反应实现连接，标记通量分为 4 标和 8 标。

在一级质谱中，不同来源的相同肽段被连接上总质量相同的完整 iTRAQ 标签试剂，具有相同质荷比，表现为一个峰。在二级质谱中，iTRAQ 标签试剂在不同基团连接处发生断裂，试剂中报告基团表现信号(平衡基团发生中性丢失)，根据不同报告基团信号峰强弱进行肽段定量，并根据肽段二级质谱信息实现肽段定性，并最终回溯到蛋白水平。

3. TMT 标记定量原理

TMT(Tandem Mass Tags，同质异序标签)，是由 Thermo 公司研发的多肽体外标记定量技术，其标签是多个不同形式且带有相同相对分子质量的标签，这些标签可以通过活性基团，标记到肽段分子上。

TMT 试剂根据反应基团分为氨基反应性、巯基反应性、羰基反应性试剂，同时试剂标记通量分为 2 标、6 标和 10 标，可同时对最多 10 种不同样品的蛋白质进行定性和定量分析。

(1)基本概念：

①通路(pathway)：共同完成特定生物学过程的所有基因。

②基因集(gene set)：一组相关基因。通路基因集包括一个通路里的所有基因。基因集可以按照不同作用进行组合，例如细胞定位相关基因，某个代谢通路的基因。

③通路富集分析：一种统计学方法，用于找到目标基因表或排序基因表中显著性富集的通路。

④多重试验校正：如果独立进行了多次的富集分析，那么每次富集分析都会得到一个 p 值。为了降低假阳性，需要进行多重试验校正对每个单独富集分析试验中的 p 值进行调整。其本质在于证明通过差异表达分析找到的一类基因源自 A 通路，这并非随机事件。

⑤目标基因表：组学分析后输出给通路分析的一组基因。

⑥排序基因表：一些组学分析中，基因还可以按照某个打分进行排序，如 RNA-seq 后的 p 值，倍数变化等，能够为通路分析提供更多的信息。对于一个富集的通路而言，通路里的基因会聚集在排序表的一端，得分累加值会比通路基因集随机在排序表中出现的得分高。

⑦前临界点基因(leading-edge gene)：在 GSEA 分析中，导致通路富集的一组基因。

(2)优点：相对于只分析单个基因，转录本或蛋白，通路富集分析有如下几个优点：

①整合了更多的数据，在统计上更加可靠。

②数据降维，将原本上千或上万的基因或基因组区域合并成更小的通路或者系统。

③结果更加容易解读。

④不同来源的数据更加容易比较。

⑤能够将不同类型的数据(RNA、DNA或蛋白)投影到同类型的通路上富集分析局限。

⑥需要保证用于富集分析的基因集有很强的生物学信号。如果一个通路里只有几个基因比较重要,那么富集分析就失效了。

⑦通路通常是人为定义,因此不同的基因集数据库可能存在冲突。

⑧一些统计学方法,如Fisher精确试验在统计学上更容易找到宽泛的通路,需要在分析时限定基因集上下限。

⑨一些多功能的基因可能会出现在多个通路上,建议在后续分析时剔除。

⑩通路数据库通常有人为偏误,可能A通路的研究就是比B通路研究的深刻,甚至有些基因没有被注释到,这些基因就需要单独进行研究。

⑪大部分富集分析前提未必正确,也就是基因和通路间是相互独立的,但是基因其实存在共表达,或者某些通路是类似的。然而,FDR(多重检验校正)并不考虑这些因素,如果你的通路里面存在过多的相似通路,那么校正之后的结果就会变得很少。不过,在前期探索性分析中还是能用的,后续分析可以自定义一个重抽样方法来更好地预测错误率。

(一)R环境准备

1. 下载相关软件

R:https://mirrors.tuna.tsinghua.edu.cn/CRAN/

Rstudio:https://www.rstudio.com/products/rstudio/download/#download

图12-2为clusterProfiler软件下载界面。

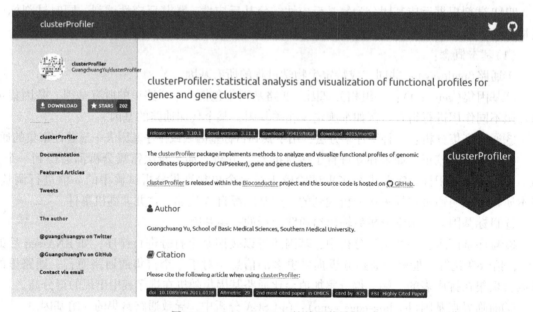

图12-2 clusterProfiler软件下载界面

https://guangchuangyu.github.io/software/clusterProfiler/

①构建目标基因表或排序基因表;

②GO 富集分析或 KEGG 富集分析；
③可视化。
2. 输入数据
模式物种：
①差异分析结果或一组目标基因列表；
②物种注释包。
非模式物种：
①基因；
②基因对应的 GO。
物种注释包检索网站：http：//www.bioconductor.org/packages/release/BiocViews.html#_Organism
3. 富集分析函数
①enrichGO

enrichGO(gene),	基因表
OrgDb,	物种包
keyType = "ENTREZID",	输入基因的编号类型
ont = "MF",	GO 富集分析的分类，MF, BP, CC
pvalueCutoff = 0.05,	
pAdjustMethod = "BH",	多重试验校正
universe,	
qvalueCutoff = 0.2,	
minGSSize = 10,	最小通路大小
maxGSSize = 500,	最大通路大小
readable = FALSE,	
pool = FALSE)	

②enrichKEGG

enrichKEGG(gene),	
organism = "hsa",	KEGG 中物种缩写
keyType = "kegg",	KEGG 中的编号格式
pvalueCutoff = 0.05,	
pAdjustMethod = "BH",	多重试验校正
universe,	
minGSSize = 10,	
maxGSSize = 500,	
qvalueCutoff = 0.2,	
use_internal_data = FALSE)	

http：//www.genome.jp/kegg/catalog/org_list.html
4. GSEA 函数
gseKEGG(geneList, organism = "hsa", keyType = "kegg", exponent = 1, nPerm = 1000,

minGSSize = 10, maxGSSize = 500, pvalueCutoff = 0.05, pAdjustMethod = "BH", verbose = TRUE, use_internal_data = FALSE, seed = FALSE, by = "fgsea")

gseGO(geneList, ont = "BP", OrgDb, keyType = "ENTREZID", exponent = 1, nPerm = 1000, minGSSize = 10, maxGSSize = 500, pvalueCutoff = 0.05, pAdjustMethod = "BH", verbose = TRUE, seed = FALSE, by = "fgsea")

5. 可视化函数

①barplot

②dotplot

③emapplot

④cnetplot

⑤goplot

⑥gseaplot

⑦browseKEGG

⑧pathview from pathview package

(二)试验设计

1. 试验条件

实验条件必须定义为主要的观测变化，通常是实验者感兴趣的和生物学相关的处理。例如肿瘤和正常组织，处理和未处理，比较不同的疾病亚型，或者时间序列等。

2. 重复数

实验重复非常重要，尤其是生物学重复，至少要做 3 个生物学重复。对于哪些变异特别大的设计，如肿瘤样本，则需更多重复。

3. 试验敏感度

一些实验方法的敏感度会发生变化。例如，对于基因表达定量分析，显然测序深度越高，重复数越多，得到的差异表达基因也就越可靠。如果研究可变剪切，那么对测序深度要求就更高了。

4. 混淆因子

应尽量避免和实验无关的因素或者至少在不同条件下达到平衡，这样才能保证利用广义线性模型的统计学方法能够对这些因子进行矫正。

常见的混淆因子有测序深度、核酸提取流程和年龄等。

尽管不可能完全在试验设计中将试验信号中混淆因子分离，但是提前知道可能的因素有助于提高试验设计。

统计学方法中的聚类和 PCA 分析可以帮助找到这些未知的因素。例如，实验组和对照组应该远离，避免批次效应聚在一起。

5. 离群值

离群样本指的是和其他样本差异过大的样本，一般是实验问题或者技术问题造成，如污染或者混样。当然，也有可能是极端生物学现象，比如说肿瘤样本有异常扩增的表型。可以用 PCA 或者无监督聚类的方式找到这种离群值。

通路分析可以在有无离群值的情况下进行，确保分析结果的可靠性。系统性移除离群值有助于降低实验的变异度。

6. 选择合适的基因集大小

对于那些基因数不怎么多的通路，建议在分析中排除。一般而言，这些通路相对较大的通路是冗余的存在，而且在后期解释比较麻烦，甚至还会让多重试验校正更加严格。对于那些基因数很多的通路，同样建议移除，毕竟类似于 metabolism 的宽泛概念在最后的解读中意义不大。

如果分析人类表达量数据，建议剔除基因集小于 10 的基因和大于 200 的基因，有些文献会把上限提高到 200~2000(clusterProfiler 的最小值是 10，最大值是 500)。

对于非人类物种或者非表达量数据，由于不同的通路的研究程度不尽相同，所以集合的大小可以按需调整，但需要有文献或者试验的支持。一个比较好的做法是，看其中几个和试验相关的通路的基因集数目来确定上下限。

7. 选择通路基因集数据库

考虑到通路分析结果可读性，建议先用以下的通路基因集进行分析。

(1) GO 的 BP(biological process)。

(2) Reactome 的人工审校分子通路(molecular pathways)。

对于人类：Panther，HumanCyc 和 NetPath 都是很好的资源。(GO 的 BP 注释包括人工审校结果和电子注释)

8. 根据证据代号过滤 GO 通路

许多自动化数据分析得到 GO 基因注释并没有得到人工审查，因此它们的证据代号(evidence code)登记为 IEA(inferred from electronic annotation)。

早期文献对这些数据非常谨慎地解释这些 IEA 标识的基因。但是近期研究发现，这些 IEA GO 注释结果和人工审查的数据一样可靠。

如果研究的是模式动植物，那么建议分别比较过滤 IEA 和不过滤 IEA 的富集结果，来提高结果的可靠性。如果研究一般物种，那么也只能把 IEA 注释加上了。

移除 IEA 标记的注释还可能对那些研究比较深入的生物学过程造成影响。

9. 选择基因标识符

在不同的数据库中，基因可能会有不同的标识符(ID)。这些基因标识符可能会出现冲突，甚至还会过期。对于人类，推荐使用 Entrez 基因数据库的编号，或者是 HUGO Gene 命名委员会的官方符号。

10. 使用最新的通路数据集

富集分析结果依赖于分析中使用的基因集，目前许多研究用到的通路分析受到过时资源的严重影响。为了提高研究的可重复性和透明性，研究者需要在文献中标明分析日期，富集分析软件版本，用到的基因集数据库和分析参数。研究者最好把自己分析基因表和完整的富集通路表列在附件中(图 12-3)。

(1) 基因集数据库：基因本体论(GO)2019-Pathway enrichment analysis and visualization。

GO 为生物过程，分子功能和细胞组分提供数千个标准化术语的分层组织，以及基于这些术语的多种物种的策划和预测基因注释。生物学过程 GO 注释是通路富集分析中最常用的资源。

(2) 生化通路数据库：KEGG 数据库是最有用的，因为有直观的通路图。它包含多种类型

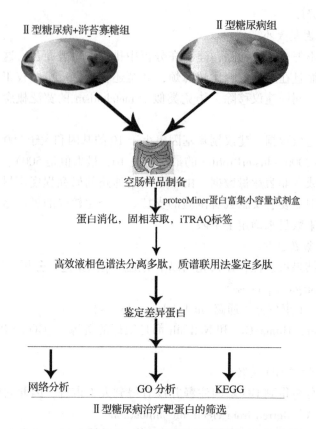

图 12-3 基因组学分析流程图

的通路,其中一些不是正常通路,而是与疾病相关的基因集(表 12-4),例如"癌症中的通路"(http://www.genome.jp/kegg/)。由于数据许可限制,KEGG 路径的最新 GMT 文件目前无法免费提供。

(三) 非预期通路结果和试验设计

如果在通路分析中得到一些意外结果,这或许意味着试验设计、生成数据或分析出现了问题。例如,细胞凋亡(apoptosis)通路富集意味着实验的某些步骤导致了过多的细胞死亡。因此,需要对实验过程进行调整,重新获取数据,用于后续分析。

1. 网络图分析

将不同比较组中筛选得到的差异蛋白数据库编号或蛋白序列,通过与 STRING(v. 10.5)蛋白网络互作数据库比对后(图 12-4)。

表 12-4　浒苔寡糖(EPO)作用 T2DM 大鼠后空肠组织中差异表达的蛋白质(E/M)

ID	Protein accession	Gene name	Protein description	E/M
1	A0A0A0MY01	Fabp2	Fatty acid-binding protein, intestinal OS=Rattus norvegicus OX=10116 GN=Fabp2	0.698
2	A0A0G2JTX7	Col6a5	Collagen type VI alpha 5 chain OS=Rattus norvegicus OX=10116 GN=Col6a5	1.300
3	A0A0G2JV31	Xpnpep1	X-prolyl aminopeptidase(Aminopeptidase P)1, soluble, isoform CRA_a OS=Rattus norvegicus OX=10116 GN=Xpnpep1	0.784

(续)

ID	Protein accession	Gene name	Protein description	E/M
4	A0A0G2JWK2	Mecp2	Methyl-CpG-binding protein 2 OS=Rattus norvegicus OX=10116 GN=Mecp2	1.302
5	A0A0G2JWZ2	—	Amine oxidase OS=Rattus norvegicus OX=10116	1.226
6	A0A0G2JZI0	Safb	Scaffold attachment factor B OS=Rattus norvegicus OX=10116 GN=Safb	1.247
7	A0A0G2K080	Gdpd1	Lysophospholipase D GDPD1 OS=Rattus norvegicus OX=10116 GN=Gdpd1	0.660
8	A0A0G2K151	Apoe	Apolipoprotein E OS=Rattus norvegicus OX=10116 GN=Apoe	1.536
9	A0A0G2K1M7	Ano6	Anoctamin OS=Rattus norvegicus OX=10116 GN=Ano6	0.652
10	A0A0G2K278	Gpx2	Glutathione peroxidase OS=Rattus norvegicus OX=10116 GN=Gpx2	0.630
11	A0A0G2K2Q1	Cobl	Protein cordon-bleu OS=Rattus norvegicus OX=10116 GN=Cobl	0.675
12	A0A0G2K754	Ptprh	Protein tyrosine phosphatase, receptor type, H OS=Rattus norvegicus OX=10116 GN=Ptprh	0.354
13	A0A0G2K9B2	Gpcpd1	Glycerophosphocholine phosphodiesterase GPCPD1 OS=Rattus norvegicus OX=10116 GN=Gpcpd1	0.784
14	A0A0G2KB56	Gfpt1	Glutamine fructose-6-phosphate transaminase 1, isoform CRA_a OS=Rattus norvegicus OX=10116 GN=Gfpt1	0.778
15	A0A0G2QC56	Coro2a	Coronin OS=Rattus norvegicus OX=10116 GN=Coro2a	0.832
16	A0A0H2UHE4	Reg3b	Pancreatitis-associated protein, isoform CRA_b OS=Rattus norvegicus OX=10116 GN=Reg3b	0.437
17	A0A1W2Q6L0	Med14	Mediator complex subunit 14(Fragment) OS=Rattus norvegicus OX=10116 GN=Med14	0.407
18	A2VD07	Cyp4f5	Cytochrome P450 4F5 OS=Rattus norvegicus OX=10116 GN=Cyp4f5	1.502
19	B1WC67	Slc25a24	RCG29001 OS=Rattus norvegicus OX=10116 GN=Slc25a24	0.695
20	B2RZ77	Dpt	Dermatopontin OS=Rattus norvegicus OX=10116 GN=Dpt	1.212
21	B3DMA2	Acad11	Acyl-CoA dehydrogenase family member 11 OS=Rattus norvegicus OX=10116 GN=Acad11	0.765
22	D3ZAF5	Postn	Periostin OS=Rattus norvegicus OX=10116 GN=Postn	1.524
23	D3ZCR3	LOC108349189	High mobility group protein B1 pseudogene OS=Rattus norvegicus OX=10116 GN=LOC108349189	1.292
24	D3ZDU5	Pfn2	Profilin OS=Rattus norvegicus OX=10116 GN=Pfn2	1.216
25	D3ZHD1	Anxa13	Annexin OS=Rattus norvegicus OX=10116 GN=Anxa13	0.456
26	D3ZJ50	Pkp3	Plakophilin 3 OS=Rattus norvegicus OX=10116 GN=Pkp3	0.809
27	D3ZSY4	Epx	Eosinophil peroxidase OS=Rattus norvegicus OX=10116 GN=Epx	1.404
28	D3ZUF0	—	Uncharacterized protein OS=Rattus norvegicus OX=10116	0.804
29	D3ZUX1	Hykk	Hydroxylysine kinase OS=Rattus norvegicus OX=10116 GN=Hykk	1.959
30	D3ZVB7	Ogn	Osteoglycin OS=Rattus norvegicus OX=10116 GN=Ogn	1.317
31	D3ZWD6	C8a	Complement C8 alpha chain OS=Rattus norvegicus OX=10116 GN=C8a	1.295
32	D3ZXP3	H2afx	Histone H2A OS=Rattus norvegicus OX=10116 GN=H2afx	1.430
33	D3ZZ49	Fam3d	Family with sequence similarity 3, member D OS=Rattus norvegicus OX=10116 GN=Fam3d	0.543

（续）

ID	Protein accession	Gene name	Protein description	E/M
34	D4A0C3	Hid1	HID1 domain-containing OS=Rattus norvegicus OX=10116 GN=Hid1	0.638
35	D4A132	Ugt2b10	UDP-glucuronosyltransferase OS=Rattus norvegicus OX=10116 GN=Ugt2b10	2.097
36	D4A2F1	Agrn	Agrin OS=Rattus norvegicus OX=10116 GN=Agrn	1.331
37	D4A478	Ntpcr	Nucleoside-triphosphatase, cancer-related OS=Rattus norvegicus OX=10116 GN=Ntpcr	1.257
38	D4A834	Prg3	Proteoglycan 3 (Predicted) OS=Rattus norvegicus OX=10116 GN=Prg3	1.619
39	D4A8G5	Tgfbi	Transforming growth factor, beta-induced OS=Rattus norvegicus OX=10116 GN=Tgfbi	1.354
40	D4A8N0	Fam111a	Family with sequence similarity 111, member A OS=Rattus norvegicus OX=10116 GN=Fam111a	0.671
41	D4A997	Htatsf1	HIV TAT specific factor 1 (Predicted) OS=Rattus norvegicus OX=10116 GN=Htatsf1	1.204
42	D4ACN8	Plgrkt	Plasminogen receptor (KT) OS=Rattus norvegicus OX=10116 GN=Plgrkt	0.614
43	E9PU07	Ear1	Eosinophil-associated, ribonuclease A family, member 1 OS=Rattus norvegicus OX=10116 GN=Ear1	1.898
44	F1LMM5	Alox5	Arachidonate 5-lipoxygenase OS=Rattus norvegicus OX=10116 GN=Alox5	1.215
45	F1LMZ1	Slc15a1	Solute carrier family 15 member 1 OS=Rattus norvegicus OX=10116 GN=Slc15a1	0.600
46	F1LQ00	Col5a2	Collagen type V alpha 2 chain OS=Rattus norvegicus OX=10116 GN=Col5a2	1.410
47	F1LS40	Col1a2	Collagen alpha-2(I) chain OS=Rattus norvegicus OX=10116 GN=Col1a2	1.449
48	F1LSP2	Acad10	Acyl-CoA dehydrogenase family, member 10 OS=Rattus norvegicus OX=10116 GN=Acad10	1.442
49	F1LUM5	Tubal3	Tubulin alpha chain OS=Rattus norvegicus OX=10116 GN=Tubal3	0.725
50	F1MAA7	Lamc1	Laminin subunit gamma 1 OS=Rattus norvegicus OX=10116 GN=Lamc1	1.288
51	F6Q5K7	Mrps18b	Mitochondrial ribosomal protein S18B OS=Rattus norvegicus OX=10116 GN=Mrps18b	1.306
52	F7EUK4	Kng1	Kininogen-1 OS=Rattus norvegicus OX=10116 GN=Kng1	0.735
53	F7FF10	Cyp2j4	Cytochrome P450, family 2, subfamily j, polypeptide 4 OS=Rattus norvegicus OX=10116 GN=Cyp2j4	0.750
54	G3V635	Cyp3a18	Cytochrome P450 3A18 OS=Rattus norvegicus OX=10116 GN=Cyp3a18	0.728
55	G3V6C1	Serpinb5	RCG24055, isoform CRA_b OS=Rattus norvegicus OX=10116 GN=Serpinb5	0.364
56	G3V6R4	Lrrc1	Leucine-rich repeat-containing 1 OS=Rattus norvegicus OX=10116 GN=Lrrc1	0.754
57	G3V729	Prg2	Bone marrow proteoglycan OS=Rattus norvegicus OX=10116 GN=Prg2	1.288
58	G3V733	Syn2	Synapsin II, isoform CRA_a OS=Rattus norvegicus OX=10116 GN=Syn2	1.264
59	G3V7I6	Soat2	O-acyltransferase OS=Rattus norvegicus OX=10116 GN=Soat2	0.810
60	G3V8L9	Cavin1	Caveolae-associated protein 1 OS=Rattus norvegicus OX=10116 GN=Cavin1	1.334
61	M0R3X6	LOC102556347	Carbonyl reductase [NADPH] 1-like OS=Rattus norvegicus OX=10116 GN=LOC102556347	0.278
62	M0R5T8	—	Ferritin OS=Rattus norvegicus OX=10116	1.457
63	M0R6K0	Lamb2	Laminin subunit beta-2 OS=Rattus norvegicus OX=10116 GN=Lamb2	1.331

(续)

ID	Protein accession	Gene name	Protein description	E/M
64	M0R887	Stap2	Signal transducing adaptor family member 2 OS = Rattus norvegicus OX = 10116 GN = Stap2	0.804
65	M0RBJ7	C3	Complement C3 OS = Rattus norvegicus OX = 10116 GN = C3	1.873
66	O08651	Phgdh	D-3-phosphoglycerate dehydrogenase OS = Rattus norvegicus OX = 10116 GN = Phgdh	0.819
67	O08699	Hpgd	15-hydroxyprostaglandin dehydrogenase [NAD (+)] OS = Rattus norvegicus OX = 10116 GN = Hpgd	0.574
68	O08769	Cdkn1b	Cyclin dependent kinase inhibitor OS = Rattus norvegicus OX = 10116 GN = Cdkn1b	1.244
69	O35314	Chgb	Secretogranin-1 OS = Rattus norvegicus OX = 10116 GN = Chgb	1.332
70	O55158	Tspan8	Tetraspanin OS = Rattus norvegicus OX = 10116 GN = Tspan8	0.639
71	P01048	Map1	T-kininogen 1 OS = Rattus norvegicus OX = 10116 GN = Map1	0.669
72	P02454	Col1a1	Collagen alpha-1(I) chain OS = Rattus norvegicus OX = 10116 GN = Col1a1	1.726
73	P02634	S100g	Protein S100-G OS = Rattus norvegicus OX = 10116 GN = S100g	3.042
74	P02767	Ttr	Transthyretin OS = Rattus norvegicus OX = 10116 GN = Ttr	1.605
75	P02803	Mt1	Metallothionein-1 OS = Rattus norvegicus OX = 10116 GN = Mt1	1.580
76	P04182	Oat	Ornithine aminotransferase, mitochondrial OS = Rattus norvegicus OX = 10116 GN = Oat	1.273
77	P04639	Apoa1	Apolipoprotein A-I OS = Rattus norvegicus OX = 10116 GN = Apoa1	0.598
78	P05964	S100a6	Protein S100-A6 OS = Rattus norvegicus OX = 10116 GN = S100a6	0.550
79	P06536	Nr3c1	Glucocorticoid receptor OS = Rattus norvegicus OX = 10116 GN = Nr3c1	1.231
80	P07314	Ggt1	Glutathione hydrolase 1 proenzyme OS = Rattus norvegicus OX = 10116 GN = Ggt1	0.784
81	P07379	Pck1	Phosphoenolpyruvate carboxykinase, cytosolic [GTP] OS = Rattus norvegicus OX = 10116 GN = Pck1	0.343
82	P07943	Akr1b1	Aldose reductase OS = Rattus norvegicus OX = 10116 GN = Akr1b1	1.210
83	P08011	Mgst1	Microsomal glutathione S-transferase 1 OS = Rattus norvegicus OX = 10116 GN = Mgst1	0.724
84	P08542	Ugt2b17	UDP-glucuronosyltransferase 2B17 OS = Rattus norvegicus OX = 10116 GN = Ugt2b17	2.130
85	P09034	Ass1	Argininosuccinate synthase OS = Rattus norvegicus OX = 10116 GN = Ass1	1.292
86	P09495	Tpm4	Tropomyosin alpha-4 chain OS = Rattus norvegicus OX = 10116 GN = Tpm4	1.238
87	P09811	Pygl	Glycogen phosphorylase, liver form OS = Rattus norvegicus OX = 10116 GN = Pygl	1.627
88	P10959	Ces1c	Carboxylesterase 1C OS = Rattus norvegicus OX = 10116 GN = Ces1c	0.808
89	P12369	Prkar2b	cAMP-dependent protein kinase type II-beta regulatory subunit OS = Rattus norvegicus OX = 10116 GN = Prkar2b	1.525
90	P13601	Aldh1a7	Aldehyde dehydrogenase, cytosolic 1 OS = Rattus norvegicus OX = 10116 GN = Aldh1a7	1.512
91	P14046	A1i3	Alpha-1-inhibitor 3 OS = Rattus norvegicus OX = 10116 GN = A1i3	4.876
92	P14141	Ca3	Carbonic anhydrase 3 OS = Rattus norvegicus OX = 10116 GN = Ca3	2.209
93	P14480	Fgb	Fibrinogen beta chain OS = Rattus norvegicus OX = 10116 GN = Fgb	1.252
94	P15129	Cyp4b1	Cytochrome P450 4B1 OS = Rattus norvegicus OX = 10116 GN = Cyp4b1	0.345
95	P15865	Hist1h1e	Histone H1.4 OS = Rattus norvegicus OX = 10116 GN = Hist1h1e	1.283

(续)

ID	Protein accession	Gene name	Protein description	E/M
96	P21775	Acaa1a	3-ketoacyl-CoA thiolase A, peroxisomal OS=Rattus norvegicus OX=10116 GN=Acaa1a	0.666
97	P21807	Prph	Peripherin OS=Rattus norvegicus OX=10116 GN=Prph	1.443
98	P23565	Ina	Alpha-internexin OS=Rattus norvegicus OX=10116 GN=Ina	1.231
99	P23897	Gucy2c	Heat-stable enterotoxin receptor OS=Rattus norvegicus OX=10116 GN=Gucy2c	0.699
100	P28826	Mep1b	Meprin A subunit beta OS=Rattus norvegicus OX=10116 GN=Mep1b	0.698
101	P31977	Ezr	Ezrin OS=Rattus norvegicus OX=10116 GN=Ezr	0.814
102	P38552	Lgals4	Galectin-4 OS=Rattus norvegicus OX=10116 GN=Lgals4	0.803
103	P42123	Ldhb	L-lactate dehydrogenase B chain OS=Rattus norvegicus OX=10116 GN=Ldhb	1.208
104	P42854	Reg3g	Regenerating islet-derived protein 3-gamma OS=Rattus norvegicus OX=10116 GN=Reg3g	0.263
105	P46418	Gsta5	Glutathione S-transferase alpha-5 OS=Rattus norvegicus OX=10116 GN=Gsta5	0.751
106	P49088	Asns	Asparagine synthetase [glutamine-hydrolyzing] OS=Rattus norvegicus OX=10116 GN=Asns	0.754
107	P50298	Nat2	Arylamine N-acetyltransferase 2 OS=Rattus norvegicus OX=10116 GN=Nat2	0.624
108	P50554	Abat	4-aminobutyrate aminotransferase, mitochondrial OS=Rattus norvegicus OX=10116 GN=Abat	0.634
109	P51556	Dgka	Diacylglycerol kinase alpha OS=Rattusnorvegicus OX=10116 GN=Dgka	0.770
110	P55006	Rdh7	Retinol dehydrogenase 7 OS=Rattus norvegicus OX=10116 GN=Rdh7	0.462
111	P55314	C8b	Complement component C8 beta chain OS=Rattus norvegicus OX=10116 GN=C8b	1.592
112	Q00981	Uchl1	Ubiquitin carboxyl-terminal hydrolase isozyme L1 OS=Rattus norvegicus OX=10116 GN=Uchl1	1.309
113	Q07936	Anxa2	Annexin A2 OS=Rattus norvegicus OX=10116 GN=Anxa2	0.815
114	Q08013	Ssr3	Translocon-associated protein subunit gamma OS=Rattus norvegicus OX=10116 GN=Ssr3	0.810
115	Q27W01	Rbm8a	RNA-binding protein 8A OS=Rattus norvegicus OX=10116 GN=Rbm8a	1.224
116	Q3MHS7	Gmds	GDP-mannose 4,6-dehydratase OS=Rattus norvegicus OX=10116 GN=Gmds	0.759
117	Q499P3	C1galt1c1	C1GALT1-specific chaperone 1 OS=Rattus norvegicus OX=10116 GN=C1galt1c1	0.746
118	Q4FZU6	Anxa8	Annexin A8 OS=Rattus norvegicus OX=10116 GN=Anxa8	0.732
119	Q4KLJ0	LOC100360316	High mobility group nucleosomal binding domain 2 OS=Rattus norvegicus OX=10116 GN=LOC100360316	1.806
120	Q4QQV8	Chmp5	Charged multivesicular body protein 5 OS=Rattus norvegicus OX=10116 GN=Chmp5	1.360
121	Q562C4	Mettl7b	Methyltransferase-like protein 7B OS=Rattus norvegicus OX=10116 GN=Mettl7b	0.664
122	Q5EBB0	LOC298795	Similar to 14-3-3 protein sigma OS=Rattus norvegicus OX=10116 GN=LOC298795	0.718
123	Q5EBC0	Itih4	Inter alpha-trypsin inhibitor, heavy chain 4 OS=Rattus norvegicus OX=10116 GN=Itih4	1.411
124	Q5EGZ1	Ace2	Angiotensin-converting enzyme 2 OS=Rattus norvegicus OX=10116 GN=Ace2	0.573

(续)

ID	Protein accession	Gene name	Protein description	E/M
125	Q5HZE2	Tmem120a	Transmembrane protein 120A OS=Rattus norvegicus OX=10116 GN=Tmem120a	0.721
126	Q5I0K3	Clybl	Citramalyl-CoA lyase, mitochondrial OS=Rattus norvegicus OX=10116 GN=Clybl	1.331
127	Q5I0M3	Cfhr1	Complement component factor h-like 1 OS=Rattus norvegicus OX=10116 GN=Cfhr1	2.016
128	Q5M7T6	Atp6v0d1	V-type proton ATPase subunit OS=Rattus norvegicus OX=10116 GN=Atp6v0d1	0.760
129	Q5M860	Arhgdib	Rho GDP dissociation inhibitor beta OS=Rattus norvegicus OX=10116 GN=Arhgdib	1.289
130	Q5XFV4	Fabp4	Fabp4 protein OS=Rattus norvegicus OX=10116 GN=Fabp4	1.475
131	Q63396	Sub1	Activated RNA polymerase II transcriptional coactivator p15 OS=Rattus norvegicus OX=10116 GN=Sub1	1.413
132	Q64319	Slc3a1	Neutral and basic amino acid transport protein rBAT OS=Rattus norvegicus OX=10116 GN=Slc3a1	0.748
133	Q64595	Prkg2	cGMP-dependent protein kinase 2 OS=Rattus norvegicus OX=10116 GN=Prkg2	0.734
134	Q68AX7	Reg4	Regenerating islet-derived protein 4 OS=Rattus norvegicus OX=10116 GN=Reg4	0.408
135	Q68FS4	Lap3	Cytosol aminopeptidase OS=Rattus norvegicus OX=10116 GN=Lap3	0.610
136	Q68FY4	Gc	Group specific component OS=Rattus norvegicus OX=10116 GN=Gc	1.331
137	Q6AY84	Scrn1	Secernin-1 OS=Rattus norvegicus OX=10116 GN=Scrn1	1.587
138	Q6AYJ9	Art3	NAD(P)(+)--arginine ADP-ribosyltransferase OS=Rattus norvegicus OX=10116 GN=Art3	1.249
139	Q6AYS8	Hsd17b11	Estradiol 17-beta-dehydrogenase 11 OS=Rattus norvegicus OX=10116 GN=Hsd17b11	0.732
140	Q6P0K8	Jup	Junction plakoglobin OS=Rattus norvegicus OX=10116 GN=Jup	0.796
141	Q6P752	Tor1aip2	Torsin-1A-interacting protein 2 OS=Rattus norvegicus OX=10116 GN=Tor1aip2	0.801
142	Q6T5F2	Ugt1a2	UDP-glucuronosyltransferase OS=Rattus norvegicus OX=10116 GN=Ugt1a2	0.447
143	Q6XQN1	Naprt	Nicotinate phosphoribosyltransferase OS=Rattus norvegicus OX=10116 GN=Naprt	0.779
144	Q7TQ70	Fga	Ac1873 OS=Rattus norvegicus OX=10116 GN=Fga	1.303
145	Q8CHN6	Sgpl1	Sphingosine-1-phosphate lyase 1 OS=Rattus norvegicus OX=10116 GN=Sgpl1	0.772
146	Q8R4A1	Ero1a	ERO1-like protein alpha OS=Rattus norvegicus OX=10116 GN=Ero1a	0.754
147	Q9EQP5	Prelp	Prolargin OS=Rattus norvegicus OX=10116 GN=Prelp	1.281
148	Q9ESS6	Bcam	Basal cell adhesion molecule OS=Rattus norvegicus OX=10116 GN=Bcam	1.242
149	Q9ET64	Smpd2	Sphingomyelin phosphodiesterase 2 OS=Rattus norvegicus OX=10116 GN=Smpd2	0.733
150	Q9JHL7	Ceacam1	Carcinoembryonic antigen-related cell adhesion molecule 1 OS=Rattus norvegicus OX=10116 GN=Ceacam1	0.826
151	Q9Z144	Lgals2	Galectin-2 OS=Rattus norvegicus OX=10116 GN=Lgals2	0.647

2. R 包安装和加载

```r
if(! requireNamespace("BiocManager")){
    install.packages("BiocManager")
}
```

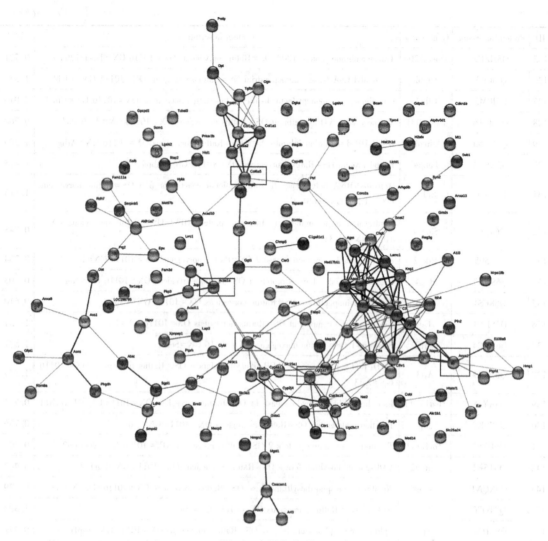

图 12-4　蛋白关联图

```
if(! requireNamespace("edgeR")){
    BiocManager::install("edgeR")
}
if(! requireNamespace("clusterProfiler")){
    BiocManager::install("clusterProfiler")
}
if(! requireNamespace("org.Rn.eg.db")){
    BiocManager::install("org.Rn.eg.db")
}
```

3. R 包加载

```
library(edgeR)
```

```
library(clusterProfiler)
library(org.Rn.eg.db)
deg_df <- read.table("./edgeR_DEG.csv",
                     header = TRUE,
                     sep = ",",
                     stringsAsFactors = FALSE)
```

4. GO 分析

第一步：筛选目标基因集。例如 logFC >1.2，FDR < 0.05 认为是显著性上调
```
flt <- deg_df[deg_df$logFC > 1.2 & deg_df$FDR < 0.05,]
up_gene <- flt$gene
(#第一步：筛选目标基因集。例如 logFC >1.2，FDR < 0.05 认为是显著性下调
flt <- deg_df[deg_df$logFC < 1/1.2 & deg_df$FDR < 0.05,]
down_gene <- flt$gene)
```
差异基因 ID 转换，Symbol -> Entrezid
```
eg <- bitr(up_gene, fromType = "SYMBOL", toType = "ENTREZID", OrgDb = "org.Rn.eg.db")
ids <- keys(org.Rn.eg.db, 'ENTREZID')
id_GO <- select(org.Rn.eg.db, keys = ids, columns = c("ENTREZID", "GO"))
id_GO <- subset(id_GO,! is.na(GO))
```
去除无 GO 注释的 gene
```
id_GO <- select(org.Rn.eg.db, keys = ids, columns = c("ENTREZID", "GO"))%>%subset(! is.na(GO))
require(magrittr)
length(unique(id_GO$ENTREZID))# id 去重后还剩 19 781 个
org.Rn.eg()#总共 47 957 个 Entrezid，其中 18 141 个有 GO 注释
```
GO 分析使用默认背景基因集 Go 富集分析
```
ego1 <- enrichGO(gene = eg$ENTREZID,
                 keyType = "ENTREZID",
                 # universe,
                 OrgDb = "org.Rn.eg.db",
                 ont = "BP",
                 pAdjustMethod = "BH",
                 pvalueCutoff = 0.05,
                 readable = TRUE)
ego2 <- enrichGO(gene = eg$ENTREZID,
                 OrgDb = org.Rn.eg.db,
                 keyType = "ENTREZID",
                 ont = "CC")
```

```
ego3 <- enrichGO( gene = eg $ ENTREZID,
                  OrgDb = org. Rn. eg. db,
                  keyType = "ENTREZID",
                  ont = "MF")
```

5. 生物信息学分析

运用 Cytoscape 与 ClueGO 插件进行富集分析平台。

对本实验(E/M)获得的 151 种差异性蛋白进行 GO 分析和 KEGG 分析。这 151 种差异性蛋白主要参与的生物学过程有 63 个($P<0.05$)，其中占比例较高的前 4 个分别是血液凝固的负调节(negative regulation of blood coagulation, 39.68%)、脂肪酸代谢过程(fatty acid metabolic process, 17.46%)、蛋白质激活级联(protein activation cascade, 9.52%)、谷氨酰胺家族氨基酸代谢过程(glutamine family amino acid metabolic process, 6.35%)；细胞成分 7 个($P<0.05$)，所占比例较高的前 5 个分别是基底膜(basement membrane, 28.57%)、血液微粒(blood microparticle, 14.29%)、髓鞘(myelin sheath, 14.29%)、脂质颗粒(lipid particle, 14.29%)、微绒毛(microvillus, 14.29%)；分子功能 27 个($P<0.05$)，所占比例较高的前 5 个分别是类固醇结合(steroid binding, 18.52%)、氧化还原酶活性(oxidoreductase activity, 11.11%)、转移酶活性(transferase activity, 11.11%)、脂肪酰基辅酶 A 结合结合(fatty-acyl-CoA binding, 7.41%)、糖胺聚糖结合(glycosaminoglycan binding, 7.41%)。Pathway 分析($P<0.05$)显示这些差异蛋白参与的信号转导通路主要有化学致癌作用(chemical carcinogenesis, 52.63%)、ECM-受体相互作用(ECM-receptor interaction, 15.79%)、PPAR 信号通路(5.26%)、丙氨酸天冬氨酸和谷氨酸代谢通路(Alanine aspartate and glutamate metabolism, 5.26%)。

对 E/M 组中筛选得到的 151 差异蛋白数据库编号或蛋白序列，通过与 STRING(v.10.5)蛋白网络互作数据库比对后，提取得到差异蛋白互作关系(图 12-5~图 12-8)。然后通过 Cytoscape 软件对差异蛋白互作网络进行可视化展示。如图 12-5 所示：图中圆圈表示差异表达蛋白，不同颜色代表蛋白的差异表达情况。圆圈大小代表差异蛋白与其互作蛋白个数。圆圈越大表示与其互作的蛋白越多。

经功能分析发现 Ttr(甲状腺素)、Apoa1(载脂蛋白 A1)、C3(补体 C3)、Fga(纤维蛋白原 α 链)和 Kng1(激肽原-1)5 个蛋白在蛋白质的相互作用网络中处于功能网络交叉点，这些蛋白可能在 T2DM 作用过程中扮演重要角色，并可能直接参与了改善 T2DM 的过程。

Ttr：甲状腺激素结合蛋白。负责将甲状腺素从血液中输送到大脑。

Apoa1：通过促进胆固醇从组织中流出并作为卵磷脂胆固醇酰基转移酶(LCAT)的辅助因子，参与胆固醇从组织到肝脏的逆向转运以进行排泄。作为 SPAP 复合物的一部分，能够激活精子活力。

C3：酰化刺激蛋白。脂肪生成激素，刺激脂肪细胞中的甘油三酯(TG)合成和葡萄糖转运，调节脂肪储存并在餐后 TG 清除中发挥作用。通过激活 PLC，MAPK 和 AKT 信号传导途径来刺激 TG 合成。是 C5AR2 的配体，能够促进磷酸化、ARRB2 介导的 C5AR2 内化和再循环(通过相似性)。

Fga：被蛋白酶凝血酶切割，得到单体，其与纤维蛋白原 β(FGB)和纤维蛋白原 γ(FGG)一起聚合形成不溶性纤维蛋白基质。纤维蛋白作为血栓的主要成分之一具有止血的主要功能。

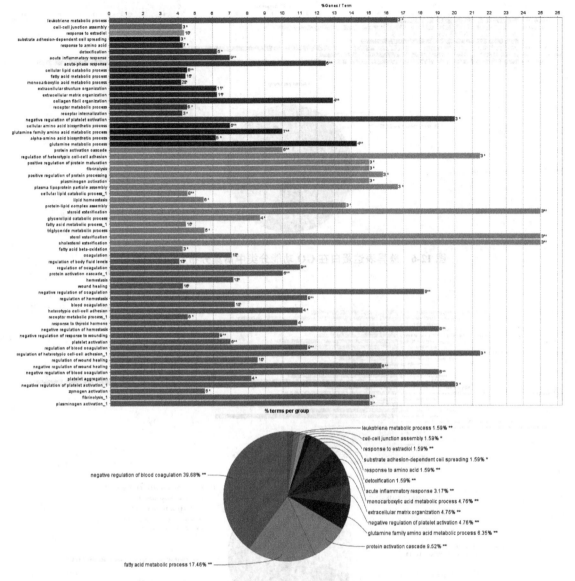

图 12-5 差异表达蛋白(E/M)在 GO 功能分类中富集分布 BP($^*P<0.05$, $^{**}P<0.01$)

此外，在伤口修复的早期阶段起作用以稳定病变并在再上皮化期间引导细胞迁移。最初基于使用抗凝血的体外研究，被认为是血小板聚集必不可少的物质。然而，随后的研究表明，体内血栓形成并非绝对必要。通过 ITGB3 依赖性途径增强 SELP 在活化血小板中的表达。母体纤维蛋白原对于成功怀孕至关重要。纤维蛋白沉积也与感染有关，它可以防止 IFNG 介导的出血。也可通过先天和 T 细胞介导的途径促进免疫应答。

Kng1：①激肽原是硫醇蛋白酶的抑制剂；②HMW-激肽原作为前因子在血浆中循环，将前激肽释放酶和因子 XI 运输并优化定位在带负电荷的表面上，从而使这些酶原能够被表面结合的因子 XIIa 激活；③HMW-激肽原抑制凝血酶和纤溶酶诱导的血小板聚集；④从 HMW-激

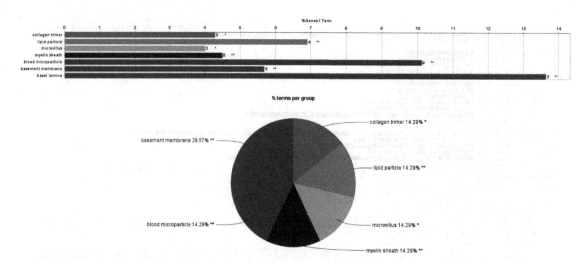

图 12-6　差异表达蛋白在 GO 功能分类中富集分布 CC(E/M)

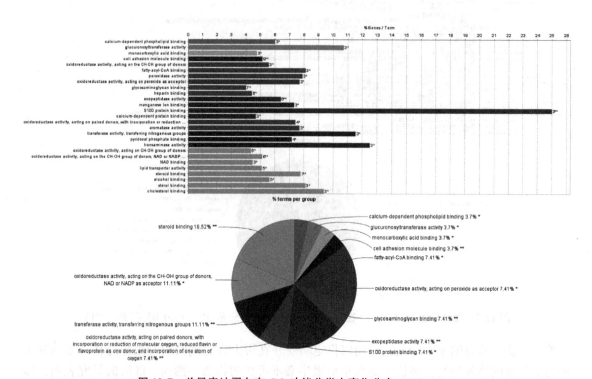

图 12-7　差异表达蛋白在 GO 功能分类中富集分布 MF(E/M)

肽原释放的活性肽缓激肽显示出多种生理作用：a. 对平滑肌收缩的影响，b. 诱导低血压，c. 利尿钠和利尿，d. 血液减少葡萄糖水平，e. 它是炎症的介质并导致，血管通透性增加，刺激伤害感受器，释放其他炎症介质(例如前列腺素)，f. 它具有心脏保护作用(直接通过缓激肽作用，间接通过内皮衍生的松弛因子作用)；⑤LMW-激肽原抑制血小板聚集；⑥LMW-激肽原与不参与血液凝固的 HMW-激肽原相反。

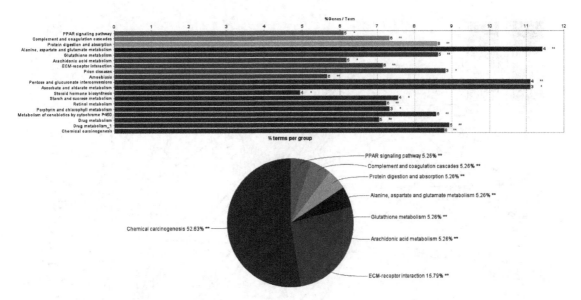

图 12-8　差异表达蛋白在 KEGG 通路中富集是 KEGG（E/M）

三、展望

（一）功能蛋白筛选的一般性原则

（1）选取蛋白表达或修饰水平显著差异的蛋白，建议至少选取 5 个蛋白或修饰位点加以验证（Li et al.，2006；Du et al.，2015）。

（2）可优先选取功能上已有相关报道或者与本研究实验体系有潜在关系的蛋白。

（3）选取生物信息学分析中得到的某些特定功能、通路、组分中差异表达显著的关键蛋白（图 12-9）。

（4）选取功能上与某一特定生物学过程密切相关的蛋白，如信号通路中的受体蛋白、重要转录因子或者酶等。

（5）选取该蛋白是某重要蛋白复合物的核心蛋白。

（6）关于目的蛋白修饰位点的选择，可优先考虑该修饰位点位于目的蛋白的重要功能域、与其他蛋白相互作用的 domain、酶蛋白的活性催化中心等关键功能调控区域（Song et al.，2016）。

（二）蛋白质表达或蛋白质修饰定量改变验证的基本方法

（1）筛选出目的蛋白后，可采用基于抗体的 Western Blot、免疫组化、ELISA 等方法验证不同样品（如实验组和对照组）中蛋白表达差异。当没有现成抗体可使用时，可以考虑使用 RT-qPCR 方法来验证，但是由于存在转录后调控、蛋白质翻译水平调节和蛋白质降解等现象，转录水平的变化和蛋白水平的变化未必能完全对应。

（2）筛选出修饰位点之后，可利用基于蛋白质修饰的位点特异性抗体的 Western Blot、免疫组化、ELISA 等方法验证不同样品（如实验组和对照组）中蛋白质修饰的差异。对于没有现成位点特异性抗体可以使用的，可以考虑将目的蛋白 IP 下来后使用蛋白质修饰的泛抗体 WB

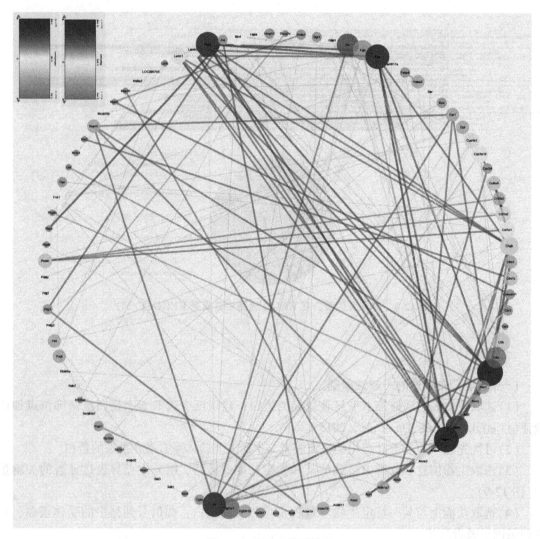

图 12-9 蛋白互作网络图

来检测(Du et al., 2015)。这种方法实际检测的是该蛋白的整体修饰水平,但由于一个蛋白可能存在多个同种修饰位点,因此这种验证方式未必准确可靠。此外,也可以考虑将目的蛋白 IP 下来后采用质谱定量分析的方法进一步确定修饰水平的改变程度。

(三)目的蛋白功能研究的一般性建议

1. 分子生物学层面

对于表达水平差异的蛋白质的研究,可使用反向遗传学 reverse genetics 的方法(knockdown、knockout、CRISPR),观察基因改变后导致的表型变化,并结合目的基因回补实验,进一步证实目的蛋白与表型之间的关联。对于修饰水平差异的蛋白和位点,可以对该位点进行体外定点突变并在研究系统中引入点突变(site mutant)的方式加以研究,如磷酸化位点 S/T 突变为 A 模拟非修饰状态,突变为 D/E 模拟组成型修饰状态;乙酰化位点 K 突变为 R 模拟非修饰状态,突变为 Q 模拟组成型修饰状态;琥珀酰化因为具有负电荷(酸性),其修饰位点 K

突变为 R 模拟非修饰状态,而突变为 E 模拟组成型修饰状态(Song et al.,2016;Zhao et al.,2013;Xiangyun et al.,2016)。

2. 生物化学层面

生物化学层面首先要考虑的是目的蛋白的相互作用蛋白的鉴定,常见的方法是利用目的蛋白的内源性抗体,通过免疫沉淀(immunoprecipitation,IP)结合质谱分析的方法鉴定相互作用蛋白;在没有内源性抗体的情况下,也可考虑采用引入带有标签的过表达目的蛋白的 pull down 实验并结合质谱分析的方法鉴定相互作用蛋白。如果目标蛋白是酶,可通过检测修饰前后目的蛋白的酶动力学参数变化,分析该修饰对酶活性的影响。某些酶蛋白修饰后,可能导致其稳定性发生变化,间接对其活性产生影响。如果目的蛋白是某蛋白质修饰底物,则要考虑鉴定催化该底物修饰或去催化该底物修饰的酶,如激酶(kinase)、乙酰转移酶(acetyltransferase,HAT)、去乙酰化转移酶(deacetylase,HDAC)、甲基转移酶(methyltransferase,KMT)、去甲基转移酶(demethylase,KDMT)、E3 连接酶(E3 ligase)等;此外,在表观遗传学领域,对于某蛋白质修饰的特异底物,在生化分析层面上还要考虑去鉴定与该修饰特异性结合的相互作用蛋白(称之为"阅读器",reader),如与乙酰化基团特异结合的含有 bromodomain 的蛋白、与赖氨酸甲基化基团特异结合的含有 chromodomain 的蛋白等。这些特异的催化酶、去催化酶、"阅读器"蛋白的筛选与鉴定一方面可以根据文献报道来初步确定,然后进一步生化验证;另一方面也可利用免疫沉淀、pull down 等手段结合质谱分析寻找鉴定,为进一步的机制研究提供线索。此外,还可以利用结构解析或者软件预测等方式研究修饰基团对蛋白构象的影响。

3. 细胞生物学层面

利用免疫荧光(Immunoflurescence,IF)、FRET 等荧光标记手段对目标分子的亚细胞定位和实时动态变化进行分析,为功能机制的研究和蛋白质相互作用提供依据;敲除目的蛋白或引入目的蛋白的过表达突变体,在表型变化的层面上,观察目的蛋白表达水平改变或修饰水平的改变对细胞周期、细胞增殖、迁移、极性、凋亡以及细胞间通信等过程的影响。

4. 模式生物实验层面

如果你筛选出的目的蛋白与肿瘤生成密切相关,则可以考虑通过构建基因敲除小鼠、肿瘤异种移植模型(xenograft model),结合表型分析和生化功能研究,在动物模型中深入探索目的蛋白及相关信号通路在生理病理过程中的意义。在植物学领域,如可采用拟南芥为模式生物,通过构建目的蛋白的突变株,结合表型分析和生化功能研究,深入探索目的蛋白生物学功能。

5. 其他

建议结合各领域本身的特定研究方法,开展针对性验证实验。

第十三章 代谢组学方法

第一节 概 述

代谢组学是涉及代谢物，小分子中间体和新陈代谢产物的化学过程的科学研究。具体而言，代谢组学是"对特定细胞过程留下的独特化学指纹的系统研究"，即对小分子代谢物谱的研究（Daviss，2018）。代谢组代表生物细胞、组织、器官或生物体中的一整套代谢物，它们是细胞过程的最终产物（Jordan et al.，2009）。mRNA 基因表达数据和蛋白质组学分析揭示了在细胞中产生的一组基因产物，数据代表细胞功能的一个方面。相反，代谢分析可以给出该细胞生理学的瞬时快照。因此，代谢组学提供了生物体的直接"生理状态的功能读数"（Hollywood et al.，2006）。系统生物学和功能基因组学的挑战之一是整合基因组学、转录组学、蛋白质组学和代谢组学的信息，以更好地理解细胞生物学。

一、代谢物分析技术的发展趋势

代谢组学的开始可以追溯到公元前 2000—前 1500 年。中国古代医生用蚂蚁评估患者的尿液，检测尿液中是否含有高浓度的葡萄糖，从而发现糖尿病（van der Greef et al.，2005）。在中世纪，"尿图"用于将尿液的颜色、味道和气味与源于新陈代谢的各种医疗条件联系起来（Nicholson et al.，2008）。在公元前 300 年，古希腊人首先使用体液预测疾病，这显示了代谢组学的早期步骤。公元 131 年，盖伦开发了一种病理学系统，将希波克拉底的体液理论与毕达哥拉斯理论相结合。在 20 世纪 40 年代后期，罗杰·威廉姆斯（Roger Williams）引入了这样一个概念，即个体可能具有可以反映在其生物体液成分中的"代谢特征"（Gates et al.，2018）。他使用纸色谱法来指示尿液和唾液中的特征代谢模式与精神分裂症等疾病有关。随着科学技术的发展，在 20 世纪六七十年代，人们开始定量地（而不是定性地）测量代谢特征（Preti，2005）。1971 年，Horning 团队引入了术语"代谢概况"，用气相色谱质谱（GC-MS）联用仪测定人尿和组织提取物中存在的化合物（Ial et al.，1988）。20 世纪 70 年代，Horning 团队和 Linus Pauling 以及 Arthur B. Robinson 开发了 GC-MS 方法，以检测尿液中代谢物的存在（Griffiths et al.，2009）。1974 年，Seeley 证明了核磁共振用于检测未修饰的生物样品中的代谢物的效用（Hoult et al.，1974）。这项关于肌肉的第一项研究强调了核磁共振的价值，由于其可以确定 90%的细胞 ATP 与镁结合。随着磁场强度和魔角旋转的发展，灵敏度提高，核磁共振仍是研究新陈代谢的主要分析工具（Hollywood et al.，2006；van der Greef et al.，2005）。1984 年，Nicholson 证明 1H NMR 光谱可用于诊断糖尿病，后来他们率先在核磁共振光谱数据中使用模式识别方法（Holmes et al.，2002；Lenz et al.，2007）。1995 年，Gary Siuzdak 与 Richard Lerner

和 Benjamin Cravatt 进行液相色谱质谱代谢组学实验，分析了睡眠不足的动物的脑脊髓液。观察到一种令人感兴趣的分子油酰胺，后来显示其具有诱导睡眠的特性。这项工作是最早将液相色谱和质谱联用于代谢组学的实验之一（Cravatt et al.，2016）。2005 年，Siuzdak 开发了第一个代谢组学串联质谱数据库 METLIN，用于表征人类代谢物。至 2019 年 7 月 1 日，METLIN 含有超过 450 000 种代谢物和其他化学实体，每种化合物都具有由多种碰撞能量以及正离子和负离子化模式的分子标准产生的实验串联质谱数据。METLIN 是同类中最大的串联质谱数据库（Want，2005；Guijas et al.，2018）。2005 年，Siuzdak 实验室致力于识别与败血症相关的代谢物，并努力解决在数百个 LC/MS 数据集中统计识别最相关的失调代谢物的问题，第一个算法被开发用于允许非线性排列质谱代谢组学数据被称为 XCMS（Want et al.，2006），其中"X"构成任何色谱技术，从那时起（2012 年）被开发为在线工具，截至 2019 年（与 METLIN）有超过 30 000 名注册用户（Tautenhahn et al.，2012）。2007 年 1 月 23 日，由加拿大阿尔伯塔大学的 David Wishart 领导的人类代谢组计划完成了人类代谢组的初稿，包括大约 2500 种代谢物，1200 种药物和 3500 种食物成分的数据库（Wishart et al.，2007；David et al.，2009）。几种植物物种中也有类似的项目，最著名的是黎苜蓿和拟南芥。截至 2010 年，代谢组学仍被视为"新兴领域"。此外，有人指出，该领域的进一步发展在很大程度上取决于通过质谱仪器的技术发展解决"无法解决的技术挑战"（Farag et al.，2008）。2015 年，首次展示了实时代谢组分析，代谢组学是目前生物学和药物学领域发展最快的学科之一，代谢组学是定量测量多细胞对病理生理刺激和基因改变导致的代谢物动态变化的学科。即代谢物组学运用核磁共振、高效液相色谱、气相色谱、质谱等先进的分析技术，评价细胞提取物、组织提取物和生物体液（包括血浆、血清、尿液、汗液、胆汁、脑脊液等）中所含的内源性或外源性代谢物的浓度与功能。代谢物组学的出现，为生命科学、药物科学、临床诊断、食品科学、农学等的发展带来了巨大变化。本文介绍其研究方法及其在新药早期毒性筛选、药理学研究及临床试验中的作用（赵立波等，2006）。微生物代谢组学主要研究细胞生长或生长周期某一时刻细胞内外所有低相对分子质量代谢物。分析技术的不断发展促进了代谢组学的飞速发展。代谢组学快速、灵敏、可定量、非侵入性以及系统性的特点，使其在新药研发、药物毒性筛选、疾病诊断等领域显示出广阔的前景（Nicholson et al.，2002）。代谢组学受多种因素如性别、年龄、种系、饮食、日照循环等的影响，且不同的实验室采用了不同的试验设计、样品处理方法、非统一的数据处理方法。各实验室之间的数据难以直接比较，因此客观上要求建立标准的代谢组学研究技术平台。为适应这一需要，SMRS（standard metabolic reporting structures）groups 应运而生。该组织吸收各高校、科研机构等代谢组学研究人员，统一代谢组学研究的规范，其内容涉及试验设计、样品的采集和预处理、样品的测定、数据采集、数据分析及解释、数据库的建立和模型的构建。代谢组学（metabolomics）具有灵敏度高、可定量、系统性、代表着机体确切发生的变化等特点，为了解基因功能，蛋白质表达，个体、组群和种属之间差异，人或动植物对药物、毒物、病原、环境所产生的反应，也为沟通基因、蛋白质和小分子之间的联系提供重要线索。代谢组学的研究主要应用核磁共振、液相色谱质谱以及气相色谱—质谱等现代仪器分析手段，定性定量检测生物体液（包括尿液、唾液、血浆等）中尽可能多的内源性代谢物，即代谢组，并借助于模式识别等化学计量学方法对测得的代谢物图谱加以分析，以期了解和反映机体的整体状态。

根据研究对象和研究目的不同，代谢组学的研究又可分为几个不同的层次：①代谢靶标分析，针对某一种或某一组具有相似化学性质的特定代谢物进行分析，研究其在代谢应答中的变化，并与已知的代谢途径相关联，得出疾病或外源性物质的刺激对该代谢途径的效应；②代谢轮廓分析，着眼于整个代谢网络中的一些关键信息节点，对某一代谢途径的特定代谢物或某一类结构和性质相关的代谢物进行定量分析；③代谢指纹分析，不关注特定的组分，对代谢物进行高通量的定性分析，实现样品的快速筛选分类；④代谢组学分析，对所有小分子代谢物进行综合分析，是在前三者基础上的进一步深化与整合（邓海山等，2009）。

二、代谢组学数据分析的现状及其面临的挑战

近年来，代谢组学发展非常迅速，在中医药现代研究中已逐步显示出其独特的优势，也取得了许多令人瞩目的研究成果。然而，作为一门新兴的学科，代谢组学仍处于不断发展和逐步完善的阶段，在研究领域、研究思路和技术方法上都有待开拓和创新。在中药复方量效关系的研究上，方剂剂量的变化对其疗效乃至功用的改变都将在代谢组图谱的不同变化趋势中得到体现从而能够对方剂的量效关系及其物质基础给出全新的解释获得深入系统的认识。

目前，运用代谢组学开展方剂量效关系研究还面临着不少困难。首先，基于代谢组学的疗效评价大多利用直观的散点图进行观察和判断，未见有文献报道如何表示药物作用的强度。其次，现有的分析技术尚不能真正实现对所有代谢物进行分析测定，痕量物质的定性定量分析也存在较大的困难，与全面的代谢组分析的终极目标还有较大的差距。此外，目前常用的数据处理与分析方法（包括主成分分析、偏最小二乘法等）大多适用于线性数据集，而中药及其方剂作用于机体的量效关系往往具有非线性特征，因此，如何从大量非线性数据中有效提取代谢组的变化规律也是代谢组学应用于方剂量效关系研究所面临的技术瓶颈之一。随着上述技术难题的逐步解决，有理由相信，代谢组学将有望成为中药及方剂量效关系研究的有效方法，能够对中药及方剂的量效关系及其作用机制给予科学阐释，并有力推动中医药现代化研究的步伐。

第二节　代谢组学研究中样品的提取方法

一、样品的采集和前处理

代谢物组学除以生物体液为研究对象（血样、尿样、胆汁、乳汁、精液、唾液等）外，还可采用完整的组织样品、组织提取液和细胞培养液，但以血样和尿样为多。血样中的内源性代谢产物比较丰富，信息量较大，且采血操作可以定点进行，因而有利于观测体内代谢水平的全貌和动态变化过程。但采血操作会造成一定程度的损伤和应激反应，有可能引起体内代谢水平的改变。尿样所含的信息量相对有限，但样品采集不具损伤性。使用代谢笼可以连续采样，减少了实验动物和受试药物的用量，降低了实验费用。特别是用于药物的安全性评价时，完整的毒性经时过程可以在一只动物身上得到体现，数据更加合理可靠。因此，尿样在代谢物组学研究中更具优势。

二、样品的提取

由于细胞中有着丰富的代谢物,因而观察提取细胞代谢物的方法至关重要。迄今为止还没有任何一种提取方法能适用于所有的代谢物提取,为此研究者们一直在寻找较为合适的代谢物提取方法,尽可能多地把胞内代谢物提取出来,最大程度地减少代谢物的损失。代谢物的提取量首先依赖于提取溶剂(占主要地位)的选择。不同的提取溶剂收获的细胞提取物的类别不尽相同,主要可分为极性和非极性两大类代谢物。根据相似相溶原理,极性溶剂对极性物质的溶解性较好,非极性溶剂则能促进细胞内的蛋白质沉淀。因此,联合使用提取溶剂能提高代谢物的提取效率。目前在细胞代谢组学领域运用最广泛的提取方法为液—液萃取法,常用的提取溶剂有甲醇/水溶液、乙腈/水溶液、纯甲醇和氯仿,研究者可以根据自己的实验目的进行选择,优化提取溶剂。另外,也与细胞破碎程度相关。常用的破碎方法有反复冻融、超声破碎和机械匀浆等(徐佳等,2018)。

第三节 气相色谱—质谱联用技术

一、联用技术原理概述

气相色谱法是一种以气体作为流动相的柱色谱分离分析方法,它可分为气—液色谱法和气—固色谱。作为一种分离和分析有机化合物的有效方法,气相色谱法特别适合进行定量分析,但由于其主要采用对比未知组分的保留时间与相同条件下标准物质的保留时间的方法来定性,使得当处理复杂的样品时,气相色谱法很难给出准确可靠的鉴定结果。质谱法的基本原理是将样品分子置于高真空($<10^{-3}$ Pa)的离子源中,使其受到高速电子流或强电场等作用,失去外层电子而生成分子离子,或化学键断裂生成各种碎片离子,经加速电场的作用形成离子束,进入质量分析器,再利用电场和磁场使其发生色散、聚焦,获得质谱图。根据质谱图提供的信息可进行有机物、无机物的定性、定量分析,复杂化合物的结构分析,同位素比的测定及固体表面的结构和组成等分析。气相色谱—质谱联用(GC-MS)法是将 GC 和 MS 通过接口连接起来,GC 将复杂混合物分离成单组分后进入 MS 进行分析检测。

二、GC-MS 联用技术分类

按照质谱技术,GC-MS 联用技术通常有气相色谱—四极杆质谱或磁质谱(GC-MS)、气相色谱—离子阱质谱(GC-ITMS)、气相色谱—飞行时间质谱(GC-TOFMS)。四极杆质谱仪扫描方式又有全扫描和选择离子扫描(SIM)之分,全扫描是对指定质量范围内的离子全部扫描并记录,得到的质谱图可以提供未知物的相对分子质量和结构信息。而 SIM 方式仅对选定的离子进行检测,可消除样品中其他组分造成的干扰,检测灵敏度、选择性极强,主要用于对具有某种特性的代谢物进行定量分析。TOFMS 提供了更快的扫描率和额外的敏感性,采集到的每一个数据点都对应一个完整的质谱图,检测挥发性化合物的能力比四极杆质谱强,在目前代谢组学的研究中应用最为普遍。ITMS 结构小巧,能在极低压强下长时间储存离子,因此对真空泵的要求降低,从而减轻质谱仪重量和电源消耗,更加便于小型化设计,故其应用也越来越广泛。

三、GC-MS 系统的组成

气质联用仪是分析仪器中较早实现联用技术的仪器。自 1957 年霍姆斯和莫雷尔首次实现气相色谱和质谱联用以后，这一技术得到长足的发展。在所有联用技术中气质联用，即 GC-MS 发展最完善，应用最广泛。目前从事有机物分析的实验室几乎都把 GC-MS 作为主要的定性确认手段之一，在很多情况下又用 GC-MS 进行定量分析。另外，目前市售的有机质谱仪，不论是磁质谱、四极杆质谱、离子阱质谱还是飞行时间质谱（TOF）、傅里叶变换质谱（FTMS）等均能和气相色谱联用。还有一些其他的气相色谱和质谱连接的方式，如气相色谱—燃烧炉—同位素比质谱等。GC-MS 逐步成为分析复杂混合物最为有效的手段之一。气相色谱仪分离样品中各组分，起着样品制备的作用；接口把气相色谱流出的各组分送入质谱仪进行检测，起着气相色谱和质谱之间适配器的作用，由于接口技术的不断发展，接口在形式上越来越小，也越来越简单；质谱仪对接口依次引入的各组分进行分析，成为气相色谱仪的检测器；计算机系统交互式地控制气相色谱、接口和质谱仪，进行数据采集和处理，是 GC-MS 的中央控制单元。

四、GC-MS 联用中主要的技术问题

气相色谱仪和质谱仪联用技术中主要着重要解决两个技术问题：

1. 仪器接口

众所周知，气相色谱仪的入口端压力高于大气压，在高于大气压力的状态下，样品混合物的气态分子在载气的带动下，因在流动相和固定相上的分配系数不同而产生的各组分在色谱柱内的流速不同，使各组分分离，最后和载气一起流出色谱柱。通常色谱柱的出口端为大气压力。质谱仪中样品气态分子在具有一定真空度的离子源中转化为样品气态离子。这些离子包括分子离子和其他各种碎片离子在高真空的条件下进入质量分析器运动。在质量扫描部件的作用下，检测器记录各种按质荷比分离不同的离子其离子流强度及其随时间的变化。因此，接口技术中要解决的问题是气相色谱仪的大气压的工作条件和质谱仪的真空工作条件的连接和匹配。接口要把气相色谱柱流出物中的载气，尽可能除去，保留或浓缩待测物，使近似大气压的气流转变成适合离子化装置的粗真空，并协调色谱仪和质谱仪的工作流量。

2. 扫描速度

没和色谱仪连接的质谱仪一般对扫描速度要求不高。和气相色谱仪连接的质谱仪，由于气相色谱峰很窄，有的仅几秒的时间。一个完整的色谱峰通常需要至少 6 个以上数据点。这样就要求质谱仪有较高的扫描速度，才能在很短的时间内完成多次全质量范围的质量扫描。另外，要求质谱仪能很快地在不同的质量数之间来回切换，以满足选择离子检测的需要。

五、样品预处理技术

利用 GC-MS 分析生物体内的代谢物，需要对样品进行预处理及衍生化，预处理过程主要包括代谢淬灭、细胞浓缩、代谢物提取等。为获取微生物具有代表性的样品，分析时样品的代谢组成分必须保证与取样时一致，才能反映样品当时的代谢活动，因此这一反映特定生理

状态的代谢状态必须被"固定"住,直到分析完成,该过程称为淬灭。由于不同微生物细胞壁的结构不同,对渗透压的耐受程度以及膜通透性也存在差异,因此代谢淬灭所选择的方法也无法统一。

六、代谢物的定性与定量

GC-MS 检测中物质的定性需要利用其质谱进行数据检索,故其分析过程离不开各种代谢途径和生物化学的数据库。基因组学和蛋白质组学已有较完善的数据库供搜索、使用,而代谢组学尚未有类似功能完备的数据库,但一些生化数据库可用于已知代谢物的生物功能解释和未知代谢物的结构鉴定,如京都基因与基因组百科全书 KEGG,此外,还有一些针对特定生物体的完整数据库,如 IRIS(水稻)、AraCyc(拟南芥)。在代谢组学研究中,为确保分析数据的有效性与可靠性,需要进行定量分析以减少样品处理及检测中产生的差异。一般的定量分析方法有外标法、内标法。外标法适用于检测/修正检测器偏差,控制分析系统的惰性。而内标法通常以同位素标记的代谢物或非内源性物质(与某种代谢物特性相似的物质)作为内标,将样品中每种代谢物都进行定量检测,在提取、衍生化或分析前加入内标,可有效控制样品处理中不同步骤产生的误差。此外,以同位素标记的微生物代谢物作为内标的方法目前也应用广泛,即微生物生长的培养基中,碳源物质均用同位素标记,则提取出的所有代谢物可作为内标使用。

七、GC-MS 数据分析

基于 GC-MS 技术的代谢组学研究产生的大量复杂数据需要借助成熟的统计学工具才能够得到合理的解释,进而深入研究微生物代谢物的隐含意义。目前用于代谢组学数据分析的主要手段为模式识别技术,包括非监督学习方法和有监督学习方法。非监督学习方法的算法不给出训练集,输入的数据以"无人监督"方式被分类,主要有主成分分析、非线性映射、簇类分析等;有监督学习方法会给出一些输入数据和答案作为分类系统的"训练集",用来构建模型并评估必需的参数,分析应用的判别式包括偏最小二乘法—判别分析、正交算法、人工神经网络及基于进化的计算算法。其中,主成分分析和偏最小二乘法—判别分析是代谢组学研究中最常用的模式识别方法。这两种方法通常以得分图(score plot)表示对样品分类的信息,载荷图(loading plot)表示对分类有贡献的变量及其贡献大小,从而发现可作为生物标志物的变量。Matlab、SIMCA-P、SAS 是代谢组学数据分析中的常用软件,而近年来一些具有特殊功能的分析方法/软件发展迅速,多维数据的表现形式逐渐实现多元化。

第四节 液相色谱—质谱联用技术

一、LC-MS 基本原理

在代谢组学研究中通常采用超高效液相色谱(ultra performance liquid chromatography, UPLC)系统结合不同性质的色谱柱的策略,以提高色谱分离效率、扩大对代谢物的覆盖范围。与传统 HPLC(high performance liquid chromatography)相比,UPLC 色谱柱填料粒径小

(<2 μm)，柱效高，分析时间短，可提高分离度，增加分辨率和峰容量，通过高效分离减轻基质效应对质谱离子化的影响，提高样品分析通量。为获得全面的代谢物谱，在 LC-MS 代谢组实验中常结合使用反相色谱柱（如 C18 柱）和亲水作用色谱（hydrophilic interaction liquid chromatography，HILIC）柱对复杂生物样品进行分离（芮斌等，2016）。两者在选择性方面具有互补性，前者可分离极性较小的物质，后者主要分离极性物质（主要为初级代谢物）。质谱检测方面主要考虑三个关键因素：离子源、质量分析器和二级质谱（MS/MS）采集方法。为增加代谢物覆盖范围，一般常采用大气压离子化技术，如电喷雾离子化（electrospray ionization，ESI）、大气压化学电离（atmospheric pressure chemical ionization，APCI）、大气压光致电离（atmospheric pressure photoionization，APPI）分别在正、负离子模式下采集数据。ESI 是一种软电离方式，可获得完整的分子离子，帮助代谢物的初步鉴别。与 ESI 类似，APPI 和 APCI 也很少或几乎不源内裂解形成离子片段，APPI 和 APCI 离子源可耐受相对高浓度的缓冲液，常作为 ESI 的替代/补充方式用于检测低极性、热稳定性化合物（如脂质）（王中华等，2017）。一种新的趋势是采用 ESI/APCI 或 ESI/APPI 组合成的单一离子源配置。在优化离子源的同时，不同功能的质量分析器常通过串联或杂合配置用于采集高分辨率和高准确度的 MS/MS 质谱，进一步对代谢物进行识别和结构确证。常见的质量分析器组合方式包括：基于四极杆的串联质谱，如 QqQ（triple quadrupole）或 QTOF（quadrupole time-of-flight）；基于离子肼的串联质谱，如 QIT（quadrupole ion trap）或 LIT（linear ion trap）-Orbitrap。由于 QqQ 在多反应监测模式（multiple reaction monitoring，MRM）下的高选择性和高专属性，它常作为小分子化合物绝对定量的分析模式。MS/MS 数据采集主要分为两类：数据依赖性采集（data dependent acquisition，DDA）和数据非依赖性采集（data independent acquisition，DIA）。DDA 也称信息依赖采集，指根据预定义的前体离子选择标准，先完成一轮 MS 全扫描并自动选择前体离子，随后对前体离子依次进行 MS/MS 扫描。前体离子选择标准主要包括离子强度、准确质量包含列表等。DIA 是一种基于非选择性碰撞诱导解离（collision-induced dissociation，CID）的方法，它是对一个 m/z 窗口范围内的所有离子采集 MS/MS 而非选择单个前体离子。这种数据采集方式首先在 QTOF 仪器（梯度碰撞能量采集方法 MSE）上实现并应用于代谢物鉴别，随后 Orbitrap（"所有离子片段"方法）和 TripleTOF ®（MS/MSALL with SWATHTM acquisition）系统也采用这种策略。目前这种数据采集策略可与 HPLC 结合使用，受扫描速度制约还不能与 UPLC 完全兼容。

质谱法是将被测物质离子化，按离子的质荷比分离，测量各种离子谱峰的强度而实现分析目的的一种分析方法。质量是物质的固有特征之一，不同的物质有不同的质量谱——质谱，利用这一性质，可以进行定性分析（包括相对分子质量和相关结构信息）；谱峰强度也与它代表的化合物含量有关，可以用于定量分析。

质谱仪一般由四部分组成：进样系统——按电离方式的需要，将样品送入离子源的适当部位；离子源——用来使样品分子电离生成离子，并使生成的离子会聚成有一定能量和几何形状的离子束；质量分析器——利用电磁场（包括磁场、磁场和电场的组合、高频电场和高频脉冲电场等）的作用将来自离子源的离子束中不同质荷比的离子按空间位置，时间先后或运动轨道稳定与否等形式进行分离；检测器——用来接受、检测和记录被分离后的离子信号。一般情况下，进样系统将待测物在不破坏系统真空的情况下导入离子源（$10^{-8} \sim 10^{-6}$ mmHg），离子化后由质量分析器分离再检测；计算机系统对仪器进行控制、采集和处理数据，并可将质谱图与数据库中的谱图进行比较。

(一) 进样系统和接口技术

将样品导入质谱仪可分为直接进样和通过接口两种方式实现。

1. 直接进样

在室温和常压下,气态或液态样品可通过一个可调喷口装置以中性流的形式导入离子源。吸附在固体上或溶解在液体中的挥发性物质可通过顶空分析器进行富集,利用吸附柱捕集,再采用程序升温的方式使之解吸,经毛细管导入质谱仪。

对于固体样品,常用进样杆直接导入。将样品置于进样杆顶部的小坩埚中,通过在离子源附近的真空环境中加热的方式导入样品,或者可通过在离子化室中将样品从一可迅速加热的金属丝上解吸或者使用激光辅助解吸的方式进行。这种方法可与电子轰击电离、化学电离以及场电离结合,适用于热稳定性差或者难挥发物的分析。

目前质谱进样系统发展较快的是多种液相色谱/质谱联用的接口技术,用以将色谱流出物导入质谱,经离子化后供质谱分析。主要技术包括各种喷雾技术(电喷雾、热喷雾和离子喷雾);传送装置(粒子束)和粒子诱导解吸(快原子轰击)等。

2. 电喷雾接口

带有样品的色谱流动相通过一个带有数千伏高压的针尖喷口喷出,生成带电液滴,经干燥器除去溶剂后,带电离子通过毛细管或者小孔直接进入质量分析器。传统的电喷雾接口只适用于流动相流速为 $1\sim5$ μL/min 的体系,因此电喷雾接口主要适用于微柱液相色谱。同时由于离子可以带多电荷,使得高分子物质的质荷比落入大多数四极杆或磁质量分析器的分析范围(m/z<4000),从而可分析相对分子质量高达几十万道尔顿(Da)的物质。

3. 热喷雾接口

存在于挥发性缓冲液流动相(如乙酸铵溶液)中的待测物,由细径管导入离子源,同时加热,溶剂在细径管中除去,待测物进入气相。其中性分子可以通过与气相中的缓冲液离子(如 NH_4^+)反应,以化学电离的方式离子化,再被导入质量分析器。热喷雾接口适用的液体流量可达 2 mL/min,并适合于含有大量水的流动相,可用于测定各种极性化合物。由于在溶剂挥发时需要利用较高温度加热,因此待测物有可能受热分解。

4. 离子喷雾接口

在电喷雾接口基础上,利用气体辅助进行喷雾,可提高流动相流速达到 1 mL/min。电喷雾和离子喷雾技术中使用的流动相体系含有的缓冲液必须是挥发性的。

5. 粒子束接口

将色谱流出物转化为气溶胶,于脱溶剂室脱去溶剂,得到的中性待测物分子导入离子源,使用电子轰击或者化学电离的方式将其离子化,获得的质谱为经典的电子轰击电离或者化学电离质谱图,其中前者含有丰富的样品分子结构信息。但粒子束接口对样品的极性,热稳定性和分子质量有一定限制,最适用于相对分子质量在 1000 Da 以下的有机小分子物质的测定。

6. 解吸附技术

将微柱液相色谱与粒子诱导解吸技术(快原子轰击、液相二次粒子质谱)结合,一般使用的流速在 $1\sim10$ μL/min,流动相须加入微量难挥发液体(如甘油)。混合液体通过一根毛细管流到置于离子源中的金属靶上,溶剂挥发后形成的液膜被高能原子或者离子轰击而离子化。

得到的质谱图与快原子轰击或者液相二次离子质谱的质谱图类似,但是本底却大大降低。

(二)离子源

离子源的性能决定了离子化效率,很大程度上决定了质谱仪的灵敏度。常见的离子化方式有两种:一种是样品在离子源中以气体的形式被离子化,另一种是从固体表面或溶液中溅射出带电离子。在很多情况下进样和离子化同时进行。

1. 电子轰击电离(EI)

气化后的样品分子进入离子化室后,受到由钨或铼灯丝发射并加速的电子流的轰击产生正离子。离子化室压力保持在 $10^{-6} \sim 10^{-4}$ mmHg。轰击电子的能量大于样品分子的电离能,使样品分子电离或碎裂。电子轰击质谱能提供有机化合物最丰富的结构信息,具有较好的重现性,其裂解规律的研究也最为完善,已经建立了数万种有机化合物的标准谱图库可供检索。其缺点在于不适用于难挥发和热稳定性差的样品。

2. 化学电离(CI)

引入一定压力的反应气进入离子化室,反应气在具有一定能量的电子流的作用下电离或者裂解。生成的离子和反应气分子进一步反应或与样品分子发生离子-分子反应,通过质子交换使样品分子电离。常用的反应气有甲烷、异丁烷和氨气。化学电离通常得到准分子离子,如果样品分子的质子亲和势大于反应气的质子亲和势,则生成$[M+H]^+$,反之则生成$[M-H]^+$。根据反应气压力不同,化学电离源分为大气压、中气压(0.1~10 mmHg)和低气压(10^{-6} mmHg)三种。大气压化学电离源适合于色谱和质谱联用,检测灵敏度较一般的化学电离源要高2~3个数量级,低气压化学电离源可以在较低的温度下分析难挥发的样品,并能使用难挥发的反应试剂,但是只能用于傅里叶变换质谱仪。

3. 快原子轰击(FAB)

将样品分散于基质(常用甘油等高沸点溶剂)制成溶液,涂布于金属靶上送入FAB离子源中。将经强电场加速后的惰性气体中性原子束(如氙)对准靶上样品轰击。基质中存在的缔合离子及经快原子轰击产生的样品离子一起被溅射进入气相,并在电场作用下进入质量分析器。如用惰性气体离子束(如铯或氩)来取代中性原子束进行轰击,所得质谱称为液相二次离子质谱(LSIMS)。

此法优点在于离子化能力强,可用于强极性、挥发性低、热稳定性差和相对分子质量大的样品及 EI 和 CI 难以得到有意义的质谱的样品。FAB 比 EI 容易得到比较强的分子离子或准分子离子;不同于 CI 的一个优势在于其所得质谱有较多的碎片离子峰信息,有助于结构解析。缺点是对非极性样品灵敏度下降,而且基质在低相对分子质量数区(400以下)产生较多干扰峰。FAB是一种表面分析技术,需注意优化表面状况的样品处理过程。样品分子与碱金属离子加合,如$[M+Na]^+$和$[M+K]^+$,有助于形成离子。这种现象有助于生物分子的离子化。因此,使用氯化钠溶液对样品表面进行处理有助于提高加合离子的产率。在分析过程中加热样品也有助于提高产率。

在FAB离子化过程中,可同时生成正负离子,这两种离子都可以用质谱进行分析。样品分子如带有强电子捕获结构,特别是带有卤原子,可以产生大量的负离子。负离子质谱已成功用于农药残留物的分析。

4. 场电离(field ionization, FI)和场解吸(field desorption, FD)

FI离子源由距离很近的阳极和阴极组成,两极间加上高电压后,阳极附近产生高达

$10^{+7} \sim 10^{+8}$ V/cm 的强电场。接近阳极的气态样品分子产生电离形成正分子离子,然后加速进入质量分析器。对于液体样品(固体样品先溶于溶剂)可用 FD 来实现离子化。将金属丝浸入样品液,待溶剂挥发后把金属丝作为发射体送入离子源,通过弱电流提供样品解吸附所需能量,样品分子即向高场强的发射区扩散并实现离子化。FD 适用于难气化、热稳定性差的化合物。FI 和 FD 均易得到分子离子峰。

5. 大气压电离源(API)

API 是液相色谱/质谱联用仪最常用的离子化方式。常见的大气压电离源有 3 种:大气压电喷雾(APESI)、大气压化学电离(APCI)和大气压光电离(APPI)。电喷雾离子化是从去除溶剂后的带电液滴形成离子的过程,适用于容易在溶液中形成离子的样品或极性化合物。因具有多电荷能力,所以其分析的相对分子质量范围很大,既可用于小分子分析,又可用于多肽、蛋白质和寡聚核苷酸分析。APCI 是在大气压下利用电晕放电来使气相样品和流动相电离的一种离子化技术,要求样品有一定的挥发性,适用于非极性或低、中等极性的化合物。由于极少形成多电荷离子,分析的相对分子质量范围受到质量分析器质量范围的限制。APPI 是用紫外灯取代 APCI 的电晕放电,利用光化作用将气相中的样品电离的离子化技术,适用于非极性化合物。由于大气压电离源是独立于高真空状态的质量分析器之外的,故不同大气压电离源之间的切换非常方便。

6. 基质辅助激光解吸离子化(MALDI)

将溶于适当基质中的样品涂布于金属靶上,用高强度的紫外或红外脉冲激光照射可实现样品的离子化。此方式主要用于可达 100 000 Da 质量的大分子分析,仅限于作为飞行时间分析器的离子源使用。

7. 电感耦合等离子体离子化(ICP)

等离子体是由自由电子、离子和中性原子或分子组成,总体上成电中性的气体,其内部温度高达几千至 10 000 ℃。样品由载气携带从等离子体焰炬中央穿过,迅速被蒸发电离并通过离子引出接口导入到质量分析器。样品在极高温度下完全蒸发和解离,电离的百分比高,因此几乎对所有元素均有较高的检测灵敏度。由于该条件下化合物分子结构已经被破坏,所以 ICP 仅适用于元素分析。

(三)质量分析器

质量分析器将带电离子根据其质荷比加以分离,用于记录各种离子的质量数和丰度。质量分析器的两个主要技术参数是所能测定的质荷比的范围(质量范围)和分辨率。

1. 扇形磁分析器

离子源中生成的离子通过扇形磁场和狭缝聚焦形成离子束。离子离开离子源后,进入垂直于其前进方向的磁场。不同质荷比的离子在磁场的作用下,前进方向产生不同的偏转,从而使离子束发散。由于不同质荷比的离子在扇形磁场中有其特有的运动曲率半径,通过改变磁场强度,检测依次通过狭缝出口的离子,从而实现离子的空间分离,形成质谱。

2. 四极杆分析器

因其由四根平行的棒状电极组成而得名。离子束在与棒状电极平行的轴上聚焦,一个直流固定电压(DC)和一个射频电压(RF)作用在棒状电极上,两对电极之间的电位相反。对于给定的直流和射频电压,特定质荷比的离子在轴向稳定运动,其他质荷比的离子则与电极碰撞湮灭。将 DC 和 RF 以固定的斜率变化，可以实现质谱扫描功能。四极杆分析器对选择离子分析具有较高的灵敏度。

3. 离子阱分析器

由两个端盖电极和位于它们之间的类似四极杆的环电极构成。端盖电极施加直流电压或接地，环电极施加射频电压(RF)，通过施加适当电压就可以形成一个势能阱(离子阱)。根据 RF 电压的大小，离子阱就可捕获某一质量范围的离子。离子阱可以储存离子，待离子累积到一定数量后，升高环电极上的 RF 电压，离子按质量从高到低的次序依次离开离子阱，被电子倍增监测器检测。目前离子阱分析器已发展到可以分析质荷比高达数千的离子。离子阱在全扫描模式下仍然具有较高灵敏度，而且单个离子阱通过时间序列的设定就可以实现多级质谱(MSn)的功能。

4. 飞行时间分析器

具有相同动能，不同质量的离子，因其飞行速度不同而分离。如果固定离子飞行距离，则不同质量离子的飞行时间不同，质量小的离子飞行时间短而首先到达检测器。各种离子的飞行时间与质荷比的平方根成正比。离子以离散包的形式引入质谱仪，这样可以统一飞行的起点，依次测量飞行时间。离子包通过一个脉冲或者一个栅系统连续产生，但只在一特定的时间引入飞行管。新发展的飞行时间分析器具有大的质量分析范围和较高的质量分辨率，尤其适合蛋白等生物大分子分析。

二、数据解读

LC-MS 数据是由保留时间与质荷比构成的二维变量空间的信号强度数据集(Gika et al., 2014)。由于同位素峰、不同加合离子状态及中性丢失的存在，为了能有效挖掘反映生物表型差异的生物标志物，需对数据进行一系列前处理操作，包括：质谱维同位素峰去除及不同加合离子和碎片离子集成、色谱维噪声过滤/谱图平滑、基线校正和背景扣除、信噪比计算，峰识别、拟合/去卷积(重叠峰解析)获得峰积分或峰面积、峰匹配与对齐等。目前研究者已开发出许多相关的数据处理软件，主要可概括为 3 类(Rafiei et al., 2015)：商业软件，如 MarkerView(AB Sciex)，MarkerLynx(Waters)，MassProfler Professional(Agilent)，SIEVE(Thermo)，ProfileAnalysis(Bruker)和 MassHunter(Agilent)等；免费软件如 MZmine、XCMS 和 MetAlign 等；和一些用 Matlab、R 语言编写的脚本程序。已有不少关于 LC-MS 数据处理的相关综述报道，以下是 LC-MS 数据处理两个重要关键步骤：谱峰识别、峰匹配与保留时间对齐。

(一) 色谱峰识别

峰识别有多种逻辑算法，如连续小波变换处理、基于模型(如高斯函数)的峰拟合或匹配过滤等(Yang et al., 2009)。峰识别通常主要基于以下标准，如信号噪声比(SNR)，强度阈值(detection/intensity threshold)、峰斜率(slopes of peaks, 一阶导数)、局部极大值(local maximum)、峰形比值(shape ratio)、脊线(ridge lines, 小波变换处理)、拟合峰宽(peak width)。例如，Du 等(2006)提出基于连续小波变换处理，将小波空间的脊线定义为峰。基于模型的峰拟合或匹配过滤算法可以确定峰的起止范围、峰积分/面积和峰位置；积分范围(信号峰的起止点)可以基于半峰宽或者匹配峰型函数(如高斯函数)的拐点确定。

(二) 峰匹配与保留时间对齐

保留时间(retention time, RT)或 m/z 系统性误差(整体漂移)可用单调函数进行拟合校正，而样品组分特异性的 RT 或 m/z 的局部漂移则需要通过局部峰匹配与非线性校正对齐。用于处理 LC-MS 保留时间漂移问题的峰对齐算法有很多种，较常见的，比如采用 warping 函数规整校正样品组分特异性的 RT 非线性漂移。聚类 warping 方法对于有信号缺失的样品分析具有稳健性，因为它会对全部代谢组样品的所有特征进行组合和聚类，而不依赖于原始单个样品的数据。动态时间规整算法（dynamic time warping，DTW）将一定质量范围内（0.25 m/z）的多个离子色谱峰用较宽（standard deviation，SD 较大）的高斯函数进行平滑处理，使保留时间粗略（较大的保留时间区间内）相似的色谱峰匹配组合成峰簇，平滑处理变换成虚拟的基元峰（meta-peak，用其代表一组保留时间相近的色谱峰）。先将样品间基元峰进行匹配对齐（相当于整体轮廓性匹配），并利用其中最强的组分峰进行保留时间局部非线性校正对齐。逐步缩小用于平滑处理的高斯函数峰宽进行更精确的匹配组合，通过多次的匹配、对齐迭代实现对保留时间越来越精确的非线性校正对齐。COW 时间规整算法类似于 DTW，不同之处在于 COW 是基于色谱峰的相关性进行保留时间规整对齐，而 DTW 是基于色谱峰的分布进行保留时间规整对齐，两者可以互为补充。除 warping 方法外，还可以基于峰特征（如精确相对分子质量、保留时间、同位素峰型、二级质谱特征）的相似性进行直接峰匹配再对保留时间进行非线性校正对齐，如 RTAlign、Peakmatch 等。虽然报道了许多用于 LC-MS 数据对齐的算法，但针对一些问题仍有待进一步优化完善（Smith et al.，2013），例如，拟合色谱峰模型能否反映真实的 RT 漂移；算法复杂性及用户定义优化参数导致数据处理计算的时间成本增加；大多数对齐算法之间缺少对比评估。

第五节 核磁共振技术

一、核磁共振基本原理

核磁共振（MRI）是一种高精尖设备。核磁共振所获得的图像异常清晰、精细、分辨率高，对比度好，信息量大，特别对软组织层次显示效果好。目前已普遍应用于临床，是某些疾病的诊断必不可少的检查手段。核子的自旋和磁矩的存在，使其能够在强大的磁场中旋进。不同核子在同一磁场中其磁矩和角动量各不相同。同一核子在不同场强的磁场中，其振荡频率也不相同。磁共振是共振现象的一种，是指原子核在运动中吸收外界能量产生的一种能量跃迁现象。这种跃迁只能出现在相邻两个能量级之间。所谓外界能量是指一个激励电磁场（射频磁场）它的磁矢量在某一个平面上旋转，因此，除其旋转频率正好与原子核回转频率相同外，其自旋方向必须和核磁矩相同，原子核才会吸收到能量，这是磁共振现象的必要条件（于清林，2009）。

二、核磁共振谱图解析

核磁共振波谱解析主要是氢谱和碳谱的解析，只有当根据氢谱和碳谱的信息尚不能确定剖析样品的各氢和碳的时候，才进行 2D NMR 实验，再通过分析其信息对剖析样品的各氢和碳的信号进行归属。以下简单介绍氢谱和碳谱解析的方法及一些注意事项，同时简单评述 2D NMR 图谱在剖析样品过程中的作用，以期能够使研究人员更容易掌握核磁共振波谱解析的方法(周家宏等,2005)。

氢谱解析一般有6个步骤：

(1)区分出杂质峰、溶剂峰、旋转边带。杂质含量较低,其峰面积较样品峰小很多,样品和杂质峰面积之间也无简单的整数比关系。据此可将杂质峰区别出来。氘代试剂不可能100%氘代,其微量氢会有相应的峰,如CDC13中的微量CHC13在约7.27 ppm处出峰。

(2)计算不饱和度。不饱和度即环加双键数。当不饱和度大于等于4时,应考虑到该化合物可能存在一个苯环(或吡啶环)。

(3)确定谱图中各峰组所对应的氢原子数目,对氢原子进行分配。根据积分曲线,找出各峰组之间氢原子数的简单整数比,再根据分子式中氢的数目,对各峰组的氢原子数进行分配。

(4)对每个峰都进行分析。根据每个峰组氢原子数目及δ值,可对该基团进行推断,并估计其相邻基团。对每个峰组的峰形应仔细分析。分析时最关键之处为寻找峰组中的等间距。每一种间距相应于一个耦合关系。一般情况下,某一峰组内的间距会在另一峰组中反映出来。通过此途径可找出邻碳氢原子的数目。当从裂分间距计算J值时,应注意谱图是多少兆周的仪器作出的,有了仪器的工作频率才能从化学位移之差$\Delta\delta$(ppm)算出Δv(Hz)。当谱图显示烷基链J耦合裂分时,其间距(相应6~7 Hz)也可以作为计算其他裂分间距所对应的赫兹数的基准。

(5)根据对各峰组化学位移和耦合常数的分析,推出若干结构单元,最后组合为几种可能的结构式。每一可能的结构式不能和谱图有大的矛盾。

(6)对推出的结构进行指认。每个官能团均应在谱图上找到相应的峰组,峰组的δ值及耦合裂分(峰形和J值大小)都应该和结构式相符。如存在较大矛盾,则说明所设结构式是不合理的,应予以去除。通过指认校核所有可能的结构式,进而找出最合理的结构式。必须强调,指认是推结构的一个必不可少的环节。

碳谱解析有7个步骤：

(1)鉴别谱图中的真实谱峰：溶剂峰,氘代试剂中的碳原子均有相应的峰,这和氢谱中的溶剂峰不同(氢谱中的溶剂峰仅因氘代不完全引起)。幸而由于弛豫时间的因素,氘代试剂的量虽大,但其峰强并不太高。常用的氘代氯仿呈三重峰,中心谱线位置在77.0 ppm。杂质峰,可参考氢谱中杂质峰的判别。作图时参数的选择会对谱图产生影响。当参数选择不当时,有可能遗漏掉季碳原子的谱峰。

(2)由分子式计算不饱和度。

(3)分子对称性的分析,若谱线数目等于分子式中碳原子数目,说明分子无对称性;若谱线数目小于分子式中碳原子的数目,这说明分子有一定的对称性,相同化学环境的碳原子在同一位置出峰。

(4)碳原子δ值的分区。碳谱大致可分为三个区：羰基或叠烯区δ>150 μg/L,一般δ>165 ppm。δ>200 ppm只能属于醛、酮类化合物,靠近160~170 ppm的信号则属于连杂原子的羰基。不饱和碳原子区(炔碳除外)δ=90~160 ppm。由前两类碳原子可计算相应的不饱和度,此不饱和度与分子不饱和度之差表示分子中成环的数目。脂肪链碳原子区δ<100 ppm。饱和碳原子若不直接连氧、氮、氟等杂原子,一般其δ值小于55 ppm。炔碳原子δ=70~100 ppm,

其谱线在此区，这是不饱和碳原子的特例。

（5）碳原子级数的确定。由偏共振去耦或脉冲序列如 DEPT（包括 DEMO 和 DEPT135）确定。由此可计算化合物中与碳原子相连的氢原子数。若此数目小于分子式中氢原子数，二者之差值为化合物中活泼氢的原子数。

（6）结合上述几项推出结构单元，并进一步组合成若干可能的结构式。

（7）进行对碳谱的指认，通过指认选出最合理的结构式，此即正确的结构式。

第六节　代谢组学数据的多变量分析

一、数据集的预处理

数据预处理主要包括峰识别、峰对齐、样本标准化、零值填充和奇异样本剔除。4种软件中，MetaboAnalyst 和 XCMS Online 软件主要基于 XCMSR 包实现峰识别、峰对齐和峰匹配等数据预处理功能。MetaboAnalyst 峰识别采用高斯模型，峰对齐提供4种分析方法，即相关性最优化规整（correlation optimizedwarping，COW）、动态时间规整（dynamic time warping，DTW）、基于化学迁移的峰对齐和根据质量公差及 RT 公差的峰对齐，且这些方法能够检验数据的完整性。XCMSOnline 除进行单一的峰识别、峰对齐外，还将 RT 校正前后的结果以总特征离子色谱图和 RT 校正曲线图的形式展示出来，可从 RT 校正曲线中识别出极端值，并将其删除。镜像图是另一种筛选差异物的方法，通过设定 P 值来筛选差异物。同时 XCMS Online 利用高维散点图和 PCA 图来描绘样本之间的相似性或帮助识别潜在的异常值。相比其他软件，MAVEN 软件十分注重控制峰质量。它利用机器学习算法对峰质量进行评估，这种方法省时、能自动分析标记的同位素或离子且能进行图形匹配及其相应代谢物通路的匹配，同时也允许用户手动纠错，提高峰值的可信度。它通过设定质荷比（mass-to-charge ratio，m/z）范围提取对应的色谱图，以此识别峰、将峰分组并得出峰质量分数。MZmine 中峰识别分为3步：①检测相对分子质量；②构建在某时间窗内的每个相对分子质量色谱图；③运用解卷积算法识别每个色谱图中真正的峰。该软件的峰列表处理分为6大模块：零值填充、同位素检测、滤过、对齐、标准化和峰鉴定。其中，峰列表对齐运用 RANSAC 算法。综上，4种软件中，MetaboAnalyst 是唯一在数据预处理过程中对数据的完整性进行严格检验的软件。MetaboAnalyst 和 XCMS Online 都能筛选出奇异样本，但后者运用的方式更灵活多样。MAVEN 软件运用机器学习算法对峰质量有高效的评估。同时，MZmine 软件也具有高质量的数据预处理功能，且可对高度重叠的峰进行解卷积处理（梁丹丹等，2018）。

二、数据特征的提取和选择

在现实世界中产生的数据往往具有各种各样特征：较高的数据维度、各种各样的噪声信号、样本个体间的各种差异、数据的非线性特征等，这些特征极大干扰了分类学习方法的处理。为提升算法的应用性能与泛化能力，通常需要对获得的原始数据进行降噪及去冗余处理，从而有利于数据的可视化与数据理解，提升特征数据的代表性、有效性，进而提高数据分类准确率。特征选择（feature selection）和特征提取（feature extraction）算法是最为常用的方法。特征选择也称为变量的选择或者子集的选择。通常为了提高算法性能和优化学习算法的具体指标，从原始特征向量中选择信号的一个子集来代表全部信号特征。与其他算法不同的是，特征选择算法只是降低特征向量的维数，不改变原有的子集的顺序和数据值。不少机器学习方法都可以使用特征选择方法对数据进行预处理，使原有算法计算更加简单。常用算法包括相关特征选择，最小冗余最大相关选择，序列前向、后向选择以及基于计算智能的选择方法等（陈跃，2015）。

三、数据模型的识别和验证

代谢组学通过全面监控生物体代谢网络中所有代谢物浓度水平变化，而实现定性和定量地描述生物系统的整体状况及其对内外环境变化做出应答的规律性科学。相比其他组学如基因组学、蛋白质组学、转录组学等，代谢组学最具实用性，因为它能提供因病理学、环境或遗传等刺激或干扰因素引起的代谢物浓度变化应答信息，被认为是监控生物体自然代谢产物，包括内源性代谢物、外源性物质以及它们的转化产物在内的有效途径。在代谢组学中，对特定的生物系统通常先采用电靶向性方法作为研究起点，对所有代谢物进行无损检测。接着，靶向性（或验证性）方法用于确认相关代谢物的成分结构以及准确含量。如今代谢组学已广泛地应用于各种研究领域，如毒理学疾病诊断、癌症研究、营养学环境压力响应药物代谢、天然产物发现以及功能基因组学等。在生物系统中，代谢物通常呈现多样化的物理化学性质，浓度含量也可以从皮摩尔跨越至毫摩尔，因此对相应的实验分析平台要求很高。目前，主要开发的实验技术有核磁共振（nuclear magnetic resonance，NMR）和质谱分析（mass spectrometry，MS），它们能同时测定复杂样本中的成千上万种化合物。并且，随着实验仪器开发技术的发展，分辨率不断提高，分析速度也越来越快，导致获取的实验数据规模和复杂性急剧增加。因此，如何从复杂的代谢组学数据中提取有用信息，对于帮助人们更好更深入地了解生物体中各种复杂的相互作用及其本质原因都起着非常关键的作用。然而，传统的数据分析方法难以适应代谢组学数据在维度和复杂度上的改变，因此有必要开发专用的化学计量学工具协助代谢组学的发展。其中，主要挑战之一就是如何有效降低代谢组学数据的维数灾难而实现具有识别能力的变量筛选。在代谢组学中，分析研究模型的价值主要在于揭示生物系统的相关性，反而更少关注模型本身的统计学意义。因此，对于统计模型的考查指标，是检验该模型是否有能力评估每个变量的重要性而提供有价值的代谢信息。当研究一个具体的生物代谢通路时，能够展示参与化学反应的所有代谢物的完整图像是非常重要的。这样，挖掘关于该代谢通路的生物标记物就可以充分地用于临床诊断或预后。处理代谢实验产生的庞大数据集，已有各种非监督或监督建模分析方法。其中，基于隐变量的模型，如主成分分析和偏最小二乘法等，能够通过映射对数据降维进行更简洁紧凑的特征表达，同时通过模式识别检测复杂数据中的生物标记物或发现代谢物的共同变异模式而实现疾病诊断，是解决各种代谢研究问题的有效方法。但是，由于数据规模的激增，远远多于样本数量，基于隐变量的模型通常会陷入过拟合。在很多情况下，进行变量筛选是可取的，其方法主要分为三类：①过滤法，即基于筛选指标如回归权重或变量投影重要性等；②包装筛选法，即将特征筛选封装于某个算法如遗传算法或无信息变量消除法等；③嵌入筛选法，如稀疏分类器。另外，影响统计模型提供可靠生物学知识的瓶颈是未知化合物的成分结构识别。通常的做法是，检测到的未知化合物与已知数据库中收集的信息进行比对,从而对特定代谢物组别模式变化进行评估,反映蛋白质、基因和代谢活性本身的直接关系。但遗憾的是,这些相关的数据库中提供的化合物结构信息并不完整。

四、统计全相关谱

统计全相关谱(statistical total correlation spectroscopy,STOCSY)可以通过对一系列一维谱的统计分析而得到一个准二维谱,从而避免做二维谱所需额外的实验时间。STOCSY 谱能够提供同一分子中不同基团间的相关信息,从而帮助谱峰归属和分子辨认。传统的多维谱可获得通过化学键相连和相邻(COSY),或空间相邻的原子核之间的相关(NOESY),而 STOCSY 中共振峰的相关并非来自相互之间的耦合作用,因此可以获得同一分子内所有共振峰的相关;同时,由于不同分子可能具有相同的代谢途径,包括浓度相互依赖或者具有共同的反应调整机制,STOCSY 还可以提供不同分子间的相关信息。所有这些相关信息对于生物标志物的分析和鉴定都有很重要的意义。STOCSY 已经在分子病理学研究和药物毒性研究中发挥了其数据辅助分析的独特的优势,还被应用到了 LC-NMR 的研究中(李钊等,2007)。

参考文献

白占涛，2015. 细胞生物学实验[M]. 北京：科学出版社.
陈宏，等，2004. 基因工程原理与应用[M]. 北京：中国农业大学出版社.
陈龙，董亚晨，赵建华，等，2017. 宏基因组测序[J]. 高科技与产业化(5)：40-45.
陈添胜，谭丽霞，林普生，1998. 恙虫病诊断新方法(Ⅱ)：核酸分子杂交[J]. 华南预防医学(1)：86-88.
陈玉青，严新，陈明军，等，2017. 淡黑巨藻醇提取物降血糖活性及其对小鼠肠道菌群的影响[J]. 生物技术通报，33(12)：162-169.
陈跃，2015. 基于复杂网络拓扑特征提取的代谢数据分类研究[D]. 深圳：深圳大学.
成龙，梁日欣，杨滨，等，2006. 红花提取物对高脂血症大鼠降脂和抗氧化的实验研究[J]. 中国实验方剂学杂志，12(9)：25-27.
程胖，刘博，冯潇，等，2018. 大鼠附睾上皮细胞的原代培养及纯化鉴定[J]. 中国组织化学与细胞化学杂志，27(3)：232-236.
崔学强，张树珍，沈林波，等，2015. 转基因甘蔗植株Southern杂交体系的优化[J]. 生物技术通报，31(12)：105-109.
邓海山，段金廒，尚尔鑫，等，2009. 代谢组学的研究现状及其在方剂量效关系中的应用[J]. 国际药学研究杂志，36(3).
丁明孝，2013. 细胞生物学实验指南[M]. 北京：高等教育出版社.
董妍玲，洪华珠，2013. 基因工程[M]. 武汉：华中师范大学出版社.
段华，王保奇，张跃文，2014. 黄精多糖对肝癌H22移植瘤小鼠的抑瘤作用及机制研究[J]. 中药新药与临床药理，25(1)：5-7.
冯凤萍，2019. 新型电镜技术研究酵母细胞及小鼠胰岛细胞和组织的超微结构[D]. 舟山：浙江海洋大学.
冯作化，2005. 医学分子生物学[M]. 北京：人民卫生出版社.
付晓燕，2006. 脉冲场凝胶电泳技术及其在真菌学研究中的应用[J]. 微生物学通报，33(1)：144-148.
高义平，赵和，吕孟雨，等，2013. 易错PCR研究进展及应用[J]. 核农学报，27(5)：607-612.
郜红利，肖本见，梁文梅，2006. 山药多糖对糖尿病小鼠降血糖作用[J]. 中国公共卫生，22(7)：804-805.
郭江峰，于威，2012. 基因工程[M]. 北京：科学出版社.
郭兴中，1999. Northern印迹法的改进[J]. 第二军医大学学报(3)：195-196.
郭振，2012. 细胞生物学实验[M]. 合肥：中国科学技术大学出版社.
何光源，2007. 植物基因工程实验手册[M]. 北京：清华大学出版社.
胡盛平，陈强锋，罗金成，2004. Northern印迹方法的改良及其应用[J]. 汕头大学医学院学报，17(4)：212-215.
黄瑶，常乐，张思雯，等，2017. 聚丙烯酰胺凝胶电泳法鉴别哈蟆油药材及其伪品[J]. 沈阳药科大学学报，34(12)：1049-1054，1083.
黄永莲，2009. 琼脂糖凝胶电泳实验技术研究[J]. 湛江师范学院学报，30(6)：83-85.
贾仲君，2011. 稳定性同位素核酸探针技术DNA-SIP原理与应用[J]. 微生物学报，51(12)：1585-1594.

瞿叶清，哈惠馨，郭玉琴，2007. 医学实验动物常用的安死术[J]. 实验动物科学，24(5)：69-71.

李家森，张启军，2002. 光学显微镜的分类及其应用[C]. 广西光学学会 2002 年学术年会论文集.

李剑平，2007. 扫描电子显微镜对样品的要求及样品的制备[J]. 分析测试技术与仪器，13(1)：74-77.

李明才，何韶衡，2005. 一种高效、快速的大肠杆菌感受态细胞制备及质粒转化方法[J]. 汕头大学医学院学报，18(4)：228-230.

李明远，刘佩娜，2004. 病原生物学简明实验教程[M]. 成都：四川大学出版社.

李瑞林，孟峻，刘儒，2019. 免疫共沉淀法测定 14-3-3ε 蛋白与 Cdc25B 的相互作用[J]. 山西医科大学学报（7）：889-893.

李玮瑜，等，2017. 基因工程实验指南[M]. 北京：中国农业科学技术出版社.

李钊，朱航，程鹏，等，2007. 基于核磁共振的统计全相关谱在大鼠肾脏组织中的应用[J]. 波谱学杂志(4)：510-518.

梁丹丹，李忆涛，郑晓皎，等，2018. 代谢组学全功能软件研究进展[J]. 上海交通大学学报（医学版），38(7)：805-810.

梁日欣，黄璐琦，刘菊福，等，2002. 药对川芎和赤芍对高脂血症大鼠降脂、抗氧化及血管内皮功能的实验观察[J]. 中国实验方剂学杂志，8(1)：43-45.

刘春英，樊军锋，高建社，等，2013. 叶片不同保存方法对杨树基因组 DNA 提取效果的影响[J]. 西北林学院学报，28(4)：71-73.

刘国栋，王芙蓉，张传云，等，2017. 棉花品种 SSR 标记变性与非变性 PAGE 检测法的比较研究[J]. 山东农业科学，49(11)：131-133.

刘禄，牛焱焱，雷昊，等，2012. 基于地高辛标记对小麦进行 Southern 杂交分析主要影响因素的优化和验证[J]. 植物遗传资源学报，13(2).

刘鑫，2015. 双环醇对药物性肝损伤的保护作用及机制研究[D]. 北京：北京协和医学院.

刘志国，2011. 基因工程原理与技术[M]. 2 版. 北京：化学工业出版社.

卢永科，李秋娟，宫德正，等，2003. 利用原代培养细胞进行药物短期毒性筛选方法的建立[J]. 毒理学杂志，17(2)：112-114.

吕军鸿，王鹏，胡钧，2013. 分离与纯化单个病毒的方法：200810036428.6[P]. 2009-10-28.

罗恩杰，2010. 病原生物学实验教程[M]. 北京：人民军医出版社.

马建岗，2002. 基因工程学原理[M]. 西安：西安交通大学出版社.

马先勇，姚开泰，1996. 一种高效快速的质粒 DNA 小规模提取新方法[J]. 中国现代医学杂志(10)：8-10.

莽克强，2005. 基础病毒学[M]. 北京：化学工业出版社.

缪为民，管惟滨，周元昌，1992. DNA 探针非同位素标记的研究进展[J]. 医学分子生物学杂志(6)：254-256.

彭学贤，2006. 植物分子生物技术应用手册[M]. 北京：化学工业出版社.

芮斌，王永康，文汉，2016. LC-MS 在药物代谢组学中的应用性和研究性教学初探[J]. 教育教学论坛(8)：175-176.

萨姆布鲁克，等，1992. 分子克隆实验指南[M]. 金冬雁，等译. 北京：科学出版社.

邵雪玲，毛歆，郭一清，2003. 生物化学与分子生物学实验指导[M]. 武汉：武汉大学出版社.

史晶晶，时博，苗明三，2016. 黄芪多糖对环磷酰胺致免疫抑制小鼠免疫功能的影响[J]. 中医学报，31(2)：243-246.

孙树汉，2002. 基因工程原理与方法[M]. 北京：人民军医出版社.

汤冬，张国森，赵晓芳，2019. 基于二代测序技术的转录组测序生物信息分析[J]. 河南大学学报（医学版）(1)：67-76.

汤玲娟, 石健, 范素素, 2017. PCR-DGGE 法分析细菌群落结构及多样性[J]. 南通大学学报(自然科学版), 16(1): 35-38.

田生礼, 2014. 分子生物学实验指导[M]. 广州: 华南理工大学出版社.

童英林, 2011. 核酸分子杂交技术在环境微生物研究中的应用[J]. 硅谷(10): 133-134.

汪天虹, 2009. 分子生物学实验[M]. 北京: 北京大学出版社.

王克夷, 2007. 蛋白质导论[M]. 北京: 科学出版社.

王丽丽, 徐建国, 2006. 脉冲场凝胶电泳技术(PFGE)在分子分型中的应用现状[J]. 疾病监测, 21(5): 276-279.

王秋霞, 王智慧, 郑颖, 等, 2018. 琼脂糖凝胶电泳实验规范管理的实践与探索[J]. 高校实验室工作研究, 03(22).

王廷华, 董坚, 习杨彦彬, 2013. 基因克隆理论与技术[M]. 3 版. 北京: 科学出版社.

王廷华, 邹晓莉, 2005. 蛋白质理论与技术[M]. 北京: 科学出版社.

王维刚, 周嘉斌, 朱明莉, 等, 2011. 小鼠动物实验方法系列专题(一)——Morris 水迷宫实验在小鼠表型分析中的应用[J]. 中国细胞生物学学报(1): 8-14.

王晓辉, 马俊, 张俊, 等, 2017. 不同冻存条件对细胞因子诱导的杀伤细胞的细胞表型及杀伤活性的影响[J]. 解放军医药杂志, 29(1): 58-62.

王娅, 冯桂香, 裴德翠, 2009. 医学微生物学实验教学方法的改进[J]. 青岛医药卫生, 41(5): 392-393.

王艳萍, 王志伟, 2012. 食品生物技术实验指导[M]. 北京: 中国轻工业出版社.

王颖芳, 陈艳琳, 王文娟, 2017. 适用于转录组测序的人参根总 RNA 提取方法的筛选[J]. 广东药科大学学报, 33(1): 18-22.

王玉荣, 廖华, 赵慧君, 等, 2018. 基于 PCR-DGGE 与高通量测序技术的恩施地区腊鱼细菌多样性评价[J]. 现代食品科技, 34(11): 208-213, 175.

王元占, 杨培梁, 刘秋菊, 等, 2004. 常用实验动物的麻醉[J]. 中国比较医学杂志, 14(4): 245-247.

王月, 邹曜宇, 2010. 实验动物的处死方法[J]. 现代农业科技(12): 284.

翁振宇, 闵小平, 王海, 等, 2018. 对流实时荧光定量 PCR 系统设计[J]. 厦门大学学报(自然科学版), 57(1): 130-136.

吴乃虎, 1998. 基因工程原理[M]. 北京: 科学出版社.

吴兴安, 2013. 医学微生物学实验教程[M]. 广州: 第四军医大学出版社.

熊丽, 丁书茂, 罗勤, 2007. 生物化学与分子生物学实验教程[M]. 武汉: 华中师范大学出版社.

徐佳, 刘其南, 翟园园, 等, 2018. 细胞代谢组学样品前处理研究进展[J]. 中国细胞生物学学报, 40(3): 418-425.

徐洵, 2004. 海洋生物基因工程实验指南[M]. 北京: 海洋出版社.

许曼波, 1997. 核酸探针杂交技术及其在口腔厌氧菌检测中的应用[J]. 口腔疾病防治(s1): 40-42.

王中华, 陈艳化, 徐婧, 等, 2017. 血清脂质组学研究中多重离子化液相色谱—质谱方法的比较[J]. 分析化学, 45(5): 674-680.

闫雯, 尤崇革, 2017. 新型 PCR 技术[J]. 兰州大学学报(医学版), 43(1): 60-65.

姚娜, 刘秀明, 董园园, 等, 2017. 转录组的测序方法及应用研究概述[J]. 北方园艺(12): 192-198.

尹和平, 张世荃, 1992. 简述核酸分子杂交技术[J]. 生物学通报(6): 16-16.

于清林, 2009. 核磁共振原理及典型故障维修[J]. 中国医学装备(2): 58-59.

袁婺洲, 2010. 基因工程[M]. 北京: 化学工业出版社.

张景强, 2011. 病毒的电子显微学研究[M]. 北京: 科学出版社.

赵立波, 陈汇, 曾繁典, 2006. 代谢物组学在新药研究中的应用研究进展[J]. 中国临床药理学杂志(3):

224-226.

周长发, 张锐, 张晓, 等, 2009. 地高辛随机引物法标记探针的 Southern 杂交技术优化[J]. 中国农业科技导报, 11(4): 123-128.

周家宏, 颜雪明, 冯玉英, 等, 2005. 核磁共振实验图谱解析方法[J]. 南京晓庄学院学报(5): 113-115.

周宜开, 柏正武, 1996. 化学发光和发光标记技术[J]. 医学分子生物学杂志(5): 193-197.

朱华晨, 许新萍, 李宝健, 2004. 一种简捷的 Southern 印迹杂交方法[J]. 中山大学学报(自然科学版)(4): 128-130.

朱善元, 王安平, 2010. 生物制药技术专业技能实训教程[M]. 北京: 中国轻工业出版社.

朱玉贤, 李毅, 郑晓峰, 等, 2013. 现代分子生物学技术[M]. 4 版. 北京: 高等教育出版社.

DAVID S, WISHART, CRAIG, KNOX, AN CHI, et al., 2009. HMDB: A knowledgebase for the human metabolome[J]. Nucleic acids research, 37(Database issue): D603-610.

DU P, KIBBE W A, LIN S M, 2006. Improved peak detection in mass spectrum by incorporating continuous wavelet transformbased pattern matching[J]. Bioinformatics, 22(17): 2059-2065.

HOLLYWOOD K, BRISON D R, GOODACRE R, 2006. Metabolomics: Current technologies and future trends[J]. Proteomics, 6(17): 4716-4723.

LI L, SHI L, YANG S, et al., 2016. SIRT7 is a histone desuccinylase that functionally links to chromatin compaction and genome stability[J]. Nature Communications, 7: 12235.

PRETI G, 2005. Metabolomics comes of age[J]. The Scientist, 19(11): 8.

SMITH R, VENTURA D, PRINCE J T, 2013. LC-MS alignment in theory and practice: A comprehensive algorithmic review[J]. Brief Bioinform, 16(1): 104-117.

VAN DER GREEF AND SMILDE, 2005. Symbiosis of chemometrics and metabobomics: Past, present and future[J]. Journal of Chemomet, 19(5-7): 376-386.

YANG C, HE Z Y, YU W C, 2009. Comparison of public peak detection algorithms for MALDI mass spectrometry data analysis[J]. BMC Bioinformatics, 10: 4.

ANDERSON J D, JOHANSSON H J, GRAHAM C S, et al., 2016. Comprehensive proteomic analysis of mesenchymal stem cell exosomes reveals modulation of angiogenesis via nuclear factor-kappa B signaling[J]. Stem Cells, 34(3): 601-613.

ANDERSON N L, ANDERSON N G, 1998. Proteome and proteomics: New technologies, new concepts, and new words[J]. Electrophoresis, 19(11): 1853-1861.

BENZ C, ANGERMüLLER S, OTTO G, et al., 2015. Effect of tauroursodeoxycholic acid on bile acid-induced apoptosis in primary human hepatocytes[J]. European Journal of Clinical Investigation, 30(3): 203-209.

BLACKSTOCK W P, WEIR M P, 1999. Proteomics: quantitative and physical mapping of cellular proteins[J]. Trends in Biotechnology, 17(3): 121-127.

CANN A J, 1997. Principles of molecular virology[M]. Sixth Edition. London: ELSEVIER.

CAPORASO J G, LAUBER C L, WALTERS W A, et al., 2012. Ultra-high-throughput microbial community analysis on the Illumina HiSeq and MiSeq platforms[J]. Isme Journal Multidisciplinary Journal of Microbial Ecology, 6(8): 1621-1624.

CHEN H, NGO L, PETROVSKAYA S, et al., 2016. Purification of mumps virus particles of high viability[J]. Journal of Virological Methods: S0166093416301057.

CRAVATT B F, PROSPERO-GARCIA O, SIUZDAK G, et al., 2016. Chemical characterization of a family of brain lipids that induce sleep[J]. Science, 268.

DAVISS B, 2015. Growing pains for metabolomics[J]. Scientist, 19: 10. 1073/pnas. 0502810102.

DHINGRA V, GUPTA M, ANDACHT T, et al., 2005. New frontiers in proteomics research: A perspective[J]. International Journal of Pharmaceutics, 299(1-2): 1-18.

DU Y, CAI T, LI T, et al., 2015. Lysine malonylation is elevated in type 2 diabetic mouse models and enriched in metabolic associated proteins[J]. Molecular & Cellular Proteomics, 14(1): 227-236.

FARAG M A, HUHMAN D V, DIXON R A, et al., 2008. Metabolomics reveals novel pathways and differential mechanistic and elicitor-specific responses in phenylpropanoid and isoflavonoid biosynthesis in medicago truncatula cell cultures[J]. Plant Physiology, 146(2): 387-402.

GATES S C, SWEELEY C C, 1978. Quantitative metabolic profiling based on gas chromatography[J]. Clinical Chemistry, 24(10): 1663-1673.

GIKA H G, THEODORIDIS G A, PLUMB R S, et al., 2014. Current practice of liquid chromatography-mass spectrometry in metabolomics and metabonomics[J]. J Pharm Biomed Anal, 87: 12-25.

GOODRICH, JAMES T, 1998. History of the operating microscope: From magnifying glass to microneurosurgery[J]. Neurosurgery, 42(4): 899-907.

GRIFFITHS W J, WANG Y, 2009. Mass spectrometry: From proteomics to metabolomics and lipidomics[J]. Chemical Society Reviews, 38(7): 1882-1896.

GUIJAS C, MONTENEGRO-BURKE J R, DOMINGO-ALMENARA X, et al., 2018. METLIN: A technology platform for identifying knowns and unknowns[J]. Analytical Chemistry: acs. analchem. 7b04424.

HAAS B J, GEVERS D, EARL A M, et al., 2011. Chimeric 16S rRNA sequence formation and detection in Sanger and 454-pyrosequenced PCR amplicons[J]. Genome Research, 21(3): 494.

HARAOUI B, JEAN-PIERRE PELLETIER, JEAN-MARIE CLOUTIER, et al., 2014. Synovial membrane histology and immunopathology in rheumatoid arthritis and osteoarthritis. In vivo effects of antirheumatic drugs[J]. Arthritis and Rheumatism, 34(2): 153-163.

HELENA S, GIULIA C, KAAREL K, et al., 2018. Heterogeneity and interplay of the extracellular vesicle small RNA transcriptome and proteome[J]. Scientific Reports, 8(1): 10813.

HOLMES E, ANTTI H, 2002. Chemometric contributions to the evolution of metabonomics: Mathematical solutions to characterising and interpreting complex biological NMR spectra[J]. The Analyst, 127(12): 1549-1557.

HOULT D I, BUSBY S J W, GADIAN D G, et al., 1974. Observation of tissue metabolites using 31P nuclear magnetic resonance[J]. Nature, 252(5481): 285-287.

IAL S, KAVKALO D N, PETROVA G V, et al., 1988. Angioleiomyoma of the large-intestinal mesentery complicated by diffuse peritonitis[J]. Sov Med, 9(9): 116.

JAMES P, 1997. Protein identification in the post-genome era: The rapid rise of proteomics[J]. Quarterly Reviews of Biophysics, 30(4): 279-331.

JORDAN K W, NORDENSTAM J, LAUWERS G Y, et al., 2009. Metabolomic characterization of human rectal adenocarcinoma with intact tissue magnetic resonance spectroscopy[J]. Diseases of the Colon & Rectum, 52(3): 520-525.

KIRSCHNER M, 1999. Intracellular proteolysis[J]. Trends in Cell Biology, 9(12): 42-45.

KLEIN D C, RAISZ L G, 2013. Prostaglandins stimulation of bone resorption in tissue culture[J]. Endocrinology, 86(6): 1436.

KLUMPP J FOUTS, DERRICK E SOZHAMANNAN, SHANMUGA, 2012. Next generation sequencing technologies and the changing landscape of phage genomics[J]. Bacteriophage, 2(3): 190-199.

KOLOSTOVA K, SPICKA J, MATKOWSKI R, et al., 2015. Isolation, primary culture, morphological and molecular characterization of circulating tumor cells in gynecological cancers[J]. American Journal of Translational Research, 7(7): 1203-1213.

KUCHENBAUER F, MORIN R D, ARGIROPOULOS B, et al., 2008. In-depth characterization of the microRNA transcriptome in a leukemia progression model[J]. Genome Research, 18(11): 1787.

KWIZERA R, AKAMPURIRA A, KANDOLE T K, et al., 2017. Evaluation of trypan blue stain in a haemocytometer for rapid detection of cerebrospinal fluid sterility in HIV patients with cryptococcal meningitis[J]. BMC Microbiology, 17(1): 182.

LENZ E M, WILSON I D, 2007. Analytical strategies in metabonomics[J]. Journal of Proteome Research, 6(2): 443-458.

LOUWES T M, WARD W H, LEE K H, et al., 2015. Combat-related intradural gunshot wound to the thoracic spine: Significant improvement and neurologic recovery following bullet removal[J]. Asian Spine J, 9(1): 127-132.

METZKER M L, 2010. Sequencing technologies-the next generation[J]. Nature Reviews Genetics, 11(1): 31-46.

MORGAN J L, DARLING A E, EISEN J A, 2010. Metagenomic sequencing of an in vitro-simulated microbial community[J]. Plos One, 5(4): e10209.

NASUKAWA T, UCHIYAMA J, TAHARAGUCHI S, et al., 2017. Virus purification by CsCl density gradient using general centrifugation[J]. Archives of Virology, 162(11): 3523-3528.

NICHOLSON J K, CONNELLY J, LINDON J C, et al., 2002. Innovation metabonomics: A platform for studying drug toxicity and gene function[J]. Nature Reviews Drug Discovery, 1(2): 153-161.

NICHOLSON J K, LINDON J C, 2008. Systems biology: Metabonomics[J]. Nature, 455(7216): 1054-1056.

PENG J, ELIAS J E, THOREEN C C, et al., 2003. Evaluation of multidimensional chromatography coupled with tandem mass spectrometry(LC/LC-MS/MS) for large-scale protein analysis: The yeast proteome[J]. Journal of Proteome Research, 2(1): 43-50.

PERNER-NOCHTA I, LUCUMI A, POSTEN C, 2007. Photoautotrophic cell and tissue culture in a tubular photobioreactor[J]. Engineering in Life Sciences, 7(2): 127-135.

PLUZHNIKOV A, DONNELLY P, 1996. Optimal sequencing strategies for surveying molecular genetic diversity[J]. Genetics, 144(3): 1247-1262.

RAFIEI A, SLENO L, 2015. Comparison of peak-picking workflows for untargeted liquid chromatography/ high-resolution mass spectrometry metabolomics data analysis[J]. Rapid Communications in Mass Spectrometry, 29(1): 119-127.

ROGERS S, GIROLAMI M, KOLCH W, et al., 2008. Investigating the correspondence between transcriptomic and proteomic expression profiles using coupled cluster models[J]. Bioinformatics, 24(24): 2894-2900.

SANGER F, NICKLEN S, COULSON A R, 1977, DNA sequencing with chain-terminating inhibitors[J]. Proceedings of the National Academy of Sciences of the United States of America, 74(12): 5463-5467.

SHENDURE J, JI H, 2008. Next-generation DNA sequencing[J]. Nature Biotechnology, 26(10): 1135-1137.

SHIMIZU A, SHIRATORI I, HORII K, WAGA I, 2017. Molecular evolution of versatile derivatives from a gfp-like protein in the marine copepod chiridius poppei[J]. Plos One, 12(7): e0181186.

SONG L, WANG G, MALHOTRA A, et al., 2016. Reversible acetylation on Lys501 regulates the activity of RNase II[J]. Nucleic Acids Research, 44(5): 1979-1988.

SWINBANKS D, 1995. Australia backs innovation, shuns telescope[J]. Nature, 378: 653.

TAUTENHAHN R, PATTI G J, RINEHART D, et al., 2012. XCMS online: A web-based platform to process untargeted metabolomic data[J]. Analytical Chemistry, 84(11): 5035-5039.

VINCENT D, KRAMBERGER P, HUDEJ R, et al., 2017. The development of a monolith-based purification process for, orthopoxvirus vaccinia virus lister strain[J]. Journal of Chromatography A, 1524: 87-100.

WANG S, ZHANG J, XU F, et al., 2017. Dynamics of virus infection models with density-dependent diffusion and Beddington-DeAngelis functional response[J]. Mathematical Methods in the Applied Sciences, 74: 2403-2422.

WANT E J, 2005. METLIN: A metabolite mass spectral database[J]. Therapeutic Drug Monitoring, 27(6): 747.

WANT E J, O'MAILLE G, ABAGYAN R, et al., 2006. XCMS: Processing mass spectrometry data for metabolite profiling using nonlinear peak alignment, matching, and identification[J]. Analytical Chemistry, 78(3): 779-787.

WASINGER V C, CORDWELL S J, CERPA-POLJAK A, et al., 1995. Progress with gene-product mapping of the mollicutes: Mycoplasma genitalium[J]. Electrophoresis, 16(1): 1090-1094.

WISHART D S, TZUR D, KNOX C, et al., 2007. HMDB: The human metabolome database[J]. Nucleic Acids Research, 35(Database issue): D521-6.

XIANGYUN Y, XIAOMIN N, LINPING G, et al., 2016. Desuccinylation of pyruvate kinase M2 by SIRT5 contributes to antioxidant response and tumor growth[J]. Oncotarget, 8(4): 6984-6993.

ZHANG Y, LI C, LIU Y, et al., 2016. Mechanism of extraordinary DNA digestion by pepsin[J]. Biochemical and Biophysical Research Communications, 472(1): 101-107.

ZHAO D, ZOU S W, LIU Y, et al., 2013. Lysine-5 acetylation negatively regulates lactate dehydrogenase a and is decreased in pancreatic cancer[J]. Cancer Cell, 23(4): 464-476.